Veronika Bellone | Thomas Matla

Glücklich mit Tiny Start-ups

Veronika Bellone | Thomas Matla

Glücklich mit Tiny Start-ups

Warum kleine Unternehmen das nächste GROSSE
Ding sind

REDLINE | VERLAG

Bibliografische Information der Deutschen Nationalbibliothek:
Die Deutsche Nationalbibliothek verzeichnet diese Publikation in der Deutschen National-
bibliografie; detaillierte bibliografische Daten sind im Internet über **http://d-nb.de** abrufbar.

Für Fragen und Anregungen:
info@redline-verlag.de

1. Auflage 2020

© 2020 by Redline Verlag, ein Imprint der Münchner Verlagsgruppe GmbH,
Nymphenburger Straße 86
D-80636 München
Tel.: 089 651285-0
Fax: 089 652096

Redaktion: Christiane Otto,, München
Umschlaggestaltung: Laura Osswald, München
Umschlagabbildung: shutterstock_709695904.ai
Satz: ZeroSoft, Timişoara
Druck: Florjančič Tisk d.o.o., Slowenien
Printed in the EU

ISBN Print 978-3-86881-770-6
ISBN E-Book (PDF) 978-3-96267-162-4
ISBN E-Book (EPUB, Mobi) 978-3-96267-163-1

Weitere Informationen zum Verlag finden Sie unter

www.redline-verlag.de
Beachten Sie auch unsere weiteren Verlage unter
www.m-vg.de

Inhalt

VORWORT

Veronika Bellone & Thomas Matla in Berlin
© Bellone Franchise Consulting GmbH

Hallo, schön, dass du da bist!

»Warum geht es in den Medien eigentlich immer nur um die großen Unternehmen?« Das fragte uns eine Freundin bei einem gemeinsamen Essen. Und wirklich, egal, welche Zeitschrift oder Infor-
mationsplattform man liest, es tauchen immer wieder die gleichen
großen Namen auf. So begannen wir vor einiger Zeit, kleinste und
kleine Start-ups zu besuchen, stellten viele Fragen und hörten ihre
Geschichten. Die Gründungsstorys berührten uns sehr und spiegelten selbst gemachte Erfahrungen wider. Der Austausch war unglaublich nahrhaft und die »Tiny Startupper«, wie wir sie bald nannten,
waren erfrischend und ansteckend lebendig! Bald schon ließ uns das
Thema nicht mehr los. Denn die Lebensfreude und das Lebensglück
der Tiny Start-Ups können, neben dem Erfahrungsaustausch, auch

für andere Unternehmer*innen eine pure Motivation sein. Das ist der Grund, warum wir dieses Buch geschrieben haben und es jetzt vor dir liegt.

Das erste Kapitel beschäftigt sich mit »Glücksfaktoren«. Hier kannst du im Rahmen einer kleinen Standortbestimmung reflektieren, was für dein berufliches wie privates Glücksempfinden wichtig ist. Im zweiten Kapitel stellen wir dir unterschiedliche Tiny Start-ups aus verschiedenen Branchen, Städten und Ländern vor (neben Deutschland, Österreich und der Schweiz auch Finnland, Schweden und Spanien). Weiterführende Links und Tipps geben dir praktische Anregungen und Hilfen. Im dritten Kapitel zeigen wir dir Anhaltspunkte auf, in welche Felder du eintauchen kannst, um neue Geschäftsideen zu generieren. Danach gehen wir mit dir den Aufbau eines Tiny Start-ups durch, schnell und einfach, in 13 Schritten. Im ganzen Buch findest du Interviews mit Tiny Startuppern, ergänzt um Fotos ihrer »Glücksmomente«. Eine besondere Fotoauswahl findest du auf unseren Farbseiten, wie den ersten Preis von Nadia Koss für das beste Schwarz-Weiß-Tattoo, prämiert auf der Tattoo Convention St. Gallen (Gossau) in der Schweiz. Sie ist Gründerin/Inhaberin des Tattoo-&-Piercing-Studios Soulmarks in Zug. Weiter die Popkornditorei Knalle Berlin, die für ihre außergewöhnlichen Geschmackskombinationen bekannt ist, und das finnische Tiny Start-up Jouten, von Emmi und Eljas, die aus recycelten Frottee-Handtüchern neue Modekollektionen fertigen.

Wenn dir Tiny Start-ups gefallen, kannst du uns über unsere Domain www.tinystartup.ch ein Feedback geben. Wir berichten dort über die Welt der Tiny Start-ups. Auch kannst du uns über unsere sozialen Medien, wie www.facebook.com/TinyStartups und www.instagram.com/tinystartups/ folgen. Wenn du Teil unserer »Tiny Start-up Community« werden möchtest, abonniere einfach unseren Newsletter. Das Wichtigste aber: Entdecke täglich »das große Glück im Kleinen«, in deinem Tiny Start-up ebenso wie in deinem Leben.

Noch ein kleiner formaler Hinweis zum Schluss: Da uns die Gender-Gleichberechtigung wichtig ist, haben auch wir entschieden, das Gendersternchen zu verwenden. Bei längeren Aufzählungen (beispielsweise von mehreren Berufsgruppen) mussten wir jedoch aus Gründen der besseren Lesbarkeit darauf verzichten. In diesen wenigen Einzelfällen haben wir dann die maskuline Form beibehalten.

Eine glückliche Zeit wünschen dir

Veronika Bellone & Thomas Matla

Zug/Schweiz, im August 2019

»TINY START-UP«-MANIFEST

1. Jedes Tiny Start-up ist einzigartig.

2. Lebensglück und Lebensfreude bilden seine Energie.

3. Individuelle Werte schaffen das Fundament.

4. Flexibilität ermöglicht mutige Zukunftsentscheidungen.

5. Eigenverantwortung erzeugt ungewöhnliche Ergebnisse.

6. Beziehungen, Freunde und Partnerschaften werden wertgeschätzt.

7. Wachstum erfolgt individuell und selbstbestimmt.

1. GLÜCKLICH MIT TINY START-UPS

»Mit Freunden zusammen essen.« – »Ein Sprung ins kühle Nass!« – »Zeit für mich haben.« – »Einen Kaffee in Ruhe genießen, bevor die Kids wach werden!« Diese und unendlich viele ähnliche Antworten haben wir erhalten, als wir im Zuge der Recherchen für dieses Buch viele Menschen nach ihren persönlichen und beruflichen Glücksmomenten gefragt haben. Es bestätigte sich, dass Glück wirklich sehr individuell und situativ empfunden wird. So ist beispielsweise einer unserer glücklichen Momente der, wenn Esther, unsere Office-Managerin, selbst gemachtes Erdbeereis (Schweizerdeutsch: Erdbeerglacé) mitbringt, von dem sie glücklicherweise auch immer Vorräte für die kalte Jahreszeit hat (wir hoffen, dass sie das jetzt liest!). Aber wir können sie auch gleich selbst zu Worte kommen lassen, führt sie doch seit 30 Jahren ein eigenes Kleinstunternehmen mit ihrem Bürocenter und Sekretariatsdienst in Zug. Beides nutzen wir seit über 25 Jahren und sind nach wie vor begeistert von dieser Kooperation auf Augenhöhe.

Esther Haeller, Sekretariat Haeller, Zug

»Ein Glücksmoment für mich ist, wenn ich eine neue Idee erfolgreich verwirklichen kann. Ich schätze an meiner Selbstständigkeit sehr, dass ich Verantwortung und Entscheidungen tragen darf. Ich bin glücklich, wenn ich Arbeitsplätze schaffen kann. Es macht mich glücklich und stolz, wenn ich ein gutes Team habe und wenn wir zusammen Erfolg haben.«

Sicherlich hast du auch ganz konkrete Glücksvorstellungen. Als Gründer*in eines Tiny Start-ups spielt Glück für dich eine noch größere Rolle. Nicht das flüchtige Glück, wie man es im Spiel braucht oder manchmal in der Liebe erlebt, sondern das lang währende Glück, das du unternehmerisch mitbestimmen und für dich gestalten kannst. Die Frage nach dem, was dich glücklich macht, ist deshalb wichtig für deine Existenzgründung. Sie bestimmt deine Unternehmensausrichtung, die Art, wie du dein Geschäft und deine Mitarbeiter führen wirst, ob du erfolgreich sein wirst, aber auch, wie du mit deiner Work-Life-Balance, deinen privaten Beziehungen und mit deiner Gesundheit umgehst.

Zitat des 2017 gegründeten Tiny Start-ups Lycka:

»Wir von Lycka (›Lüücka‹ ausgesprochen, Schwedisch für ›Glück‹) machen Lebensmittel, die mehr können als lecker! Mindfood statt mindless: 100 Prozent natürlich statt voller Chemie, soziales Engagement und möglichst nachhaltig statt Alles-egal-Einstellung. So machen wir Lebensmittel, die dir nicht nur Glücksgefühle auf der Zunge, sondern auch im Herzen bescheren!«[1]

https://www.lycka.bio/

Als Gründer*in eines Tiny Start-ups musst du dich selbst sehr gut kennen, denn du stehst immer mit deiner Persönlichkeit im Zentrum des Geschehens. Egal, ob du schlecht geschlafen hast, die Auftragslage bei null ist oder du gerade in Trennung lebst, du musst voll da sein. Vielleicht ist dein Geschäft dein größter Motivator oder das, was dir dein Unternehmen persönlich und/oder finanziell einbringt. Wichtig ist, dass du weißt, wie du mit Schwankungen im Leben umgehst, ob sie aus der Arbeit resultieren oder aus dem Privatleben. Als Unternehmensgründer*in lassen sich beide Bereiche für dich nicht entkoppeln.

Veronika Bellone, Autorin, Zug

»IN EINEM UNBEKANNTEN LAND, VOR ZIEMLICH LANGER ZEIT ...«

» ›Ich kündige zum nächstmöglichen Termin!‹ Dass dabei nicht mein Stuhl umgekippt war, wundert mich bis heute, denn ich sprang recht emotional auf. Es war an der großen Montagssitzung in der Werbeagentur, in der ich damals arbeitete und zunehmend unzufriedener wurde. Der größte Kunde der Agentur war auch gleichzeitig Inhaber derselben, was zu sehr rigiden Entscheidungsfindungen führte. Ich fühlte mich extrem unfrei und betreffend meiner Weiterentwicklung gebremst. Das gipfelte dann in meiner spontanen Entscheidung der Kündigung, ohne etwas Neues geplant zu haben. Ich wusste nur eines – ich wollte nie wieder voll ange-stellt sein. Das habe ich dann auch beherzigt, indem ich kurz danach eine eigene Franchiseberatungsfirma gründete, für die ich keinen Gründungs-kredit von der Bank bekam – zu unbekannt war diese Beratungsleistung. Ein Bekannter, der Unternehmer war und an mein Vorhaben glaubte, gab mir letztendlich ein Darlehen. Und so startete ich mein Business, in einem Land, das mir noch nicht sehr vertraut war, denn ich lebte zu dieser Zeit erst seit zweieinhalb Jahren in der Schweiz.

Ich habe diese Entscheidung nie bereut, obwohl es natürlich Aufbauarbeit bedeutete, nicht nur für mich als Tiny Startupperin, sondern auch für die Bekanntmachung dieser Expansionsform. Aber genau das sind eigentlich meine Glücksmomente oder Glücksfaktoren, wenn ich etwas Neues ent-wickeln und begleiten darf, wo es noch viel unbekanntes Terrain gibt. Ob eine neue Perspektive, ein neues Konzept oder Modul. Diesen Freiraum des Denkens und Erschaffens habe ich mir in meiner Beratungstätigkeit ermöglicht, als Dozentin an der Hochschule und als Autorin. Und das macht mich glücklich. Natürlich hat diese Entdecker- und Entwicklerlau-ne auch die Kehrseite, nur selten zur Ruhe zu kommen. Aber da hilft mir mein Messkriterium ›Humor‹. Wenn mir der abhandenkommt, dann weiß ich, dass ich einen Gang runterschalten muss.«

1.1   KENNT IHR DEN?

Nach einer Autofahrt vom Flughafen Tampere-Pirkkala/Finnland, die gefühlt zehn Stunden gedauert hatte, vorbei an Seen, Wäldern, Seen, Wäldern ... kamen wir in Echtzeit nach zweieinhalb Stunden in Jyväskylä an. Veronika hielt dort einen Vortrag über Wachstumsstrategien, Franchising, Zahlen und Fakten zu der Schweiz und Deutschland. Die Gesichter der Teilnehmer*innen waren schlecht zu »lesen«. Irgendwie war nicht klar: Finden sie es interessant oder schlafen sie einfach mit offenen Augen? Das Rätsel wurde danach gelöst. Sie hatten tatsächlich viele Fragen. Auch danach, wie sich das Vorgetragene mit ihren Erfahrungen decken könnte, wie sich etwas in ein Ausbildungsprogramm einbauen lassen würde und vieles mehr. Aber richtig los ging es mit den Fragen eigentlich erst später. Begleitet von zwei Teilnehmer*innen, ging es zu einem Marktplatz, auf dem sich kunterbunt verschiedene Stände mit spannendem Essen und allerlei Flohmarktdingen befanden. Obwohl es ein heißer Sommer war, musste die Kaloriendichte der vielen Häppchen, die wir probieren sollten/durften, mindestens für 25 Grad unter null gedacht gewesen sein. »Ihr seid doch aus der Schweiz? Kennt ihr den Soundso?« Das wurden wir nicht nur einmal gefragt. Wenn wir auch diesen oder jenen nicht kannten – immerhin hat auch die Schweiz über acht Millionen Einwohner*innen –, so war es einfach umwerfend, mit welcher Freundlichkeit, Offenheit und Gastfreundschaft wir die Finnen erlebt haben. Wenn auch in abendlicher Runde, bei erstaunlich viel Promille, eine gewisse Melancholie in den gemeinsam gesungenen Liedern aufkam, aber das gehört auch dazu und ist sicher dem langen Winter geschuldet, den wir dort ausließen. Uns reichten drei endlose Sommertage. Nach diesem schönen Erlebnis wunderte es uns nicht, dass trotz lang andauernder Kälte und Dunkelheit Finnland 2019 bereits zum zweiten Mal auf Rang 1 des World Happiness Reports gekommen ist. Überhaupt sind es die Nordländer*innen, die bei diesem Ranking zu den Glücklichsten gehören.

Die Top Ten der glücklichsten Länder der Welt (gemäß World Happiness Report 2019[2])

1. Finnland

2. Dänemark

3. Norwegen

4. Island

5. Niederlande

6. Schweiz

7. Schweden

8. Neuseeland

9. Kanada

10. Österreich

Politische Stabilität, soziale Absicherung und Vertrauen zu Behörden, Polizei und Justiz tragen zu einer Grundzufriedenheit der Länder auf den ersten Plätzen bei. Demnach hängt das allgemeine Glücksempfinden der Menschen vor allem von folgenden Faktoren ab:

- Fürsorge

- Freiheit

- Großzügigkeit

- Ehrlichkeit

- Gesundheit

- Einkommen

- guter Regierungsführung

Das Schweizer Fernsehen ist dem Glück der Nordländer übrigens auf die Spur gegangen und hat unter dem Titel *Expedition Glück* Island, Norwegen, Dänemark und Finnland[3] besucht.[4] Wir haben mit Emmi und Eljas zwei glückliche Finnen in unserem Buch, deren Tiny Start-up Jouten wir auf einer Farbseite und in einem Interview vorstellen.

Spotlight

Happy/Unhappy

Der DACH-Raum ist mit der Schweiz auf Platz 6, Österreich auf Platz 10 und Deutschland auf Platz 17 vertreten. Zu den Unglücklichsten gehören, mit Ausnahmen von Syrien, Afghanistan, Haiti, der Ukraine und dem Jemen, vor allem afrikanische Länder. Insgesamt sei, laut Bericht 2019, das weltweite Glücksgefühl gesunken, was gemessen an den Faktoren politischer Stabilität, Umweltverantwortung und anderer vertrauensbildender Grundlagen auch nicht verwundert.[5]

1.2 WORK-LIFE-CONSISTENCY ANSTATT WORK-LIFE-BALANCE

Dass Skandinavier grundlegend glücklicher sind, macht sich auch in ihrer Einstellung zur Arbeit fest. Wenn wir im deutschsprachigen Raum von Work-Life-Balance sprechen, dann trennen wir Arbeit und Privatleben schon einmal grundlegend. Denn: Erst die Arbeit, dann das Vergnügen! Damit das irgendwie ausbalanciert wird, werden abends Smartphones ausgeschaltet, Antistresstrainings besucht und andere Präventiv- bis Aktivmaßnahmen eingesetzt. Arbeit ist eben das halbe Leben! In Schweden heißt es dagegen »Arbeit ist die Hälfte der Gesundheit«. Das ist schon einmal ein anderer Ansatz und drückt sich darin aus, dass sich viele schwedische Unternehmen aktiv um die Gesundheit und das körperliche Wohlergehen ihrer Mitarbeiter*innen kümmern. Dazu zählt auch die mentale Konstitution, da freie Entfaltung im Job einen wichtigen Stellenwert hat

– ebenso wie Freizeit und Familie. Wie ungewöhnlich gerade Letzteres bei uns ankommt, durften wir jüngst in einem Workshop erfahren. »Es ist jetzt 17:00 Uhr. Sicher warten auf Sie zu Hause Ihre Familien und Partner*innen«, sagte der schwedische Manager eines Schweizer Unternehmens beim Blick auf die Uhr. Etwas verunsichert schauten wir uns in der sechsköpfigen Runde an. Gesagt, getan, wurde das Meeting beendet. Dafür war der Austausch per E-Mail und Telefon auch zu später Stunde möglich sowie immer dann, wenn es Bedarf gab. Flexibilität und Vertrauen sind die großen nordischen Zauberwörter.

1.3   MIT DEM GLÜCKSLOGBUCH UNTERWEGS

Als Tiny Startupper bist du allein aufgrund deiner Unternehmensgröße bereits sehr flexibel. Deine Aufgabe besteht eher darin, dich abzugrenzen und auch mal »Nein« zu sagen. Dadurch kannst du dich selbst sowie deine Mitarbeitenden vor Ausbeutung schützen. Denn die nordische Lebenseinstellung hat bei uns noch nicht gegriffen. Leistung wird bei uns häufig noch an der Anzahl Stunden gemessen und nach dem, was man noch aus dem Auftrag »herausholen kann«. Damit du nicht in diese Falle tappst, schreibe dein persönliches Glückslogbuch, mit dem du dich ins Fahrwasser deiner Existenzgründung begibst. Ein Logbuch ist wichtig für die Seefahrt, um tägliche Ereignisse an Bord und Einflüsse von außen zu protokollieren. Du musst nicht so akribisch vorgehen wie auf hoher See. Aber ein Logbuch hilft, damit du dich selbst einmal eine Woche lang analysierst. Wenn du dich nämlich nur fragst: »Was macht mich glücklich?«, dann kommen meist nur gewöhnliche Antworten oder Wunschvorstellungen hervor. Geh den Dingen noch mehr auf den Grund und frage dich, was an jedem Tag gut respektive schlecht gelaufen ist. Nutze dafür unseren Tiny-Start-up-Glücks-Check und gib deiner Gefühlslage in Kurzform und mit einem Learning

Glücks-Check
Ermittle deinen aktuellen Glücksstatus

	☺	☹	Mein Learning
PRIVAT:			
Beziehung/Liebe			
Freunde/Familie			
Gesundheit			
Fitness			
Erholung			
Freizeit/Reisen			
BERUFLICH:			
Finanzen			
Arbeitssituation			
Kolleg*innen			
Selbstbestimmung			
Persönliche Entwicklung			

Glücks-Check
Male deinen aktuellen Glücksstatus aus

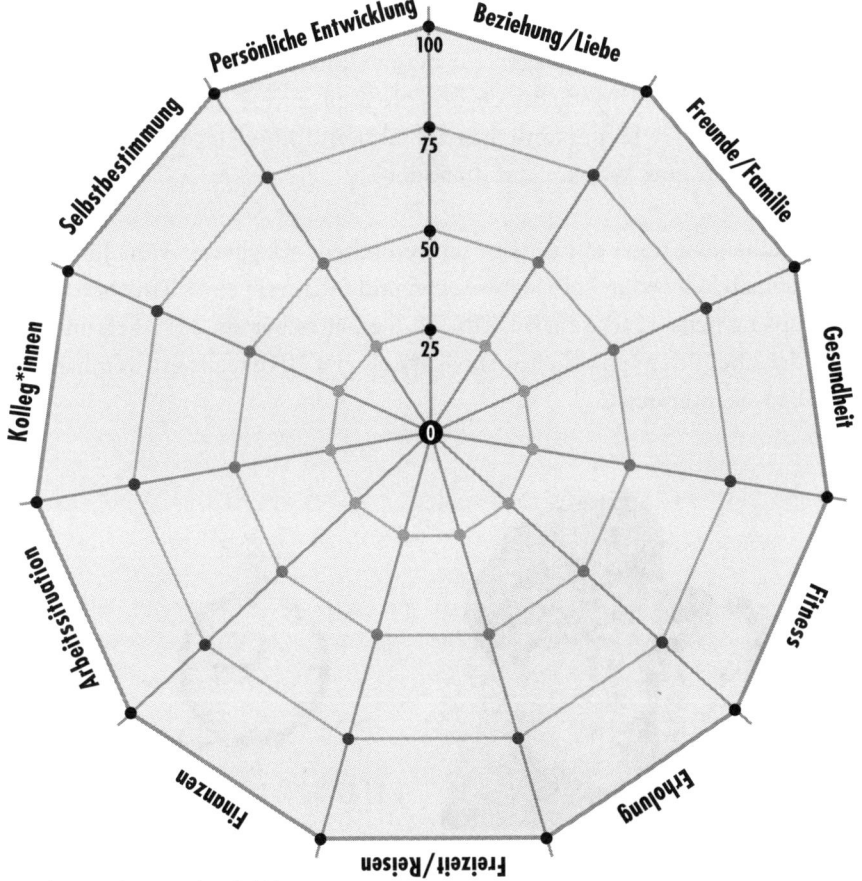

(gesammelte Erfahrungen und neue Erkenntnisse, die zur Veränderung beitragen) Ausdruck. Du kannst das auch ganz einfach farbig bestimmen, indem du deine momentane Situation in den verschiedenen Lebensbereichen von 0 bis 100 Prozent bewertest und ausmalst. Hier im Buch wird es etwas knapp, deswegen kannst du dir die Vorlagen für beide Glücks-Checks auf unserer Website www.tinystartup.ch downloaden. Finde heraus, was du daraus für dein persönliches Glücksempfinden lernen kannst. Was läuft gut? Was solltest du ändern?

Bleiben wir noch etwas beim schwedischen »Groove«. Anna Jelen ist halb Schwedin, halb Schweizerin und Inhaberin eines Tiny Start-ups namens THE TIME EXPERT. Sie hat es bereits 2011 gegründet, aber ihren typischen »Anna-Style« erst 2016 realisiert. Wir haben sie interviewt:

Anna Jelen, Jelen Seminare GmbH – THE TIME EXPERT

»GLÜCKSMOMENT« THE TIME EXPERT © Jelen Seminare GmbH

1. Warum hast du dein Tiny Start-up gegründet?

»Weil ich an meiner ehemaligen Arbeitsstelle an Grenzen kam – im Sinne von: Ich konnte meine Ideen nicht mehr umsetzen. Sie passten nicht mehr zum Unternehmen. Große Unternehmen haben eine Reihe von Regeln, die darauf abzielen, die Menschen auf Produktivität und Rentabilität auszurichten. Es ist wie eine Gesellschaft in der Gesellschaft. Als ich anfing, sehr kreative und innovative Ideen vorzuschlagen, waren diese Projekte für dieses System eher *nicht geeignet*. Seit meiner Geburt ist Freiheit für mich von größter Bedeutung und es ist mir unmöglich, in einer Situation zu bleiben, die mich nicht glücklich macht. In der Tat beobachtete ich in meiner Jugend, dass meine Vorstellung von Zeit anders war als die der meisten Kinder, und ich war fasziniert vom Nichtwissen des Zeitpunktes meines Todes. Seitdem ist die Zeit für mich das Wertvollste in meinem Leben geworden, etwas, das nicht verschwendet werden darf, weil man nie weiß, wie lange es noch dauern kann … So zelebriere ich ein Leben gefüllt mit Freiheit und Abenteuer. Trotzdem muss ich sagen, dass der Plan der Selbstständigkeit nie wirklich ein Plan war. Ich war noch weit weg von ›unternehmerischem Denken‹. Doch da ich mich immer wieder gerne ins kalte Wasser stoße, tat ich dies auch mit der Selbstständigkeit, leicht blauäugig, aber mutig. Dass ich damit etwas Großes bewegen kann – das habe ich erst später verstanden …«

2. Was war der Auslöser für deine Geschäftsidee?

»Ich bin mit der Faszination für die Zeit auf die Welt gekommen. Trotzdem hätte ich nicht gedacht, dass ich dies irgendwann mal zu meinem Beruf machen könnte. Zuerst habe ich mich selbstständig gemacht, um meine

Ideen weiter frei zu entwickeln. Ich begann mit den klassischen Zeitma-
nagement-Workshops, die gefüllt waren mit Werkzeugen, die Menschen
helfen, ihre Zeit besser zu managen. Aber die Ergebnisse gefielen mir nicht.
Ich fühlte mich, als würde ich Menschen helfen, ihr Leben in einem Gefängnis zu regeln. Doch mein Wunsch bestand darin, den Menschen zu helfen,
aus ihrem eigenen Gefängnis rauszukommen. Als ich den Mut hatte, mein
Business noch persönlicher zu gestalten, das heißt noch mehr ›Anna-Spirit‹
reinzupacken und meine eigenen ›Zeit-Geschichten‹ zu erzählen, verstand
ich, dass dies die eigentliche Idee war. So erfand ich meine eigenen Werkzeuge, vermittelte meine (manchmal umstrittenen Visionen), sprach über
meine Erfahrungen mit dem Tod und was ich daraus gelernt habe, wie zum
Beispiel die Geschichte meiner Nahtoderfahrung, und über meine Arbeit
als Beraterin für Brustimplantate für krebskranke Frauen. Mein Ziel ist es geworden, den Menschen die Bedeutung der Zeit bewusst zu machen, damit
sie den Mut haben, sie selbst zu sein. So beschloss ich, dass ich meine Vision
mit der Welt teilen wollte. Ich kreierte meine eigene ›Let's talk about time‹-
World Tour und besuchte über 15 Städte mit meinem Vortrag. Egal, wo ich
war, ich lernte, dass die Menschen ein riesiges Bedürfnis nach dem Thema
ZEIT haben. Sie wollen darüber reden, denn jeder möchte sich frei fühlen
und ein Leben ohne Bedauern führen. Diese Diskussionen über Leben und
Zeit gaben einigen Teilnehmern den Mut, sie selbst zu sein. Das Thema
Freiheit brachte mich auf die Idee, in einem Hochsicherheitsgefängnis zu
sprechen, wo ich die Gelegenheit hatte, das Thema Zeit mit lebenslänglich
verurteilten Kriminellen zu diskutieren. Ihr größtes Leiden ist die Langewei-
le. Trotz allem gelingt es einer Minderheit von Gefangenen, die (wenigen)
guten Momente zu genießen, indem sie die Momente intensiv leben, um
ihre Tage angenehmer zu gestalten. (Ein Moment für die Gefängnisinsassen
= Zähne putzen, Mahlzeiten, eine Dusche et cetera).

Freiheit ist in der Tat eine Frage der Einstellung. Es sind nicht die Regeln
oder die Mauern, die uns einschränken, sondern unsere eigenen Gedanken und unsere eigenen Standpunkte.«

**3. Wie erlebst du dein Klein-/Kleinstunternehmertum? Worin liegen
die größten Chancen, worin die größten Herausforderungen?**

»Die größten Chancen liegen in der Verwirklichung der eigenen Ideen
und in der Freiheit, sich auf das Wesentliche konzentrieren zu können. Da
ich nur mit Freelancern zusammenarbeite, muss ich mich auch nicht um
das Thema Mitarbeiter-Management kümmern. Als Kleinstunternehmer
kann man sich ausschließlich auf das Kreieren von Ideen und Produkten
konzentrieren. Unumgänglich ist auch der Einsatz unternehmerischen

Denkens und somit hat man viele Chancen, als individuelle Person (oder kleines Team) bekannt zu werden. Die größte Herausforderung ist, wenn man ganz alleine unterwegs ist. Heute rate ich jeder Person, jemanden an der Seite zu haben. Ich denke, dass die Zukunft den Freelancern/Start-ups gehört, um neue große Erfindungen, kreative Revolutionen und neue Trends zu kreieren. Diese kommen von individuellen Personen und nicht nur von Unternehmen. Einfach weil ein Unabhängiger seine eigenen Regeln ohne Einschränkungen erstellen kann.«

4. Was ist ein typischer Glücksmoment, den du immer wieder in deinem Tiny Start-up erlebst?

»Die Beziehung, die ich zu den Menschen habe, ist mein größtes Vergnügen. Es ist eine Gemeinschaft, die über das Leben spricht, sowohl über Höhen als auch über Tiefen. Es ist ein Gedankenaustausch über Lebenserfahrungen, und genau diese Momente sind für mich kostbar. Meine Glücksmomente sind auch, dass Menschen mutig werden, dass sie anfangen, sie selbst zu sein, den Mut zu haben, neue Erfahrungen zu machen, und somit glücklicher sind, weil sie ihre Zeit kostbar nutzen. Meiner Meinung nach hat der Mensch wenige Bedürfnisse in seinem Leben. Er muss/ möchte lieben, atmen, trinken, essen, schlafen und kreieren. Ohne die Liebe und die Kreativität sind wir nur Maschinen ... Der kreative Prozess erlaubt unendliche Freiheit, sich auszudrücken. Der kreative Prozess führt dazu, dass man sich frei fühlt und dem Leben einen Sinn gibt. Erschaffen heißt existieren. Ich liebe das Gefühl, meine Ideen und Produkte mit der Welt zu teilen. In der heutigen Zeit haben wir ein großes Glück, dass dies möglich ist.«

5. Würdest du dein Tiny Start-up wieder genau so gründen oder etwas anders machen?

»Ich würde es heute anders machen, denn meine Ideen haben sich weiterentwickelt. Aber ich bin dankbar für all diese Erfahrungen, Höhen und Tiefen, denn durch sie habe ich mich weiterentwickelt. Anfangen und vorwärtsgehen -– das ist mein Credo. ☺«

https://anna-jelen.com/

1.4 GLÜCK HABEN UND GLÜCKLICH SEIN

»HAPPINESS« in London © Bellone Franchise Consulting GmbH

»Die drei Glückskinder«

»Ein Vater ließ einmal seine drei Söhne zu sich kommen und schenkte dem ersten einen Hahn, dem zweiten eine Sense, dem dritten eine Katze. ›Ich bin schon alt‹, sagte er, ›und mein Tod ist nah. Da wollte ich euch vor meinem Ende noch versorgen. Geld hab ich nicht, und was ich euch jetzt gebe, scheint wenig wert, es kommt aber bloß darauf an, dass ihr es verständig anwendet; sucht euch nur ein Land, wo dergleichen Dinge noch unbekannt sind, so ist euer Glück gemacht.«[6] Das Grimm'sche Märchen *Die drei Glückskinder*, vor 200 Jahren geschrieben, hat einen durchaus aktuellen Bezug. Denn den drei Söhnen gelingt es, auf fremden Märkten respektive Inseln mithilfe des Hahns, der Sense und der Katze Alltagsprobleme der dort Ansässigen zu lösen. Und so tauschen sie ihre »Problemlöser« gegen viel Gold und gehen wieder heim. Nur die Insulaner, die die Katze im Tausch erworben haben und ihr Schloss von Mäusen befreien ließen, können das Miauen nicht deuten und bekommen Angst. Beim Versuch, das Tier zu vertreiben, zerstören sie mit übermäßiger Gewalt ihr eigenes Schloss – die Katze war längst glücklich von dannen gezogen.

Leider erfahren wir von den Brüdern Grimm nicht, wie es den drei Glücks-
kindern in der Folge ergangen ist und wo die Katze nach erfolgreicher
Flucht ihre Talente wieder glücklich einsetzen konnte. Nur das Schicksal
der Schlossherren ist bekannt, die die »Innovation« nicht erfolgreich integrieren konnten.

Glück hat viele Facetten. Anders als das Glück im Spiel, lässt sich
Glücklichsein als Lebenskonzept steuern. Bleiben wir noch kurz
beim vorgenannten Märchen. Vielleicht hat eines der Glückskinder den materiellen Reichtum gleich in schnelle Kutschen und Reisen zu noch entfernteren Inseln umgesetzt, um nach drei bis sechs
Monaten wieder am sogenannten Set Point anzukommen. Die
Set-Point-Theorie geht von einem justierten Wert aus – nicht nur
für das individuelle Körpergewicht, sondern auch für das Glücksempfinden, das jeder von uns hat und dem wir immer wieder zu-
streben. Auch nach einschneidenden Ereignissen wie plötzlichem
Reichtum oder traurigen Erlebnissen pendeln wir uns nach einer
gewissen Zeit wieder auf unser persönliches »Glücksniveau« ein,
das sich aus unseren Kindheitserlebnissen und Genen entwickelt
hat.

Ein anderer Sohn ist vielleicht zum »Dopaminjunkie« geworden
und will das Glück, das er schon einmal beim Tauschhandel erlebt hat, jetzt auch in extremen Sportarten oder beim Glücksspiel
erleben. Sein Belohnungssystem im Gehirn ist pausenlos auf der
Suche nach dem neuen Kick, nach neuen Abenteuern und Sensa-
tionen. Tiefenpsychologisch »Sensation Seeker« genannt, sucht
er Befriedigung und Glück in immer neuen Herausforderungen.
Dabei wird bei ihm selbst in unsicheren Situationen, wie nur der
Möglichkeit eines Gewinns beim Glücksspiel, bereits das Hormon
Dopamin ausgeschüttet und bewirkt ein gutes Gefühl. Tritt dann
effektiv ein Gewinn ein, wirkt zusätzlich das Glückshormon Se-
rotonin und versetzt unseren »Dopaminjunkie-Sohn« in eine Art
natürlichen Rausch.

Der dritte Sohn gehört möglicherweise weniger zu den hedonistisch getriebenen Brüdern, die das Glücksgefühl in kurzweiligen Vergnügungen suchen, sondern in längerfristiger Lebenszufriedenheit. Dafür reflektiert er vielleicht seine Erfahrung aus dem Tauschhandel, stellt sein Wissen als Experte zur Verfügung, studiert Verhaltensforschung, schreibt Bücher über das natürliche Verhalten von Katzen und gründet eine Stiftung für das Katzenwohl. Nach Aristoteles nennt sich diese Art von Glückserzeugung »Eudaimonie«.

Die Katze in der Geschichte kann zwar dem Glück frönen, weil es genügend Mäuse zu jagen gibt, aber letztendlich werden ihre zusätzlichen Bedürfnisse nicht erkannt, und sie zieht weiter. Vielleicht war das Ganze nur ein Pilotprojekt, und sie wagt den Neuanfang.

1.5 TINY START-UPS UND LEBENSPHASEN

Die Lebensphase und damit Lebenssituation, in der du dich befindest, hat einen wesentlichen Einfluss auf dein Wohlbefinden und damit auf die Art deiner ganz individuellen Gründung.

- Vielleicht hast du gerade eine Ausbildung oder ein Studium beendet, bist in Aufbruchsstimmung und erkennst Chancen für deine eigene Geschäftsidee. Dann gründest du, um diese Chancen wahrzunehmen.

- Vielleicht gehörst du aber auch der Altersgruppe 50plus an, bist seit Langem arbeitslos und siehst in einem Tiny Start-up eine »Notgründung«?

Zwischen diesen beiden Ansätzen gibt es viele verschiedene Gründungsvoraussetzungen und Gründungsimpulse. Wir stellen dir einige davon in unseren Interviews vor.

In Untersuchungen wie dem Global Entrepreneurship Monitor (GEM) wird unter anderem nach »Chancen- und Notgründungen« differenziert. Prozentual stellen die Chancengründungen in Deutschland mit rund 70 Prozent – wie erwartet – den größeren Anteil. Wobei noch anzumerken ist, dass ältere Tiny Startupper nicht zwingend aus der Not heraus gründen, sondern endlich ihr eigener Chef respektive ihre eigene Chefin sein wollen. Das werden dir die Beispiele im Kapitel »Perspektiven schaffen« mit »Da geht noch was« näherbringen. Der GEM erhebt seit 1999 in über 80 Ländern jährlich Daten zur Gründungsaktivität und zu Gründungseinstellungen.

Spotlight

Gründungsquoten

Gemäß Global Entrepreneurship Monitor 2018 hat in Deutschland etwa jeder 20. im Alter von 18 bis 64 Jahren seit 2015 ein Unternehmen gegründet oder ist gerade dabei, diesen Schritt vorzubereiten. Damit liegt die Gründungsquote insgesamt bei 4,97 Prozent und hat sich im Vergleich zu den Vorjahren kaum verändert. In Österreich liegt der Wert bei über 10 Prozent und in der Schweiz bei um die 8 Prozent. Erstmals seit Beginn der GEM-Datenreihe im Jahr 1999 ist die höchste TEA-Quote nicht bei den 35- bis 44-Jährigen, mit 6,14 Prozent, sondern bei der Altersgruppe der 25- bis 34-Jährigen, mit 6,64 Prozent, zu finden. Unter folgendem Link können sowohl der globale Report wie auch länderspezifische Reports heruntergeladen werden: https://www.gemconsortium.org/.

Widmen wir uns noch genauer den Gründungseinstellungen. Berufliche Selbstständigkeit bringt immer einschneidende Veränderungen mit sich. Nicht nur, was die berufliche Neuorientierung anbelangt, sondern auch das soziale Umfeld. Warum hast du ein Tiny Start-up gegründet respektive warum willst du eines gründen? Ob in der Rückbetrachtung oder zur Vorbereitung, es sind immer Lerneffekte dabei.

1.6 WO FINDEST DU DICH AM EHESTEN WIEDER?

Ich wollte/will Tiny Startupper werden, weil ...

a) ich eine Idee habe, die ich umsetzen will.

b) ich auf das Ziel hinarbeite, persönlich und finanziell unabhängig zu sein.

c) ich den Traum von der beruflichen Selbstständigkeit verwirklichen möchte.

d) ich in meiner jetzigen Angestelltenposition keine Entwicklungschancen mehr sehe.

e) ich zur Lösung gesellschaftlicher Probleme beitragen möchte.

f) ich keine adäquate Anstellung (mehr) finde.

g) ich im Zuge von Umstrukturierungsmaßnahmen meiner Firma mehr oder weniger dazu genötigt werde.

h) ich mir und anderen etwas beweisen will.

i) ich nebenbei etwas verdienen möchte/muss (zur Rente).

j) ich den Stress an meinem Arbeitsplatz nicht mehr aushalte/einen Burn-out habe.

a) Umsetzung einer Idee

Du hast bereits eine Geschäftsidee und willst sie im Rahmen eines Tiny Start-ups umsetzen. Wir werden später auf die Konzeptionierung und den Aufbau von Tiny Start-ups eingehen.

Überlege aber an dieser Stelle schon, wie offen du den Markt für deine Idee einschätzt. Handelt es sich vielleicht um ein Produkt und/oder eine Dienstleistung, wofür du den Markt erst sensibilisieren musst, wie es zum Beispiel bei Anna Jelen, THE TIME EXPERT, der Fall war? Der Umgang mit der Zeit und das Bewusstsein dafür sind zwar im digitalen Zeitalter prominenter denn je, aber ein Geschäftskonzept dafür aufzusetzen, war und ist eine herausfordernde Aufgabe, die Anna mutig, kreativ und erfolgreich angenommen hat (siehe unser Interview auf Seite 21ff., und schau dir ihren Kanal auf YouTube an). Vielleicht triffst du aber auch, wie Samuel Huber mit seiner mobilen Rad-Werkstatt Radsam, auf einen sofortigen Bedarf (siehe unser Interview auf Seite 59f.). Somit hängt die Durchschlagskraft deiner Idee stark vom Erklärungsbedarf, vom tatsächlichen Bedarf und Nutzen deiner avisierten Kund*innen ab. Dafür betrachte deine Persönlichkeitsstruktur hinsichtlich Mut und Durchhaltevermögen und schau dir die Zeitspanne bis zum möglichen Erfolg anhand deiner persönlichen Lebens- und Alterssituation an. Wer ist von deinem Erfolg, deinem Einkommen noch abhängig? Wie geht dein persönliches Umfeld damit um? Gibt es Menschen, die dich blockieren? Wie viel Zeit gibst du dir für die erfolgreiche Umsetzung deines Tiny Start-ups? Diese grundlegenden Fragen werden nochmals bei der Ideenumsetzung relevant.

b, c, d) Verwirklichung von Visionen und Zielen

Du hast den Wunsch, dich neu zu orientieren, dich selbstbestimmt weiterzuentwickeln. Der Weg zur Realisierung ist aber noch sehr vage. Gehe deinen Vorstellungen, die du mit der Selbstständigkeit verbindest, auf den Grund. Zum einen, um ein Geschäftskonzept zu entwickeln oder zu erwerben, das deinen Vorstellungen von persönlicher und/oder fachlicher Entwicklung entspricht. Zum anderen, um zu ermitteln, ob und welche Illusionen damit verknüpft sind. Lebensfreude ist die Energie von Tiny Start-ups. Die kannst du nur optimal entfalten, wenn du auch mit den Herausforderungen leben kannst. Denn unabhängig bist du nie. Wenn es auch nicht mehr das typisch hierarchische Gebilde von Chef*in und Angestelltendasein gibt, so bist du doch von deinen Kunden, Herstellern, Lieferanten, Geldgebern abhängig. Lote aus, wie viel und in welchen Situationen du Einschränkungen und Abhängigkeiten verträgst.

e) Lösung gesellschaftlicher Probleme

Du möchtest etwas mit deiner beruflichen Selbstständigkeit in der Gesellschaft bewegen? Dein Tiny Start-up soll Teil der Lösung sein und zum Beispiel nachhaltiges Gedankengut fördern, wie es die später vorgestellten Unternehmen Äss-Bar oder Garbags tun (Seite 87/253f., Seite 100f.)? Wenn deine Motivation von solchen oder anderen Veränderungszielen geprägt ist, dann solltest du schauen, inwieweit der Markt oder die avisierten Zielkunden bereits sensibel für das Thema sind. Ein gesellschaftliches Bewusstsein zu verändern dauert lange und es braucht Fingerspitzengefühl, eine adäquate und mitreißende Ansprache zu finden. Gerade nachhaltige Themen sind in der Gesellschaft noch häufig freudlos und einschränkend besetzt. Wir haben 2008 die Greenfranchise-Initiative (nachhaltige Franchisesysteme) lanciert und sind anfangs zu »missionarisch« aufgetreten, indem wir uns vor allem auf die Probleme fokussiert haben. Erst als wir in unserer damaligen Greenfranchise Lounge und Gallery verschiedenste Positivbeispiele interessanter Nachhaltigkeitsunternehmen und Maßnahmen vorgestellt haben, konnten wir Perspektiven öffnen und zum Mitmachen anregen. Denn das war unsere eigentliche Idee: den multiplikativen Charakter des Franchisings für die Ausweitung nachhaltiger Ideen und Konzepte zu nutzen. Mit der Entwicklung des Green Franchise Award haben wir dann noch eine Belohnung draufgesetzt. In Zusammenarbeit mit dem Deutschen Franchiseverband wurde der Preis in diesem Jahr nun bereits zum siebten Mal vergeben.[7] Das freut uns. Unsere Erfahrungen aus den Anfängen und den vielen Interviews und Coachings zu diesem Thema haben uns gezeigt, dass es nichts mit der Relevanz von Nachhaltigkeitskonzepten zu tun haben muss, wenn Ideen nicht ankommen.

Es ist die genannte Ansprache, die zählt. Und je positiv verstärkender du auftrittst, desto eher wirst du polarisieren und Hardliner in Sachen Nachhaltigkeit gegen dich aufbringen. Deswegen finde deinen Weg und überlege dir eine tragfähige Existenzgrundlage, um auch wirtschaftlich nachhaltig zu agieren. Baue dir eine Community auf, initiiere Mitmachaktionen und kreiere Belohnungen mit möglichen Sponsoren, denen das Thema auch am Herzen liegt. Und dann lass dich nicht beirren.

f, g) Unfreiwillige Entscheidungen

Wenn du den Schritt in die Selbstständigkeit als einzigen Ausweg betrachtest, dann ist es wichtig, sich den Ballast anzuschauen, der sich wahrscheinlich aufgestaut hat. Je nachdem, wie lange die Phase der Unsicherheit (Arbeitslosigkeit oder Umstrukturierungsmaßnahmen) bereits andauert, können dir Selbstzweifel, Frustration und Enttäuschung im Weg stehen. Das sowie altersbedingte und finanzielle Zwänge können zu vorschnellen Entscheidungen führen, aus der Angst heraus, dass es keine Alternativen gibt. Außerdem könnten gewiefte Anbieter und Vermittler beruflicher Existenzen diese Zwangslage nutzen, um zu schnellen Abschlüssen zu drängen. Umso wichtiger ist es, dass du dein persönliches Potenzial, deine Bedürfnisse und Möglichkeiten klar strukturierst. Fertige dazu dein persönliches Stärken-/Schwächenprofil an, möglichst mit einer Person zusammen, die dich kennt und dennoch relativ neutral spiegeln kann. Je besser du dich selbst erkennst, desto überzeugender kannst du möglichen Geldgebern, Geschäftspartnern oder Lieferanten gegenüber auftreten. Eine Hilfe bietet dir auch der Test mit der Selbst-/Fremdeinschätzung am Ende des Kapitels.

h) Jetzt erst recht!

Wut und Aggression sind enorme Treiber. Wenn du dir und anderen mit der Selbstständigkeit etwas beweisen willst, dann wird allein diese Erkenntnis schon eine erste Hürde sein, weil man häufig blind für klare Einschätzungen ist. Die große Frage wird sein, ob sich mit der Selbstständigkeit deine Probleme lösen lassen. Und wenn eine Geschäftsgründung effektiv der Schlüssel zum Durchstarten ist, dann kommen die Fragen nach der Geduld und der Kompromissfähigkeit. Denn selbst wenn das zu gründende Tiny Start-up auf einen bereiten Markt trifft, kann es – je nach Konzept – zwei bis fünf Jahre dauern, bis der Break-even erreicht und der Erfolg nachhaltig ist. Vielleicht sind für die Erfüllung der Aufgaben innerhalb deines Geschäftskonzeptes bestimmte Branchenregeln bindend, die dich zu einer gewissen Kompromissbereitschaft auffordern. Fühlst du dich damit letztendlich wohl und kannst du damit deine negativen Treiber, Wut und Aggression, in nutzbare Energie umwandeln?

i) Nebenbei, aber nicht nebensächlich

Ein Tiny Start-up als Nebenerwerb kann verschiedene Motive haben. Es kann eine Notgründung sein, um die knappe Rente aufzubessern, den Wiedereinstieg ins Berufsleben neben der Familie zu ermöglichen oder das Hobby zu einer beruflichen Existenz auszubauen. Welche Ausgangslage es bei dir auch ist, es bleibt eine berufliche Selbstständigkeit mit einer gewissen Vorbereitung und Verpflichtungen, um den Erfolg planbar zu machen. Auch wenn es ein »Mini-Tiny-Start-up« ist, musst du die Kontinuität deines persönlichen Einsatzes sichern, damit du dir einen Namen und einen Markt aufbauen kannst.

j) Neuorientierung nach Burn-out

Musst oder willst du bewusst auf die Bremse treten, um wieder selbstbestimmt zu leben? Nach einem überstandenen Burn-out stellt sich in der Regel eine Neuorientierung ein, um nicht wieder in alte, überlastende Muster zu fallen. Gesund machende und die Gesundheit erhaltende Werte sowie Sinnsuche stehen jetzt stark im Fokus. Deswegen ist die Rückkehr in die vorhergehende Tätigkeit oftmals infrage gestellt. Manchmal kommt auch hinzu, dass am alten Arbeitsplatz vielfach kein Verständnis für diese Form der Erschöpfung vorhanden ist. Als Gründer*in eines Tiny Start-ups bist du für das Ausbrennen, für die Überforderung gefährdet. Sei es aus dem schon genannten Grund, nicht Nein sagen zu können, oder aus dem, dass man zu viele Ideen realisieren oder es vielen recht machen will. Wir haben in unserem Beratungsbusiness nicht selten erlebt, dass alte Prägungen wie Perfektionismus und Leistungsorientierung auch in neue Tätigkeiten oder in die berufliche Selbstständigkeit übernommen werden. Damit ist die Überforderung vorprogrammiert. Es gilt definitiv, aus dieser Falle herauszukommen und sein Leben vollkommen umzukrempeln. Es muss nicht gleich so radikal wie bei Yasmine und Max Hensler sein. Manchen ist das Paar vielleicht aus dem TV bekannt, waren sie doch bereits in der Schweizer Ausgabe von *Die Auswanderer* und in der RTL-Sendung *Life* zu sehen. In unserem Interview erzählen sie, wie Max' Burn-out eine vollkommen neue Ära für das Paar beziehungsweise für die ganze Familie eingeläutet hat.

Yasmine und Max Hensler, YaMax Travel AB, NORRSKEN LODGE

»GLÜCKSMOMENT« NORRSKEN LODGE © YaMax Travel AB, NORRSKEN LODGE

1. Warum habt ihr euer Unternehmen gegründet?

»Wir haben die NORRSKEN LODGE gegründet, um anderen Menschen eine ›fantastic time‹ in Skandinavien zu ermöglichen und unseren Traum zu verwirklichen. Mit dem Kauf der beiden Grundstücke sind wir ein kalkuliertes Risiko eingegangen. Dafür bedurfte es der idealen Rechtsform der Unternehmung. Gleichzeitig wollten wir uns langfristig absichern und einen Wertanteil für unsere spätere Pension und unsere Kinder schaffen.«

2. Was war der Auslöser für eure Geschäftsidee?

»Die Idee entstand vor 2010 an einem Fjord in Norwegen. Wir saßen bei einem Glas Wein am Ufer und schwelgten angesichts der Schönheit Skandinaviens. Wir diskutierten, ob wir ein Haus, eine Hütte oder Wohnung kaufen sollten, da es uns im Norden so gut gefiel. Wir reisten mehrmals im Jahr nach Skandinavien. Ich hatte geschäftlich oft in Dänemark, Schweden und Finnland zu tun. Bei der Diskussion entstanden tolle Ideen. Eine war, dass wir ein Haus kaufen könnten, wo Yasmine ein schönes B&B einrichten würde. Warum? Um anderen Menschen eine schöne Zeit in Skandinavien zu ermöglichen. Daraus entstand später der Slogan ›fantastic time‹ für die NORRSKEN LODGE. Die Idee entwickelte sich zu einem Herzenswunsch. Der Norden hatte unsere Gedanken und Sehnsüchte gefangen und ließ sie nicht mehr los. Doch es war noch nicht die richtige Zeit dafür.

Ich ging als Interimsmanager erfolgreich meinen internationalen Projekten in Griechenland, Nigeria und Rumänien nach. So war ich am Schluss Direktor in der Global Supply Chain für ein internationales Unternehmen, angesehen und gut bezahlt, doch in Wahrheit unglücklich und komplett gestresst. Mein Kopf ließ das Gefühl des Überfordertseins nicht zu und trieb mich jeden Tag weiter an, bis zu dem Morgen, als ich nicht mehr aufstehen konnte. BURN-OUT! Arztbesuch, Therapie und schreckliche Schuldgefühle des Versagens folgten darauf. Nach einigen Monaten kam die Gewissheit, und der Mut wurde größer. Endlich konnte ich zu dem stehen, was ich seit langer Zeit gespürt hatte. Der Job machte mich nicht glücklich. Ich war unzufrieden und leer! Alternativen wurden gesucht. Kein potenzieller Job, kein Projekt und Start-up konnten mich begeistern oder positive Gefühle wecken. Bis zu dem Zeitpunkt, an dem Yasmine mich daran erinnerte, dass wir vor Jahren eine tolle Vision hatten und anderen Menschen eine tolle Zeit in Skandinavien ermöglichen wollten. Sofort fand ich zehn Gründe, warum das zu diesem Zeitpunkt eine blöde, unrealistische Idee war. Gleichzeitig spürte ich, wie ich sofort eine Leidenschaft dafür entwickelte. Abgesehen von den Risiken, entstanden im Sekundentakt Bilder, Ideen und Möglichkeiten, diese Vision umzusetzen. Bilder von glücklichen Menschen, lachenden Kindern und begeisterten Gästen.

Noch nie hatte mich etwas so motiviert. Das Feuer brannte, die Leidenschaft dafür war da und es wurde nach Lösungen gesucht. Die Businessidee wurde in einem 70-seitigen Businessplan aufgelöst. Ein entsprechendes Budget mit Lösungsmöglichkeiten sowie ein Marketing-Mix wurden in nur wenigen Tagen entwickelt. Innerhalb von etwa acht Monaten haben wir uns circa fünf verschiedene Orte angeschaut, welche für das Vorhaben ideal schienen.

Die NORRSKEN LODGE in Övertorneå war der nördlichste Ort von allen, und genau hierher hat es uns nun verschlagen. Warum? Reines Gefühl! Ich wusste an diesem 14. Dezember 2016, abends um 20:00 Uhr, bei Dunkelheit und Schnee: Das ist es! Ab und zu muss man Entscheidungen nicht sachlich erklären. Auch das war ein tolles Gefühl, eine hundertprozentige Bauchentscheidung nicht erklären zu müssen. Der Businessplan wurde einen Tag darauf der Bank vorgestellt. Es gab grünes Licht und nach kurzer Verhandlung mit dem Vorbesitzer war der Deal perfekt. Am 6. Februar 2017 hatten wir unsere Zelte in der Schweiz abgebrochen und fuhren zum Polarkreis. Mit zwei Kindern, zwei und vier Jahre alt, sowie unserem Hund Bryan und unserer Katze Ajsha. Der Auslöser war also eine Notsituation. Aber nun weiß ich auch, dass der Auslöser der jahrelange Wunsch beziehungsweise die Vision gewesen ist, welche sich tief ins Herz gefressen hatte. Die Vision, andere Menschen glücklich zu machen und ihnen im geliebten Skandinavien eine schöne Zeit zu ermöglichen. NORRSKEN LODGE – fantastic time.

Man sollte aufpassen, was man sich wünscht, sagte mir mal ein weiser Mann, es könnte in Erfüllung gehen. Schöne Gedanken gehen mir durch den Kopf. Zum Beispiel: Leidenschaft siegt! Der Unterschied zwischen Stress und Leidenschaft ist, ob man liebt, was man tut, oder ob man es hasst. Jeder ist dafür selbst verantwortlich. Jeder ist auch dafür verantwortlich, was er nicht tut und welche Chancen er auslässt. Wir arbeiten nicht weniger, im Gegenteil 12 bis 15 Stunden pro Tag, oft sieben Tage pro Woche. Dazu kamen zwei Wochen Ferien mit den Kindern, nach zwei Jahren. Das ist ein typisches Start-up-Muster. Aber es ist eine Bereicherung und macht uns glücklich.«

3. Wie erlebt ihr euer Klein-/Kleinstunternehmertum? Worin liegen die größten Chancen, worin die größten Herausforderungen?

»Das Unternehmertum in einer kleinen Organisation ist wahnsinnig bereichernd und spannend. Wir kümmern uns um alles. Von der Umsetzung unserer Vision bis zu dem Tag, an welchem wir in glückliche Gästeaugen sehen können, welche eine *fantastic time* hatten. Das ist schön! Dazwischen liegen tausend Aufgaben, welche wir anfänglich zum ersten Mal machen mussten. Es war eine enorme Lernphase mit ganz vielen Diskussionen, Gesprächen, Teamwork, oft schnell getroffenen Entscheidungen und einem rasanten Fortschritt. Hier liegt die große Stärke einer kleinen Organisation ohne Entscheidungswege. Von einem Trend oder Gästewunsch zur Umsetzung geht es oft in nur wenigen Tagen oder sogar Stunden. Wir wollen mit unseren Angeboten/Erlebnissen für die Gäste kreativer sein als andere. Näher ans Ursprüngliche der Arktis, mit allen Sinnen; mit Samen (nordische Bevölkerung) sprechen, Rentiere berühren, Nordlichter sehen, Elch essen und in der Natur übernachten. Dies sind Beispiele, welche man bei den großen Reiseveranstaltern nicht findet. Die Administration ist jedoch gewaltig. Behördengänge in Schweden sind oft mühsam und langwierig. Die Innovationskraft wird dadurch stark eingeschränkt, sofern man sich darauf einlässt. Diese Grenzen gilt es zu umgehen. Es lohnt sich, für die eigenen Ideen einzustehen, nicht aufzugeben und Lösungen zu suchen. Konzentration auf die Kernkompetenzen ist in einem solchen Moment sehr wichtig. Nicht alles umsetzen zu wollen, was möglich ist, sondern was nötig und dringend ist, um eine *fantastic time* zu ermöglichen. Das war schwierig. Konzentration auf das Wesentliche und immer wieder hinterfragen, was der Nutzen ist, half uns bei den Entscheidungen.

Dazu kommt noch ein weiterer Aspekt, welcher mir seit Jahren auffällt. Die Fähigkeit der Umsetzung ist entscheidender als die Idee. Oft fehlt die Erfahrung oder die Angst davor zu scheitern blockiert einen zu stark. Das Bewahren der positiven Haltung, egal, was passiert, wird oft nicht geschult. Probleme werden zu oft negativ behaftet. Wir sind alle Problemlöser. Ohne Probleme hätten wir keine sinnvolle Aufgabe. ›Juhu, ein Problem, es braucht mich noch!‹ Das ist die richtige Einstellung. Viele scheitern daran, realistische Lösungen zu finden und diese zeitnah umzusetzen. Besonders wenn man in größeren Organisationen eingebunden ist. Als Kleinstunternehmer macht dies extrem viel Spaß und treibt uns täglich an. Wir sind schnell, flexibel und innovativ. Gleichzeitig kommen wir finanziell schnell an unsere Grenzen und größere Vorhaben werden zu Herausforderungen. Gerne hätten wir einen Investor an Bord, welcher das Geschäft versteht. »Det lösa sig«, wie der Schwede sagt. Es wird sich schon lösen.

Vertrauen ist auch ganz wichtig. Als Kleinunternehmer muss man noch mehr darauf vertrauen, dass die Entscheidungen passen. Für lange Projekte, Studien oder sachliche Erklärungen fehlt die Zeit. Bauchgefühl und Erfahrung werden zu den zwei besten Beratern. Es bietet sich die Chance, seine Visionen, Wünsche und Ideen umzusetzen, anzupacken, was andere nicht wagen, gemeinsam Pläne zu schmieden und in die Realität umzusetzen und dabei anderen Menschen schöne Erlebnisse zu ermöglichen und glückliche Gäste zu haben. Das ist wahnsinnig bereichernd und zufriedenstellend! Ein Traumberuf! Natürlich ist man auch glücklich, wenn es finanziell aufgeht und man sich etwas leisten kann. Der Gewinn ist jedoch sekundär. Dieser verschwindet weiterhin in neuen Innovationen und im weiteren Ausbau der Firma. Alles unter einen Hut zu bringen und dabei die richtigen Entscheidungen zu treffen, ist eine große Herausforderung. Als Unternehmer, aber vor allem auch als Vater/Mutter und Ehemann/Ehefrau. Oft ist man den ganzen Tag für die Gäste da, und eine qualitative Familienzeit kommt zu kurz. Dies können wir dann in der Zwischensaison und hoffentlich während unserer Ferien wiedergutmachen.«

4. Was ist ein typischer Glücksmoment, den ihr immer wieder in eurem Unternehmen erlebt?

»»Das war das Schönste, was ich in meinem bisherigen Leben gesehen habe‹, hat die Reporterin von RTL mit Tränen in den Augen gesagt, als sie mit uns auf der Terrasse der NORRSKEN LODGE die Nordlichter bestaunt hat. Menschen, welche den ganzen Tag am Bürotisch sitzen, machen bei uns auf der Schnee-Scooter-Tour oben in den Fjällen bei minus 25 Grad ein Feuer ohne Feueranzünder und finden das ›mega‹. Gäste, welche nie richtig gekocht haben, müssen die Zwiebeln, Pilze und Kartoffeln schneiden, bevor sie dann das samische Gericht mit Rentierfleisch selber auf dem Feuer zubereiten. Erst erscheint es noch undenkbar, doch eine Stunde später servieren sie es dann stolz allen Gästen. Wenn unsere Gäste glücklich sind, dann überträgt sich das auf uns. Wir haben es richtig gemacht, sagen wir uns. Der beste Gast oder Kunde, den man haben kann, ist der FAN, der immer und immer wiederkommt. Das ist sehr schön! Und trotzdem suchen wir schon wieder weiter, um es noch besser zu machen. Ein weiterer Glücksmoment ist auch, wenn es rein geschäftlich und finanziell aufgeht, mehr finanzielle Möglichkeiten für die Umsetzung neuer Innovationen zur Verfügung stehen. Der Wert der Firma steigt. Der Wert der Erlebnisse noch mehr! Ja, das macht uns glücklich.«

5. Würdet ihr euer Unternehmen wieder genau so gründen oder etwas anders machen?

»Ja, wir würden es wieder so machen. Die Grundmotivation lag darin, eine Idee, eine Vision und einen Herzenswunsch in die Realität umzusetzen. Vom Businessmodell her gäbe es eventuell noch andere Möglichkeiten. Wir hätten die Liegenschaft privat kaufen und diese an eine Firma vermieten können. Das hätte hier in Schweden den einen oder anderen Vorteil gebracht. Ganz allgemein betrachtet war der gut ausgearbeitete

Businessplan der Grundstein. Der Aufwand dafür hat sich gelohnt. Er hat erste Türen geöffnet und eine solide Basis für den Aufbau geschaffen. Die Möglichkeiten und Potenziale waren schriftlich festgehalten sowie der Weg zum Ziel beschrieben. Das war eine große Hilfe. Die Zusammenarbeit mit den öffentlichen Ämtern und der Gemeinde haben wir komplett unterschätzt. Eventuell hätten wir die Fima im nur drei Kilometer entfernten Finnland gründen sollen. Jedoch wäre dort die Sprache wieder schwerer. Damit möchte ich darauf hinweisen, dass alle Eventualitäten und Möglichkeiten gut überdacht werden sollten, bevor man den Schritt zur Unternehmensgründung macht, sinnbildlich auch über Grenzen und Sprachen hinaus.«

https://www.norrskenlodge.com/

1.7 TEST: SELBST-/FREMDWAHRNEHMUNG

Nimm eine Einschätzung deiner Person vor und bitte auch andere Personen um eine Beurteilung. Denn das Eigenbild muss nicht unbedingt mit dem Fremdbild übereinstimmen.[8] Der Vorteil ist, dass du Hinweise bekommst, um über eigene Verhaltensweisen intensiver nachzudenken und in dem einen oder anderen Fall ein mögliches Wunschbild zu kreieren.

Frage Personen deines Vertrauens, bitte sie jedoch auf jeden Fall um eine ehrliche Rückmeldung! Fordere deine Gesprächspartner ausdrücklich auf, dir auch negative Punkte zu nennen. Ein verzerrtes Feedback hilft nicht – im Gegenteil, es führt dich unter Umständen zu Entscheidungen, die du später bereust. Rückmeldungen solltest du erst einmal ohne Kommentar, auch Negatives ohne Rechtfertigung annehmen. Sprich mit mehreren Personen, möglichst aus verschiedenen Bereichen deines täglichen Lebens (zum Beispiel mit Arbeitskollegen, Freunden, Vereinskollegen …).

Checkliste »Persönliche Ausgangssituation«

Fragestellung	Selbsteinschätzung				Fremdeinschätzung			
	ja	eher ja	eher nein	nein	ja	eher ja	eher nein	nein
Kannst du konsequent und termingerecht – auch unter Druck – arbeiten?								
Bist du in der Lage, ohne vorgegebene Strukturen zu arbeiten und den Arbeitstag selbst einzuteilen?								
Kannst du mit neuen und unvorhergesehenen Situationen proaktiv umgehen?								
Bist du durchsetzungsfähig?								
Kannst du dich selbst motivieren, auch an Tagen, an denen nicht alles rundläuft?								
Hast du Mut zu – auch unpopulären – Entscheidungen?								
Hast du persönliche Ziele und/oder Visionen, die du mit einer beruflichen Veränderung anstrebst?								
Bist du selbstkritisch und hinterfragst ab und zu dein Handeln?								
Kannst du Fehler eingestehen und daraus lernen?								
Ist es für dich selbstverständlich, Verträge, Termine und Abmachungen einzuhalten?								
Kannst du dir Ruhephasen gönnen, ohne ein schlechtes Gewissen zu haben, etwas noch nicht erledigt zu haben?								

Wenn du deine Erkenntnisse im Bereich der Selbst- und Fremd-
wahrnehmung noch vertiefen willst, dann kannst du über das Johari-Fenster gute Einblicke bekommen. Unter diesem Link findest
du dazu Anhaltspunkte sowie Selbsttests: https://karrierebibel.de/
johari-fenster/.

Vervollständige nun deine persönliche Landkarte mit dem, was du
aus diesen beiden Sichtweisen Selbst-/Fremdwahrnehmung an Erkenntnissen gewinnst. Was war für dich positiv/negativ überraschend oder irritierend? Welche Learnings sind für dein Tiny Business wichtig?

Welche Chancen und Herausforderungen andere Tiny Start-ups erlebt haben, wirst du jetzt im nächsten Kapitel lesen.

2.   TINY START-UPS ERLEBEN

Thomas Matla, Autor, Zug

»UND DANN WAR DA DIESES TINY START-UP«

»Ich muss zugeben, Kleinunternehmen habe ich lange Zeit nicht bewusst wahrgenommen. Mich interessierten immer nur die großen Marken. Was bei Coca-Cola in Atlanta passierte oder bei Apple im Silicon Valley, das berührte mich. Darüber wollte ich stets Genaueres wissen. Da es in den 1980er-Jahren noch kein Internet gab, las ich in der Bibliothek des Amerika-Hauses am Berliner Bahnhof Zoo amerikanische Zeitschriften. Ebenso in der Amerika-Gedenkbibliothek in Kreuzberg. *Advertising Age* war dafür das absolute Fachblatt. So ging es mein ganzes Studium über.

Als ich danach in der New Yorker Werbeagentur McCann-Erickson in Frankfurt am Main zu arbeiten begann, zahlte sich das aus. Weltagenturen setzen immer auf ganz große Unternehmen und Marken. So durfte ich tatsächlich die Coca-Cola GmbH in Essen betreuen. Wenn ich dafür morgens, mit Anzug und Krawatte, in Wiesbaden den Bus nahm, um anschließend mit der S-Bahn für einen langen Tag (und oft die Nacht) Richtung Frankfurt zu fahren, sah ich oft einen lässigen jungen Mann auf einem Mountainbike. Er mochte mein Alter haben, hatte lange blonde Haare und trug immer fantastische bunte T-Shirts zu ausgeblichenen Five-O-One-Levi's-Jeans. Ich erfuhr, dass er in Wiesbaden-Schierstein den Fahrradladen Californian Dreams eröffnet hatte und diese neuen kalifornischen Bikes dort verkaufte. Mir erschien er wie aus der Werbung, nur eben kleiner, unechter und damit für mich uninteressant.

Erst viel später begriff ich, dass dieser Typ täglich konsequent seinen handfesten Traum von einem Tiny Start-up in die Realität umsetzte, während ich, angestellt in einer Fantasiewirtschaft, viele Kompromisse machen musste und am Ende nichts außer Wissen und Erfahrungen vorzuweisen hatte. So brauchte es einige Jahre, bis auch ich als Freiberufler einen Start in die Selbstständigkeit wagte. Bereut habe ich ihn nie. Denn so persönlich bereichernd war davor keine Anstellung.«

2.1 IMMER IN BEWEGUNG

Als wir vor einiger Zeit in London an der Themse entlangliefen, roch es plötzlich wunderbar nach Kaffee. Wir wandten uns der anziehenden Duftquelle zu und bestellten spontan. Der Stand war mobil. Es war ein individuell gestaltetes Coffee-Bike. Neben dem würzigen Ristretto und süßen Beilagen gab es ein weiteres Add-on. An einer Seite der Cargobike-Konstruktion befanden sich frei nutzbare Werkzeuge für kleinere Fahrradreparaturen. Hier hatte man sich nicht nur auf die Bedürfnisse der normalen Spaziergänger*innen nach einer kleinen Kaffeepause eingestellt, sondern auch überraschend nutzbringend auf den Bedarf von Fahrradfahrer*innen nach eventuellen kleineren Fahrradreparaturen. Entsprechend stark nachgefragt wurden die Leistungen dieses speziellen Coffee-Bikes von der Fahrradgemeinde.

Unternehmerisch tätig zu werden, bedeutet nicht unbedingt, dass man den ganzen Tag still an einem Schreibtisch sitzt. Es sei denn, man arbeitet als Goldschmied*in oder Ähnliches. Selbstständigkeit erfordert ständig aufmerksame Aktivität, Beweglichkeit und Flexibilität. Doch auch das mag für Einzelne noch zu wenig sein. Diese Unternehmer*innen brauchen Mobilität als Geschäftsgrundlage. Wenn auch du dazugehörst, kann dir an dieser Stelle geholfen werden. Denn Chancen gibt es für Tiny Start-ups auf dem mobilen Geschäftsfeld genug. Das Fahrrad zum Beispiel ermöglicht viele verschiedene Geschäftskonzepte. Diese können sich grundsätzlich voneinander unterscheiden, haben aber alle die Vorteile der Fahrradmobilität im Kern. Wir stellen dir nachfolgend ein paar vor, die uns besonders beeindruckt haben.

Tiny Start-ups mit dem Fahrrad

Das Fahrrad (schweizerdeutsch: Velo) zählt seit seiner Erfindung zu einem der wichtigsten Bausteine der Mobilität. Man sagt, es wurde im deutschen Bundesland Baden-Württemberg vom Forstbeamten Karl von Drais entwickelt.[9] Er fuhr mit seiner Laufmaschine, die später als Draisine bezeichnet wurde, erstmals am 12. Juni 1817 durch Mannheim. Ein Vulkanausbruch in Indonesien führte damals zu Missernten in Baden-Württemberg, sodass Pferde zur Nahrungsversorgung notgeschlachtet wurden. Die Geburt des Fahrrades ist somit quasi eine »Notgründung«.

»GLÜCKSMOMENT« von Thomas in Berlin, © Bellone Franchise Consulting GmbH

Die Fahrradwirtschaft erlebt zurzeit einen neuen Boom. Damit eröffnen sich vielfältige Chancen. Der Fahrradbestand, Normalräder und E-Bikes, hat sich in Deutschland von 2005 bis 2018 von 67 auf 75,5 Millionen Stück erhöht.[10] Dabei sank der Durchschnittspreis für Fahrräder beständig ab. In den Zahlen sind auch die sogenannten Firmen- oder Dienstfahrräder enthalten, die Unternehmen ihren Angestellten steuerbegünstigt zur Verfügung stellen.[11]

Leasen statt besitzen

Diese Chance der steuerlichen Erleichterung beim Fahrradleasing, die analog zu der Firmenwagenregelung funktioniert, haben sich die beiden Gründer und Geschäftsführer Werner Weimann und Andreas Gundermann mit ihrer Firma REGONOVA GmbH zunutze gemacht. Sie wurden für ihr »Businessbike leasing«, einer Geschäftsidee, die sie aus eigenen Mitteln und ohne Fremdkapital realisiert haben, mit dem IHK-Gründerpreis Mittelfranken ausgezeichnet.[12] Ein befreundeter Fahrradhändler hatte die beiden Bankkaufleute 2012 auf die Idee gebracht. Jetzt bauen sie ihre Homepage[13], die 2016 mit dem Mittelfränkischen Website Award ausgezeichnet wurde, zu einem Portal aus, über das Kunden ihre Leasingverträge digital abschließen können. Da immer mehr hochpreisige Fahrräder geleast werden, schauen die beiden Gründer positiv in die Zukunft. Im laufenden Geschäftsjahr wollen sie einen siebenstelligen Gewinn realisieren und zeitnah über 100 000 Verträge betreuen. Schon jetzt wächst das Start-up mit seinen 50 Mitarbeiter*innen und zwei Auszubildenden aus der klassischen Definition von Kleinunternehmen (bis zu 49 Mitarbeiter*innen) hinaus. Ein Beleg dafür, dass Tiny Start-ups selbstbestimmt wachsen. Kein Investor zwingt sie dazu. Sie legen ihre Wachstumsgeschwindigkeit wie auch ihre Wachstumsgrenzen individuell selbst fest. So haben wir es auch in unserem Tiny-Start-up-Manifest formuliert.

Ruf doch einen Fahrradkurier!

Als wir noch in Werbeagenturen tätig waren, konnten wir den Wert von Fahrradkurieren in den Städten Berlin, Düsseldorf, Frankfurt, Hamburg, München und Zürich schnell kennen- und wertschätzen lernen. Brachten sie doch alle eiligen Dokumente und Abstimmungsunterlagen schnell und vertrauensvoll zu unseren Kunden, in die Druckereien oder zu den Verlagen. Damals musste noch alles im Original abgestimmt werden. Jedes Foto und Layout, jeder Andruck und jedes Dye Transfer Print musste zum Kunden, ebenso wie jede Präsentationsüberarbeitung. Fahrradkuriere gingen in den Agenturen deshalb täglich mehrmals ein und aus. Viele kannte man mit dem Namen. Der eine oder andere sorgte sogar für einen Auflauf am Empfang, wie zum Beispiel der Westberliner Kommunarde und Mitbegründer der Kommune I, Fritz Teufel, der als Fahrradkurier in Berlin tätig war. Heute fließen digitale Daten in Sekundenschnelle nicht nur innerhalb von Städten, sondern kreuz und quer durch alle Länder und rund um den Globus. Nicht nur der Markt der Fahrradkuriere musste deshalb heftige Einbrüche verkraften.

Trotzdem gibt es sie noch immer weltweit. Nicht alles lässt sich eben digital lösen. Ihr Kernnutzen, der schnelle, bezahlbare und sichere Transport in mittleren und großen Städten, vorbei an langen Pkw- und Lkw-Staus, wird dabei immer wichtiger. So vertraut man ihnen heute nicht nur Dokumente und Kleinsendungen mit einem Gewicht von bis zu zwei Kilogramm an, sondern auch Paketsendungen. Den neuen E-Bikes und Lastenradinnovationen sei Dank werden Lastenräder die idealen Auslieferungsfahrzeuge »auf der letzten Meile«.

In Deutschland arbeiten circa 4500 bis 5.000 hauptberufliche Fahrradkuriere (schweizerdeutsch: Velokuriere). Sie sind mit einem Gewerbeschein und ihrem eigenen Fahrrad selbstständig für verschiedene Kurierzentralen als Subunternehmer*innen tätig. Dafür müssen sie oft eine Grundprovision von beispielsweise 95 Euro monatlich sowie zwischen 9 Prozent und 35 Prozent des Auftragswertes für die Vermittlung, Organisation und Abwicklung abgeben. Pro Achtstundentag können bis zu 30 Aufträge abgearbeitet und bis zu 100 Kilometer – in der Stadt – zurückgelegt werden. Für manch einen Fahrradkurier an sechs Tagen pro Woche und bis zu 50 Wochen pro Jahr. Das ist eine anstrengende und nicht ungefährliche Angelegenheit. Im Jahr können so bis zu 20 000 Kilometer zusammenkommen. Der Tagesumsatz kann sich dabei auf 120 bis 150 Euro pro Tag belaufen.[14] Davon gehen Steuern, die Krankenversicherung, eine Unfallversicherung, die Handygebühren, Fahrradreparaturen, die Fixpauschale und die private Rentenversicherung ab.

Reich wird man damit nicht. Aber Fahrradkuriere sind Überzeugungstäter*innen, die bewusst nach diesem ausgewählten freien Lebensmodell leben wollen. Dazu gehört das richtige Werkzeug, ein individuell angepasstes Fahrrad – früher eher ein »Fixie«[15] mit starrem Gang und ohne Bremsen, heute eher ein Cargobike wie das dänische »Larry vs Harry Bullit«[16] sowie die entsprechende Kleidung und Transporttasche.

Tiny-Start-up-Tipps

Meisterschaften der Kurierfahrer*innen:

Es gibt verschiedene Kuriermeisterschaften, in denen sich Kuriere in unterschiedlichen Disziplinen gegeneinander messen. Die bekanntesten sind:

Deutsche Meisterschaften der Fahrradkuriere (DMFK):

German Cycle Messenger Championships (GCMC) – erstmals 1995 in Münster

Schweizerische Meisterschaften der Velokuriere:

Suisse Cycle Messenger Championships (SuiCMC) – erstmals 1993 in Basel

Europameisterschaften der Cycle Messengers:

European Cycle Messenger Championships (ECMC) – erstmals 1996 in Hamburg

Weltmeisterschaften:

Cycle Messenger World Championships (CMWC) – erstmals 1993 in Berlin

Als Geburtsstunde der »Bicycle Messengers« gilt der 7. Juli 1894. Ein Fahrradhersteller soll damals dazu aufgerufen haben, mit einer »Fahrradkurier-Transport-Kette« den Pullman-Eisenbahnstreik von San Francisco zu überwinden und die Postsendungen auszuliefern.[17]

Wir sehen uns, im Fahrrad-Café

Was machen Fahrradkuriere, wenn sie nicht Aufträge abarbeiten oder sich in Wettbewerben gegeneinander messen? Sie treffen sich in Fahrrad-Cafés und tauschen sich aus. Eine kleine Geschäftsidee, die heute in der Kombination Fahrradladen, Fahrradreparaturbetrieb und Café eine weltweite Verbreitung gefunden hat.

Das erste Fahrrad-Café Berlins, das Keirin Cycle Culture Café, eröffnete 2004 in Kreuzberg, in der Oberbaumstraße 5 am Schlesischen Tor. Es war zugleich Café und Werkstatt, Zweiradausstatter und Ladengeschäft, in dem es auch Schläuche und Ersatzteile gab. Zudem ein Fahrradmuseum für ganz besondere und unverkäufliche Vintage-Räder. *Keirin* ist ein Begriff aus dem Japanischen und bezieht sich auf einen spektakulären Bahnsprint. Die Idee zum Keirin Cycle Culture Café brachten die Gründer von der Kurier-Weltmeisterschaft 1995 in Toronto mit, wo sie diese Art von Coffeeshop zum ersten Mal gesehen hatten.[18] Im Kern war es aber hauptsächlich ein Treffpunkt für Velo-Enthusiasten. Schon bald zog es weitere fahrradaffine

Zielgruppen an und wurde zu einem international anerkannten Fixpunkt für Berlins Fahrradkultur. Aus eigenen Besuchen können wir attestieren, dass es ein höchst interessanter und besuchenswerter Ort mit einem extrastarken Espresso war. »War«, denn erhöhte Mietforderungen vertrieben das Café vom angestammten Platz.

Tiny-Start-up-Tipps:

Wer sich auf eine digitale Spurensuche nach dem legendären Berliner Fahrrad-Café-Vorbild begeben möchte, dem sei hier geholfen:

Homepage: www.keirinberlin.de

Facebook: https://de-de.facebook.com/keirinberlin

Instagram: https://www.instagram.com/keirinberlin/

Vimeo1: https://vimeo.com/97610020

Vimeo2: https://vimeo.com/user22978856

Vimeo3: https://vimeo.com/104234508

Die Marke mit dem Rennteam

In Berlin hat das Geschäftskonzept Fahrrad-Café seit 2013 eine weitere Ausprägung erfahren. In der Invalidenstraße 157 betreibt Max von Senger, unterstützt von Benedict Herzberg, das Fahrrad-Laden-Café *Standert Urban*. Der Markenname ist eine Anspielung auf die berlinische Aussprache des Wortes »Standard«. Neben dem Café (ja, auch hier ist der Espresso weiterzuempfehlen), dem Ersatzteilverkauf und der Werkstatt steht hier jedoch die eigene Fahrradmarke Standert im Mittelpunkt. Schließlich hat von Senger Design und Kommunikation studiert. Die vielen Aktivitäten und Messeteilnahmen wie zum Beispiel bei der Berliner Fahrradschau scheinen einen fruchtbaren Boden bereitet zu haben. Seit dem 30. März 2019 gibt es einen zusätzlichen Performance Cycling Store in der Berliner

Friedrichstraße, der auf 135 Quadratmetern über einen Showroom, eine Werkstatt, einen Fitting Corner, eine Riders Area sowie ein Café verfügt. Hier werden, neben sorgfältig ausgewählter Bekleidung sowie Schuhen, Helmen, Brillen und Accessoires, die Standert-Fahrräder mit kreativen Namen wie »Kreissäge«, »Umlaufbahn« oder »Triebwerk« zum Verkauf angeboten. Wie stark neben der Funktionalität dabei das Design im Vordergrund steht, zeigt die Firmierung als Standert Design GmbH sowie das neue Project compact (by Standert Bicycles und MarksWalter), das sich als Mission »Build Better Bikes for Smaller Humans« auf die Fahne geschrieben hat.[19] Ach ja, dann gibt es da noch das Team Standert mit Sitz in Berlin. 2014 gegründet, werden hier alle Standert-Modelle auf Herz und Nieren getestet. Das Freundesteam startete aus Spaß am Fahren, bewegt sich inzwischen aber bereits auf nationaler Elite-Ebene.[20]

Tiny-Start-up-Tipps:

Wenn du dich für die Marke mit dem Team Standert interessierst

Homepage: https://standert.de/

Blog: https://standertbicycles.exposure.co/

Facebook: https://www.facebook.com/StandertBicycles

Instagram: https://www.instagram.com/standertbicycles/

Das goldene Zeitalter der Stahlrahmen

Das Steel Vintage Bikes Café & Restaurant bildet unser drittes Tiny-Start-up-Beispiel in der Fahrrad-Café-Welt. Café, Gastronomie und Fahrradanspruch werden hier konsistent und glaubwürdig in der Berliner Mitte nahe dem Brandenburger Tor gelebt. 2012 gegründet, konzentriert sich Steel Vintage Bikes primär auf seltene, klassische Stahlrahmenfahrräder mit Geschichte. Man liebe das goldene Zeitalter des Fahrradfahrens und sei getrieben von der

Leidenschaft, Menschen mit der Geschichte, Qualität und Handwerkskunst von handgefertigten Stahlrahmen zu überzeugen.[21] Dafür wurden Beziehungen zu privaten Verkäufern und Sammlern in Italien, Deutschland, Belgien und Frankreich aufgebaut und etabliert. Fahrräder, die bei Steel Vintage Bikes landen, werden entsprechend ihrer kulturellen Historie in der Werkstatt individuell aufgearbeitet. Dafür werden sie komplett auseinandergenommen, gereinigt, eventuell repariert und geschmiert, bevor sie wieder zusammengebaut und fotografiert werden. Der Verkauf erfolgt länderübergreifend, der Versand unter besonderer Vorsicht mit speziellen Dienstleistern. Das Café erfüllt nach Eigenangaben eine Seelenfunktion. Hier können Menschen noch analog für Gespräche getroffen werden. Auch das gemeinsame »Abhängen« in der Fahrradfamilie, zum Beispiel um auf einer speziell aufgebauten Leinwand die Tour de France zu schauen, sei wichtig. Als echte Dekoration ist das Café mit mehr als 300 klassischen, im Vintage-Look gehaltenen oder modernen Stahlrahmenfahrrädern ausgestattet. Zusätzlich rundet ein Zusatzangebot an Ersatzteilen, Kleidung, Schuhen und Accessoires das Gesamtkonzept ab.

Tiny-Start-up-Tipps:

Für Freunde von Stahlrahmen

Homepage: https://www.steel-vintage.com/cafe/

Facebook: https://www.facebook.com/steelvintagebikes

Twitter: https://twitter.com/Steel_Vintage

Instagram 1: https://www.instagram.com/steelvintagebikes/

Instagram 2: https://www.instagram.com/bikecafeberlin/?hl=de

Instagram 3: https://www.youtube.com/watch?v=raDwrxTmRh8

Wenn Schweres zu transportieren ist

Die vorgestellten Fahrrad-Café-Konzepte konzentrieren sich auf die Welt der Fahrradrennen, ob mit selbst produzierten Rennmaschinen oder klassischen Stahlrahmen. Es gibt aber einen weiteren Trend, der gerade seine gesellschaftliche Wirkung in der Fahrradwirtschaft entfaltet. Es ist der Megatrend der Nachhaltigkeit, der bisherige Transportkonzepte hinterfragt. Warum sollen Kartons, Paletten oder Umzugsgüter nur mit Pkws, Bussen oder Lkws transportiert werden? Diese oft mit einem Dieselmotor angetriebenen Fahrzeuge tragen zur Luftverschmutzung bei und blockieren Straßen und Fahrradwege während ihrer Auslieferungstätigkeit. Cargobikes werden neu entdeckt und sind mit elektrischer Unterstützung die neuen Hoffnungsträger, nicht nur im städtischen Raum.

Tiny-Start-up-Tipp:

Deutsches Bundesamt für Wirtschaft und Ausfuhrkontrolle

Durch die deutschlandweite Förderung von Schwerlasträdern[22] (rückwirkend zum 29. November 2017) können die Anschaffungskosten bis zu 30 Prozent (maximal 2500 Euro) reduziert werden. Das macht Lastenräder für die unterschiedlichsten Tiny-Start-up-Konzepte interessant.

Der Berliner Klassiker im Lastenradbau

Das Unternehmen PEDALPOWER ist ein Berliner Klassiker. Es produziert bereits seit 18 Jahren Tandems und Lastenräder sowie Spezialräder. Die Rahmen bestehen aus 7005er-Alu oder CrMo-Stahl, fast alle Modelle können auch mit E-Motor bestellt werden. Die Lastenräder beweisen sich im professionellen Einsatz unter anderem bei UPS Berlin/Brandenburg, HELLWEG und den toom-Baumärkten. PEDALPOWER ist von Beginn an Ausbildungsbetrieb für Zweiradmechaniker*innen und Fahrradmonteur*innen.[23]

Tiny-Start-up-Tipps:

Der Berliner Lastenrad-Klassiker

Facebook: https://www.facebook.com/Pedalpower-Tandems-und-Lasten fahrr%C3%A4der-handmade-in-Berlin-193112290700948/

Instagram: https://www.instagram.com/pedalpower_de/

YouTube: https://www.youtube.com/channel/UCV9hYQ5EAiNm7KTacjbmtBg/

»GLÜCKSMOMENT« Flughafen Berlin-Tempelhof © Bellone Franchise Consulting GmbH

Wir fühlen uns immer noch wie ein Start-up[24]

Das Zitat stammt vom Maschinenbauingenieur Heiko Müller, der zusammen mit Markus Riese, ebenfalls Maschinenbauingenieur, 1993 das Unternehmen Riese & Müller GmbH gegründet hat. Wir hatten Gelegenheit, ihn für unser *Praxisbuch Trendmarketing* zu interviewen.

Start-up-Kultur im Denken und Handeln aller Mitarbeiter*innen ist Riese & Müller wichtig, um schnell und flexibel agieren zu können, wobei visionäres Denken in Mobilitätslösungen im Vordergrund steht. Geschäftsgrundlage bilden seit Beginn des Unternehmens die Werte Freundschaft und Leidenschaft für Fahrräder, gegenseitige Wertschätzung und Verantwortungsübernahme.[25] Vielen Fahrradenthusiasten ist das Unternehmen durch dessen erste Erfindung des voll gefederten »Birdy« bekannt. Es wurde auf Anhieb ein weltweit vertriebener Erfolgsschlager. Heute ist Riese & Müller international bekannter Premiumhersteller von E-Bikes, E-Cargo-Bikes (wie dem »Load 75«) und von Falträdern. Wie alles mit zwei Ingenieuren, einer guten Idee und einer Garage (im hessischen Darmstadt, nicht im Silicon Valley) begann, schildert Heiko Müller auf der Unternehmenshomepage https://www.r-m.de/de/. Ansonsten schaut das Unternehmen stets nach vorn, agiert visionär und innovativ. Um Mobilität in den Städten zukunftsfähiger – das heißt klimafreundlich, gesund und schnell – zu machen, kooperiert Riese & Müller seit Gründung 2015 mit der Schweizer E-Bike-Sharing-Plattform carvelo2go, einem Angebot der Mobilitätsakademie des Touring Club Schweiz (TCS) und des Förderfonds Engagement Migros, das sich nach Eigenangaben mit zurzeit 300 E-Cargo-Bikes in über 70 Städten und Gemeinden zum größten E-Cargo-Bike-Sharing-System der Welt zählt.[26]

Tiny-Start-up-Tipp:

Lastenräder selber bauen

Wie man ein Lastenrad selber bauen kann, erfährt man zum Beispiel im Berliner KUNST-STOFFE, der Zentralstelle für wiederverwendbare Materialien e.V.

Dabei handelt es sich um ein Materiallager, Repair-Café und einen Werkstatt-Container mit Bildungsangeboten. In der mobilen Werkstatt des Berliner Lastenradnetzwerks können Lastenräder ausgeliehen und mit Unterstützung selbst gebaut werden.

https://kunst-stoffe-berlin.de/lastenrad-eigenbau/

Mobilität als Open-Source-Projekt

Hochschulen und Universitäten sind immer gute Quellen für Informationen über neue Entwicklungen. So auch die Hochschule Bochum im Bereich der Fahrradmobilität. Ihr »eelo« (electric velomobile) Cargo Pedelec Projekt[27] dient der Entwicklung alternativer Elektromobilität für die Zukunft. Die Vorteile des Radfahrens sollen dabei mit den Vorzügen des elektrischen Automobils in einem nachhaltigen Fahrzeugkonzept vereint werden, um die Alltagstauglichkeit der Fahrradmobilität zu steigern. Besonders erfreulich ist: Ihr Projekt ist ein Open-Source-Projekt, das heißt, alle Informationen werden der Allgemeinheit zugänglich gemacht.[28]

Tiny-Start-up-Tipp:

Lastenradverleihstationen schnell finden

Unser Berliner Interviewpartner Samuel Huber (radsam) präsentiert auf seiner Homepage eine interaktive Karte mit Lastenradverleihstationen in Berlin:

http://radsam.berlin/lastenfahrrad-mieten-in-berlin/

Feine Lastenräder für den urbanen Raum

Wer lieber mit Fahrrädern handeln möchte oder sich für den Kauf eines feinen Lastenrades interessiert, der findet bei Cora Geißler von VELOGUT in Berlin-Kreuzberg das Richtige. Als ambitionierte Lastenradfahrerin, die wir in einem Wettbewerb der Fahrradmesse Velo Berlin[29] am Funkturm bewundern konnten, kennt sie sich in dem Metier bestens aus und hat sich auf Lastenräder für die Stadt[30] fokussiert. Ihr Wissen umfasst dabei nicht nur die verschiedenen Lastenradangebote und Marken. Sie kennt sich zudem auch gut mit Käufer*innen und Einsatzgebieten aus. So wendet sie sich auf ihrer Homepage auch gleich an Schornsteinfeger, Schlüsseldienste, Hundebesitzer und Tagesmütter. Am besten gefallen uns ihre drei Lastenradvideos mit den drei unterschiedlichen Tiny-Start-up-Geschäftskonzepten: dem Tischler[31] , der Reporterin[32] und dem Mechaniker[33].

Samuel Huber hat 2018 sein Tiny Start-up radsam – Mobile Fahrradwerkstatt in Berlin gegründet. Von der Idee bis zur Gründung, brauchte er sieben Monate und 7000 Euro. Wir haben ihn zu seinem Unternehmen interviewt:

Samuel Huber, radsam – Mobile Fahrradwerkstatt in Berlin

»GLÜCKSMOMENT« radsam © Samuel Huber, radsam – Mobile Fahrradwerkstatt in Berlin

1. Warum hast du dein Unternehmen gegründet?

»Nach einer zweijährigen Auszeit habe ich eine neue Erwerbstätigkeit gesucht. Dabei wollte ich etwas finden, das mir erlaubt, selbstbestimmter zu arbeiten, zeitlich flexibel zu sein und voll hinter dem zu stehen, was ich mache. In meinem bisherigen Tätigkeitsbereich als Ingenieur habe ich keine Möglichkeit gesehen, mich selbstständig zu machen. Nachdem ich eine Absage für eine besonders interessante Ingenieurstelle erhalten hatte, war für mich klar, dass ich mich selbstständig machen möchte.«

2. Was war der Auslöser für deine Geschäftsidee?

»Im Zuge meiner Recherche zu neuen Tätigkeitsfeldern bin ich auf einen Artikel von Norbert Winkelmann gestoßen, in dem er seine Tätigkeit als mobiler Fahrradschrauber beschrieb und Unterstützung beim Start anbot. Das half mir enorm, meine Zweifel zu überwinden und den Schritt in die Selbstständigkeit zu wagen. Darüber hinaus erlaubte der mobile Ansatz, dass ich mit relativ einfachen Mitteln und geringen Kosten starten konnte. Das Thema Fahrrad war bereits seit vielen Jahren meine Passion, und ich hatte auch schon Erfahrungen als Aushilfe im Fahrradladen gesammelt, eine formale Ausbildung zum Zweiradmechaniker habe ich allerdings keine.«

3. Wie erlebst du dein Kleinst-/ Kleinunternehmertum? Worin liegen die größten Chancen, worin die größten Herausforderungen?

»Ich empfinde es als großes Privileg, mein eigener Chef zu sein und selbst zu entscheiden, wann ich was wie mache. Ich kann meine eigenen Ideen umsetzen, dabei sehr flexibel auf neue Rahmenbedingungen reagieren und ich bin sehr nahe bei meinen Kunden. Dazu kommt, dass ich als Einzelunternehmer eine schlanke Verwaltung habe, von der Buch- und Lagerhaltung bis zur Terminplanung. Die Herausforderung ist, dass ich im Umkehrschluss für alles selbst verantwortlich bin. Die gewonnene Freiheit ist mir das allemal wert. Dabei hilft mir auch, dass ich mit drei weiteren mobilen Fahrraddienstleistern in Berlin lose zusammenarbeite. Wir vertreten uns gegenseitig, tauschen Tipps und Tricks aus und akquirieren einander neue Kunden. Die Zusammenarbeit klappt sehr harmonisch, weil wir in einer Nische im boomenden Fahrradbereich arbeiten und niemand von uns Interesse daran hat, mit seinem Unternehmen massiv zu expandieren.«

4. Was ist ein typischer Glücksmoment, den du immer wieder in deinem Unternehmen erlebst?

»Bei jedem Einsatz habe ich eine gewisse Unsicherheit, was genau das Problem ist und ob ich es mit den Werkzeugen und Ersatzteilen beheben kann, die ich mit dabeihabe. Tatsächlich kann ich in den allermeisten Fällen das Problem beheben. Wenn dann die Kundinnen und Kunden von ihrer Probefahrt mit einem strahlenden Lächeln zurückkommen, weil das Rad wieder flott ist, bin ich glücklich.«

5. Würdest du dein Unternehmen wieder genau so gründen oder etwas anders machen?

»Die ersten Monate waren aufregend, weil ich ständig vor neuen Herausforderungen stand. Da war ich froh, dass die Auftragslage langsam zunahm und ich Stück für Stück dazulernen konnte. Auch wenn ich mal länger gebraucht habe oder mehrmals wiederkommen musste, war ich stolz auf jedes neue Problem, das ich lösen konnte. Es war angenehm, dass ich mir selbst die Zeit geben konnte, mit den Aufgaben zu wachsen. Für die Unternehmensverwaltung half es mir enorm, dass ich ein vom Berliner Senat gefördertes Vorgründungscoaching in Anspruch nehmen konnte, in dem ich einen soliden Businessplan erarbeitet und Grundlagen der Buchhaltung erlernt habe. Außerdem war es für mich wichtig, dass ich neben dem eigentlichen Startkapital ausreichende finanzielle Reserven beziehungsweise Unterstützung hatte und meine laufenden Kosten niedrig gehalten habe. Das hat mir während der Vorlaufzeit und im ersten halben Jahr mit meinem neuen Unternehmen den Rücken freigehalten.«

www.radsam.berlin

Elektro-Lastenräder auf der »letzten Meile«

Ein Unternehmen, das Lastenräder für Logistiklösungen in der Großstadt seit Jahren einsetzt, ist das Berliner Unternehmen Velogista. Wir haben es 2014 kennengelernt, als es in der Form der Genossenschaft gegründet wurde. Es startete als erster City-Logistiker Deutschlands, ausschließlich mit Elektro-Lastenrädern auf der »letzten Meile«. Velogista befördert Güter aller Art innerhalb des Berliner S-Bahn-Rings mit elektrisch unterstützten Lastenrädern. Europaletten oder Waren mit einem Gewicht von bis zu 250 Kilogramm können beladen werden. Damit möchte Velogista den innerstädtischen Transportverkehr revolutionieren.[34] Ein kleines Team organisiert das Unternehmen und koordiniert die Fahrer*innen dabei. Laut Eigenangaben auf der Homepage bezeichnet sich Velogista selbst als das größte nachhaltige City-Logistik-Unternehmen in Berlin.[35]

Cargobike as a Service

Als Tiny Start-up will das 2016 gegründete junge Unternehmen ONO wohl nicht gesehen werden. Das im MotionLab.Berlin[36], einem Coworking-Space am Görlitzer Park, ansässige Unternehmen konzentriert sich auf den Weltmarkt und kooperiert mit Automobilzulieferern. Dennoch wird es große Auswirkungen darauf haben, wie Lasten und Personen zukünftig von Big und Tiny Start-ups sowie etablierten Playern in Städten transportiert werden. Deswegen möchten wir an dieser Stelle kurz darauf eingehen. Die Gründer Beres Seelbach (GF/CEO), Murat Günak (CDO) und Philipp Kahle (CTO) setzen auf ein elektrisch unterstütztes Lastenrad mit einem Ladevolumen von 2000 Litern, um die Lastentransporte auf der letzten Meile umwelt- und menschenfreundlich zu gewährleisten. Ihr ONO ist dabei mehr als nur ein gut designtes und wendiges Lastenfahrrad. Es ist ein Logistikkonzept, das auch die Prozesskette mitberücksichtigt. Dazu zählen Umlade-Hubs in der Stadt sowie schnelle und einfache Be- und Entladungen sowie Stadttransporte.[37] Am 29. November 2018 wurde der ONO Pre-Production Prototype in einem Launch-Event vorgestellt.[38] Bis zum 23. Februar 2019 lief eine Crowdfunding-Kampagne, um die Investoreneinlagen zu erhöhen.[39] Für 2020 plant ONO die Serienproduktion. Zielmarkt ist die ganzheitliche City-Logistik. ONO-Fahrzeuge sollen zukünftig ausschließlich im Leasing inklusive Service erhältlich sein. ONO soll mittelfristig die führende Marke moderner E-Cargo-Bikes werden.

Ziel ist eine Jahresproduktion von mehreren Tausend Fahrzeugen. Weitere Infos findest du unter https://onomotion.com/.

Spotlight

ONO pilotiert mit Hermes in Berlin

Am 29. Juli 2019 startete der offizielle Einsatz von ONO im Pilotprojekt mit Hermes und Liefery am Standort des #KoMoDo-Hubs in Berlin.[40] Eingesetzt wird der neuste Prototyp mit zwei Elektromotoren und über zwei Kubikmetern Ladevolumen. »KoMoDo« bedeutet »Kooperative Nutzung von Mikrodepots durch die Kurier-, Express-, Paketbranche für den nachhaltigen Einsatz von Lastenrädern in Berlin«. Fünf große Unternehmen testen hier die Paketzustellung per Mikrodepot und Cargobikes. Die Eröffnung fand am 31. Mai 2018 in der Eberswalder Straße in Berlin-Prenzlauer Berg statt. Weiterführende Infos gibt es auf der ambitionierten Plattform cargobike.jetzt vom Berliner »Cargobike-Botschafter« Arne Behrensen: https://www.cargobike.jetzt/komodo-start/.

Dienstleistungen mit dem Fahrrad

Das innovative ONO wird nicht nur als ein neues Produkt, ein Cargobike, konzipiert, sondern auch als eine Lastenrad-Dienstleistung. Genau in diesem Bereich liegen die vielfältigen Möglichkeiten und Chancen für Tiny Start-ups: das Fahrrad nämlich als Grundlage eines Geschäftskonzeptes zu verwenden. Velogut hat mit seinen sehenswerten Videos (weiter oben) aufgezeigt, wie ein Tischler, eine Reporterin und ein Mechaniker Lastenräder für Dienstleistungen nutzen. Hier stellen wir dir weitere Geschäftskonzepte vor.

Auf ganz konventionelle Art und Weise, ohne E-Antrieb, kann man sich in Zürich durch die Stadt radeln lassen. Beliebt ist das als Stadtführung. Aber auch wer im Ausgang ist, also eine Party, eine Musikveranstaltung oder einen Klub besucht, nutzt den Service. Ebenso Senior*innen, die sich zum Einkaufen fahren lassen. Gründer des 2012 gestarteten Kleinunternehmens mit dem Namen Bike Butler ist Beat Menzi. Sibylle Ledergerber hat in *Hello Zürich* ein lesenswertes Interview mit ihm unter dem Titel »1000 Franken Trinkgeld für den Bike Butler« veröffentlicht.[41] Der Artikel lässt einen hautnah in die Welt des Velotaxis in der Schweizer Großstadt Zürich eintauchen. Neben City Tours und privaten Events (Hochzeiten und Geburtstage) werden von Bike Butler auch Gruppentouren angeboten. Zusätzliche Einnahmen werden laut Homepage durch Events (Ausstellungen, Kongresse, Messen) sowie mobile Werbung generiert.[42]

Mobil die Haare schneiden

Eine weitere Dienstleistung, die erst durch die Mobilität neue Zielgruppen erreicht und Umsätze realisieren hilft, ist das fahrradbasierte Friseurhandwerk. In Hamburg haben wir solch eine beispielhafte Kleinunternehmerin entdeckt. Die Friseurmeisterin Hanna Alt betreibt dort ihr »Das Haarrad. Hamburgs mobiler Friseur für Zuhause«. Sie setzt dabei auf Nachhaltigkeit, Mobilität und Bequemlichkeit, nutzt sie doch veganes Shampoo und besucht ihre Kunden zu Hause oder am Arbeitsplatz. Sie hat Unisex-Preise, die nach Zeit und Aufwand angelegt sind. Damit möchte sie gegen Geschlechterungleichheit angehen. Seit 2019 ist sie zudem aktives Mitglied der UmweltPartnerschaft Hamburg[43] und bekennt sich damit öffentlich zu freiwilligem Umwelt und Klimaschutz. Beeindruckend ist auch ihr Engagement für die Organisation Hands of Life im Rahmen von »Fahrräder für Lesotho.[44]

Unterwegs einen Kaffee brühen

Wer kennt sie nicht? Im urbanen Raum, auf Märkten, Messen und zu Events stehen sie immer an der richtigen Stelle bereit. Immer dann, wenn einen die Konzentration und Kraft verlässt und man dringend einen Coffee-Shot braucht: die speziell ausgestatteten Coffee-Bikes. Im deutschsprachigen Raum dürfte wohl die Coffee-Bike GmbH am bekanntesten sein. Als Franchiseunternehmen bietet sie mit ihren dreirädrigen Coffee-Bikes mobiles Kaffee-Catering. Die Idee dazu kam zwei Studenten 2010. Inzwischen zählt das Unternehmen zu den am schnellsten wachsenden Franchisesystemen in Europa. Aktuell (Juli 2019) wurde gerade das 300. Coffee-Bike in Betrieb genommen. Der Empfänger heißt Markus Bonk. Er ist Franchisenehmer seit 2014 und hat nun, als Multi-Unit-Franchisenehmer, sein siebtes Coffee-Bike auf der Straße.[45]

Ein Grund für den Erfolg von Coffee-Bike dürfte das durchdachte Bike-Konzept sein. Es verfügt über eine professionelle Siebträgermaschine und eine eigenkonzipierte Kaffeemühle sowie eine Orangenpresse. Dabei funktioniert das Bike ohne Strom- und Wasseranschluss. Franchisenehmer*innen erhalten keine Umsatzvorgaben und müssen keine Öffnungszeiten einhalten. Die Franchisegebühr wird flexibel und nur auf tatsächlich verkaufte Kaffeespezialitäten erhoben, nicht auf verkauften Tee oder Orangensaft. Wie eine Franchisepartnerschaft aussehen kann, erfährt man auf dem YouTube[46]-Kanal von Coffee-Bike sowie im Video mit dem Franchisenehmer Klaus Ewert, der sich nebenberuflich, ohne großes Eigenkapital, selbstständig gemacht hat, sowie Franchisenehmer Markus Buscher, der bereits zwei Coffee-Bikes nutzt sowie sechs Mitarbeiter*innen eingestellt hat[47]. Das Franchiseangebot umfasst das Mieten des Coffee-Bikes, um so die Investitionskosten gering zu halten. Im Juli 2019 wurde es ab 299,90 Euro monatlich angeboten. In der Coffee-Bike-Academy lernen Gründer*innen in einem Onlinekurs unter anderem, wie sie ihr Gewerbe anmelden, wie sie behördliche Zertifizierungsprozesse durchlaufen, Standorte beantragen und Versicherungen abschließen. Daran schließt sich ein Barista- und Technik-Präsenzkurs in der Academy an. Mehr als 200 Franchisenehmer*innen in 20 Ländern arbeiten mit diesem Geschäftskonzept.[48] Unterdessen ist auch ein zweites Konzept dieser umtriebigen Unternehmung entstanden: das »Waffle-Bike«, eine mobile Waffelbäckerei.[49]

Mit dem Geschäftskonzept von Working Bicycle können Fahrradfahrer*innen mit ihrem eigenen Rad etwas dazuverdienen. Registrierte Fahrradfahrer*innen erhalten eine praktische Werbebox, die genügend Stauraum bietet und auf allen Seiten mit individuellen Werbebotschaften von Werbekunden ausgestattet wird. Das Tiny Start-up wurde 2017 mit 20 000 Schweizer Franken für die GmbH gegründet. Der aktuelle Fahrer*innen-Bestand liegt heute bei 4500 in sieben Städten. Laut dem im Juli 2019 aktuellen Stand können über 22 000 Werbeflächen gebucht werden. Wie die drei Gründer, Patrick Tschudi, Luca Tschudi und Jérôme Huber, auf ihre Idee gekommen sind, haben sie uns in einem Interview verraten:

WORKING BICYCLE

Patrick Tschudi, Luca Tschudi & Jérôme Huber, Working Bicycle AG

»GLÜCKSMOMENT« Working Bicycle AG © Working Bicycle AG

1. Warum habt ihr euer Unternehmen gegründet?

»Der Ursprung für die Gründung lag in der passenden Kombination von einer simplen, aber überzeugenden Geschäftsidee und von drei ›Macher-Typen‹. Wir sind alle voll und ganz der Überzeugung, dass es sich lohnt, mit viel Herzblut eine Idee weiterzuverfolgen und gemeinsam als Team umzusetzen.«

2. Was war der Auslöser für eure Geschäftsidee?

»Der Auslöser war eine Projektarbeit im Wirtschaftsstudium von Luca Tschudi, der sich ursprünglich mit der Werbebranche und dessen fehlender Innovationsbereitschaft auseinandersetzte. Naheliegend war anschließend, innovative und disruptive Geschäftsmodelle für die Kommerzialisierung von mobilen Werbeflächen auf Fahrrädern zu entwickeln. Zu diesem Zeitpunkt stießen Patrick und Jérôme für die Umsetzung dieser Grundidee hinzu.«

3. Wie erlebt ihr euer Kleinst-/Kleinunternehmertum? Worin liegen die größten Chancen, worin die größten Herausforderungen?

»Wir erleben unser Start-up-Dasein als sehr dynamisch – jeder Tag bringt viel Unerwartetes mit sich. Unsere Dynamik bietet uns ein schnelles Voranschreiten für den Netzausbau an Werbeflächen, Kundengewinnung und weiteren parallel laufenden Projekten. In dieser Dynamik liegt aber auch die Herausforderung, stets einen kühlen Kopf zu bewahren und abgeklärte, langfristige Entscheidungen zu fällen, die unser Unternehmen essenziell prägen werden.«

4. Was ist ein typischer Glücksmoment, den ihr immer wieder in eurem Unternehmen erlebt?

»Ein typischer Glücksmoment ist für uns, wenn es uns gelingt, weitere namhafte Kunden mit auffallenden und einzigartigen Kampagnen zu unterstützen. Dies war für uns stets die Grundlage, damit wir wussten, dass wir effektiv einen ›Market-Need‹ abdecken. Schlussendlich gab uns dies die nötige Motivation und Power, um zielorientiert voranzuschreiten.«

5. Würdet ihr euer Unternehmen wieder genau so gründen oder etwas anders machen?

»Was wir bestimmt gleich machen würden, ist die Konstellation des Gründerteams. Es ist nicht einfach, Personen zu finden, die gewillt sind, das Risiko einer

Start-up-Gründung einzugehen, und auch in schwierigen Zeiten am gleichen Strang ziehen. Retroperspektiv würden wir früher beginnen, um weitere Mitarbeitende mit langfristigem Commitment heranzuholen. Im heutigen Umfeld ist es nicht leicht, Personal zu finden, das flexibles Arbeiten und Freizeit zurücksteckt, um sich voll und ganz für eine Vision zu engagieren.«

https://www.workingbicycle.ch/home

Final Tiny-Start-up-Tipps:

Selbstständigkeit mit dem Fahrrad

Wenn du dich für ein Tiny Start-up rund ums Fahrrad interessierst, findest du eine Fülle von Möglichkeiten vor. Was du genau realisieren kannst, hängt im Großen und Ganzen von vier Dingen ab:

Erstens von deiner ganz persönlichen Situation. Wie lebst du und was sind deine Wünsche, Träume und Glücksmomente? Welche Rolle spielt das Fahrrad dabei? Wie könnte das Fahrrad dazu beitragen, deine Träume zu realisieren?

Zweitens von deinem Umfeld. Hast du Beziehungen, Partner*innen und Netzwerke, die zu einem Erfolg beitragen könnten? Bist du ein Mensch, der mit anderen gut kann, also schnell Beziehungen aufbaut und diese auch pflegen kann?

Drittens von deiner Leistungsfähigkeit. Was kannst du und was bist du bereit, für deinen Traum zu geben?

Zu guter Letzt, viertens, von deiner finanziellen Situation. Verfügst du über das nötige Geld oder kannst du es durch Banken, Investoren oder Crowdfunding besorgen? Davon hängt ab, welche Größe und Wachstumsgeschwindigkeit dein Tiny Start-up realisieren kann, ob du mit einem Fahrrad Dienstleistungen anbietest wie Kurier- und Auslieferungsfahrer*innen, am Fahrrad selbst arbeitest, etwa Lastenräder oder Personentaxis herstellst, oder ob du größere Mobilitätskonzepte realisierst.

Was auch immer du tust: Die Fahrradwelt ist so eigen wie alle anderen Branchen auch. Lerne das notwendige Know-how und die entsprechende Sprache. Gehe auf Fahrradmessen wie auf die Berliner Fahrradschau[50],

die Velo Berlin[51] sowie auf die Eurobike Friedrichshafen[52]. Schaffe dir Netzwerke mit anderen fahrradaffinen Menschen, bevorzugt Selbstständigen. Hole dir Anregungen und lerne dazu. Die Chancen stehen nicht schlecht. Die Fahrradmobilität wird sich weiterentwickeln. Deshalb solltest du auch Fantasie haben und erahnen können, wie sie sich zukünftig entwickeln wird. Wie man im Fußball so schön sagt: Es kommt nicht darauf an, wo der Ball ist, sondern wo er als Nächstes hingeht.

2.2 ESSEN, TRINKEN UND SPAß HABEN

»Und sie dreht sich doch!« Auch, wenn Galileo Galilei diesen Satz zur Erddrehung um die Sonne doch nicht so gesagt haben soll,[53] hier dreht sich wirklich etwas. Gemeint ist die Angebotstheke von Pasta Barn in der Passage des Hauptbahnhofs Zürich. Morgens bieten die beiden Tiny Startupper Philipp und Pascal Luder Müesli, warmes Porridge und Kaffee an. Um 11:30 Uhr wird der Stand um 180 Grad gedreht, und dann gibt es sehr leckere Pasta. Aber schau selbst, auf der Farbseite kannst du den »angewurzelten, aber drehbaren Foodtruck« sehen und hier die beiden Gründer kennenlernen:

Philipp & Pascal Luder, Pasta Barn & Müesli Bar, Zürich

»GLÜCKSMOMENT« Pasta Barn & Müesli Bar © Philipp & Pascal Luder

1. Warum habt ihr euer Unternehmen gegründet?

»In erster Linie war es schon immer ein Traum von uns, sich früher oder später selbstständig zu machen und als Familie gemeinsam eine Firma zu gründen. Diesen Traum haben wir uns dann 2015 erfüllt und gemeinsam unser erstes Franchiserestaurant gekauft. Doch mit nur einem Standort haben wir uns nicht zufriedengegeben.«

2. Was war der Auslöser für eure Geschäftsidee?

»Wir haben unser Familienbusiness als Franchisenehmer gestartet und innerhalb von drei Jahren fünf Filialen aufgebaut. Schon nach kurzer Zeit war uns klar, dass wir als Familie ein eigenes Konzept entwickeln und umsetzen möchten. Diesen Wunsch haben wir uns mit unserem eigenen Foodtruck erfüllt. Nach wenigen Monaten erkundigten wir uns dann bei der SBB bezüglich eines temporären Standplatzes mit unserem Foodtruck in der Haupthalle im Bahnhof Zürich. Nachdem wir ihnen unser Konzept vorgestellt hatten, empfahlen sie uns voller Begeisterung, dass wir uns für einen freien Standplatz in der Sihlquai-Passage bewerben sollten. So entstand die Idee vom ›angewurzelten Foodtruck‹. Schlussendlich konnten wir die SBB von unserem nachhaltigen, sozialen und innovativen Konzept überzeugen und erhielten den Zuschlag für den Standplatz.«

3. Wie erlebt ihr euer Kleinst-/Kleinunternehmertum? Worin liegen die größten Chancen, worin die größten Herausforderungen?

»Nun, wir hatten das Glück, von Beginn an einen stark frequentierten Standplatz zu erhalten. Die Herausforderung bestand jedoch darin, die Passanten davon zu überzeugen, mal was Neues von einer unbekannten Marke auszuprobieren. Auch kämpften wir standortbedingt mit sehr hohen Auflagen und konnten somit einige Werbemöglichkeiten nicht nutzen. Durch guten Kundenservice, Instoremarketing und Social-Media-Marketing konnten wir jedoch nach und nach mehr Kunden für unser Konzept begeistern und auch als Stammkunden gewinnen.

Den Vorteil als Kleinunternehmer sehen wir ganz klar in der uns gebotenen Flexibilität. Wir müssen niemanden fragen, wenn wir neue Produkte oder neue Ideen ausprobieren wollen. Wir machen es einfach, und wenn etwas nicht klappt, passen wir es wieder an und testen die nächste Idee. Diese Möglichkeit haben große, gefestigte Unternehmen meistens nicht. Auch fällt bei uns kaum Bürokratie an und wir können so mehr Zeit mit Wichtigerem verbringen – unseren Gästen den bestmöglichen Service und tolle Produkte zu bieten.«

4. Was ist ein typischer Glücksmoment, den ihr immer wieder in eurem Unternehmen erlebt?

»Es gibt nichts Schöneres als zufriedene Gäste. Unser oberstes Ziel ist es, dass jeder Gast unsere Filiale mit einem Lächeln verlässt. Natürlich ist es auch immer befriedigend, wenn neue Ideen funktionieren und gut bei den Gästen ankommen. Es freut uns auch immer wieder aufs Neue, wenn die Passanten in der Passage uns mit großen Augen anschauen, wenn wir unser Restaurant mit Ach und Krach von Hand drehen und sie ungläubig ihre Handys aus der Tasche holen, um dies zu filmen. So bieten wir am Morgen Müesli, Porridge und feinsten Kaffee, am Nachmittag feine Pastagerichte und Nudelsuppe. Die Attraktivität dieses Konzepts lebt aber nicht nur vom hohen Innovations- und Frischeaspekt, sondern auch vom gelebten nachhaltigen Ansatz – so werden die Pasta und die Pastasoßen vom renommierten Ausbildungs- und Integrationsunternehmen Brüggli in Romanshorn bezogen. Brüggli engagiert sich für Menschen mit psychischen oder körperlichen Problemen. Den Demeter-Joghurt beziehen wir von der Sennerei Bachtel. Dort fertigen zwölf Mitarbeiter*innen den Bifidus-Naturjoghurt nach strengsten Demeter-Standards. Die Sennerei betreibt drei geschützte Arbeitsplätze und legt auf Nachhaltigkeit und soziales Engagement höchsten Wert. »Gutes mit Gutem verbinden«, das ist unser Motto. Es ist natürlich jedes Mal aufs Neue ein Glücksmoment, wenn uns die Mitarbeiter vom Brüggli voller Stolz erklären, wie alles hergestellt wird.«

5. Würdet ihr euer Unternehmen wieder genau so gründen oder etwas anders machen?

»Ich glaube, wir würden vieles wieder genauso machen. Einzig beim Design könnten manche Dinge noch ein wenig besser aufeinander abgestimmt sein. Für diesen Bereich würden wir uns bestimmt etwas mehr Zeit einplanen, als wir es ursprünglich gemacht haben. Zum Glück ist aber nichts in Stein gemeißelt und wir können dies nach und nach anpassen.«

https://www.pasta-barn.ch/

Mit Harz und von Hand

Im Foodbusiness gibt es unzählige Tiny Startupper, von Kleinstbrauereien über Cupcake-Künstler*innen bis hin zu mobilen wie stationären Foodstationen, die den Kunden internationale Spezialitäten näherbringen. Das wundert nicht, denn Essen wird zunehmend zum Ausdruck der persönlichen Haltung, des Selbstausdrucks und des Gesundheitsbewusstseins. Das 2019 gegründete österreichische Start-up Alpengummi hat das erkannt und bietet die ersten natürlichen Kaugummis aus den Alpen. Dafür nutzen sie das alte Traditionshandwerk der Harzgewinnung (Pecherei), das 2011 zum UNESCO-Weltkulturerbe erklärt wurde, und vereinen Werte wie Regionalität, Nachhaltigkeit und Bewusstmachung.[54]

Die Ernährung bietet einen großen »Nährboden« für Produktideen, insbesondere wenn sie dem Bedarf nach Convenience in Form von Zeitersparnis, Lieferung und/oder Praktikabilität nachkommen. Letzteres bietet unter anderem das indische Start-up Phalyum, was auf Sanskrit »Frucht« heißt und genau das erfüllt.[55] Fruchtsnacks ohne Konservierungsmittel, wenig gezuckert und

»GLÜCKSMOMENT« von Veronika, Winterfeldtplatz © Bellone Franchise Consulting GmbH

praktisch verpackt können auch als Zusatz zum Backen, für Müslis und für Eiscreme genutzt werden. Lycka, was auf Schwedisch »Glück« bedeutet (du erinnerst dich?), hat nicht nur Bio-Früchtesnacks, -Eiscreme und Cold Brew Coffee im Angebot, sondern mit jedem verkauften Produkt fließt ein fester Betrag in deren gemeinsames Projekt mit der Welthungerhilfe in Burundi. So konnte das 2017 gegründete Start-up bereits über 1.000.000 Schulmahlzeiten in Burundi ermöglichen und vor Ort einen Beitrag für die nachhaltige Entwicklung leisten.[56] Fein & Fertig – die Gourmet-Manufaktur stellt vollwertige Hauptmahlzeiten in schönen, wiederverwendbaren Gläsern her, die sie in passenden Boxen verschickt. Das war auch die Zielsetzung der Gründerin Susi Leyck, die als »frisch« gewordene Mutter noch sensibler für das Thema Nachhaltigkeit wurde und auf Zusatzstoffe und überflüssige Verpackung verzichten wollte.[57]

Nicht nur Megatrends wie Individualisierung, Nachhaltigkeit und Gesundheitsbewusstsein beeinflussen unser Essverhalten, sondern ebenso der demografische Wandel. Vor rund zehn Jahren waren noch zwei Drittel der 60plus-Generation von einer warmen Mahlzeit am Tag überzeugt. Heute sind es nur noch 52 Prozent.[58] Flexible Essenszeiten, Snacks, gemeinsames Kochen aus Spaß stehen nicht nur bei Jüngeren hoch im Kurs, sondern ebenso bei denen mittleren und hohen Alters.[59]

Wie du siehst, finden Tiny Startupper im Food-Bereich verschiedenste Ansätze für ihre Geschäftsidee, um den Ansprüchen ihrer avisierten Zielkunden gerecht zu werden. Wir wollen dir nun Start-ups vorstellen, die die Bedürfnisse ihrer B2C- und B2B-Kunden mit interessanten Genusskonzepten erfüllen. Lass dich überraschen.

Flüssige Lückenfüller

Der britische Produktdesigner Ben Branson hat 2015 mit Seedlip ein sehr erfolgreiches Business gestartet. Auslöser war seine persönliche Erfahrung: »Was soll man trinken, wenn man nicht trinkt?« Er suchte nach einer geschmackvollen Alternative zu den langweiligen Mocktails, die »Nicht-Alkohol-Trinkern« in der Regel angeboten werden. Ein historisches Buch mit Rezepturen und Angaben zur Destillierung von Heilkräutern brachte ihn auf die Idee seiner weltweit ersten destillierten alkoholfreien Spirituose.[60] Diese wird ähnlich hergestellt wie Gin. Der zeitgeistige USP (Unique Selling Proposition) von Seedlip, alle Qualitäten einer Spirituose zu haben, aber alkoholfrei zu sein, ist wirksam in eine kommunikative Welt eingebettet. Seedlip wird durch ergänzende Cocktailrezepte in Blog- und Buchform sowie ein konsequentes Storytelling befeuert.[61] Anfang 2019 gab Mercedes-AMG Petronas Motorsport die globale Partnerschaft mit Seedlip bekannt. Die Getränkefirma wird offizieller Lieferant des Teams.[62] Manchmal triffst du als Tiny Startupper genau den Nerv der Zeit und/oder hast gute Beziehungen.

Unter dem markanten Namen Kolonne Null verbirgt sich ein sechsköpfiges Berliner Gründerteam, das seit 2018 alkoholfreien Weißwein und Sekt herstellt.[63] Ein spezielles Vakuumdestillationsverfahren macht es möglich, dass Riesling, Grüner Veltliner und Silvaner schmackhaft ohne Alkohol auskommen. Der Vertrieb läuft über den eigenen Onlineshop, über Filialen von Metro, Edeka, Real und natürlich über Restaurants und Bars. Mit ihrer Idee konnten sie Finanzgeber überzeugen, die mit einem Wandeldarlehen in Höhe von 150 000 Euro das Tiny Start-up unterstützen.[64] Alkoholfreie Alternativen haben im Zuge der Trends zur Körperoptimierung und Gesunderhaltung zugenommen. Allein im deutschen Biermarkt gibt es rund 500 verschiedene alkoholfreie Marken.[65] Nach der Mintel-Studie lag der globale durchschnittliche Anteil von alkoholfreiem Bier und Bier mit niedrigem Alkoholgehalt 2016 bei 8 Prozent.[66] Wichtig für den Erfolg des Konsums alkoholfreier Varianten bleibt aber der Geschmack. Sofern es keine alkoholfreie Variante der Originale gibt, gilt es – wie beim Bier oder Wein – den eingeführten und geschmacksgeprägten Vorbildern nahezukommen.

Tiny-Start-up-Tipp:

Wandeldarlehen

Wandeldarlehen – häufig von Start-ups genutzt – dienen der kurzfristigen Überbrückung von Engpässen von Liquidität. Es handelt sich um rückzahlbare Darlehen, die unter den im Darlehensvertrag vereinbarten Bedingungen in Anteile am finanzierten Unternehmen gewandelt werden können. Falls keine Wandlung erfolgt, muss das Darlehen am Ende der Laufzeit zurückgezahlt werden. Mehr zu den Vor- und Nachteilen dieser Finanzierung sowie hilfreiche Dokumente zum kostenfreien Download gibt es auf der Plattform Gründerszene.de: https://www.gruenderszene.de/business/standard-vertrag-wandeldarlehen/6?interstitial.

BRLO Brwhouse in Berlin © Bellone Franchise Consulting GmbH

Zu den spannenden »Lückenfüllern« im Getränkemarkt zählen auch die vielen Kleinst- und Kleinbrauereien. Sie bestechen durch ihre kreativen Rezepturen wie hochwertigen Zutaten und haben sich auch als Gegenpol zu den großen Industriebrauereien gebildet. Gemäß Statista gab es 2018 in Deutschland insgesamt 853 Mikrobrauereien, die bis zu 1000 Hektoliter Bier erzeugten (das entspricht etwa 10 000 Kästen Bier).[67] Allein in Berlin und dem Umland sind in den letzten fünf Jahren 26 kleine Brauereien entstanden.[68] Zu dieser

Berliner Craft-Bier-Szene gehört auch das 2016 gegründete BRLO Brwhouse in Berlin Kreuzberg/Gleisdreieck (kein Schreibfehler, BR-LO ist der altslawische Ursprung des Namens Berlin, der übrigens »Sumpfgebiet« bedeutet). Wir stellen dir auch Tiny-House-Projekte aus Schiffscontainern sowie eine kleine Wohnsiedlung aus Containern vor. Mit BRLO wurde aus 38 gebrauchten Überseecontainern ein temporäres Brauhaus aufgestellt. Begrenzt, weil Investoren am jetzigen Standort von BRLO nach einer interessanten Zwischenlösung für vier bis fünf Jahre gesucht haben. So werden die Container mitsamt Farming-Container, in dem Gemüse angebaut wird, irgendwann weiterziehen. Allerdings kann man in Berlin nie sicher sein, wann es denn tatsächlich zur Umsetzung, geschweige denn Fertigstellung von Bauprojekten kommt. Heute bietet jedenfalls das BRLO Brwhouse sieben Biersorten an, vom Hellen über Pale Ale, German IPA bis zum neuesten Zuwachs – ebenfalls einem alkoholfreien Bier namens Naked. Alle Biere kommen aus der eigenen Brauerei und von befreundeten Brauern und Kooperationspartnern. Dazu gibt es neues – und für Brauereien »ungewöhnliches« – Food wie beispielsweise vielfältiges Gemüse aus dem Smoker und als Beilagen verschiedenstes Fleisch aus der Region. Im Gründungsjahr der Biermarke BRLO 2014 sah das alles noch ganz anders aus.[69] Das Gründerteam Katharina Kurz, Christian Laase und Michael Lembke mietete verschiedene Räumlichkeiten in Berlin an, um die ersten Biere zu brauen, die sie dann über Bars, Klubs und Spätkauf ebenfalls selbst vertrieben; alles eigen finanziert. Doch der Wunsch, dass man sehen kann, wie das Bier gebraut wird, verlangte nach einem eigenen Platz. Und so kam die Idee für das Brauhaus mit der wiederverwendbaren Gebäudelösung an einem Standort, der auch für sich schon interessant ist. Das Brauhaus ist direkt am noch relativ jungen Park am Gleisdreieck gelegen, der zwischen 2008 und 2013 entstanden ist und Brachland in Sportflächen, Liegewiesen, interkulturelle Gärten und noch viel mehr verwandelt hat; ein gelungener Mix aus Großstadt-Grünflächen-Auszeit und Multi-Kulti-Flair und ideal für ein Brauhaus mit innovativen Ansätzen.[70]

Von super bis ugly

Wenn es denn aber etwas alkoholisierter zu- und hergeht, dann kann man sich mit den beiden »Superdrinks« des gleichnamigen Münchner Start-ups aufpäppeln. Mit »Take it easy« geht's nach einer langen Partynacht ins Bett und mit »Keep on moving« kommt man wieder in die Gänge, so die Verheißung der Anti-Kater-Mittel. Tina Decker und Matthias Müller schildern ihren Auslöser für die Entwicklung der Superdrinks auch in einer super Story: https://www. superdrink.me/superstory/.

Und wenn wir uns schon in superlativischen Gefilden bewegen, dann gibt es noch eine starke Story um Ugly. Gar nicht hässlich, sondern sehr schön auf der Erfolgsspur bewegt sich das britische Start-up, das sich mit kohlensäurehaltigem Wasser und 100-prozentigem natürlichem Fruchtgeschmack behauptet.[71] »Die Marke Ugly Drinks steht für nichts als die nackte Wahrheit«, so Hugh Thomas, Co-CEO und Mitgründer von Ugly Drinks in einem Dropbox-Blogbeitrag.[72] Es werden keine wilden Produktversprechen gemacht, schöner, fitter und leistungsstärker zu werden, sondern bei diesem Getränk geht man sicher, keinen Zucker, keine Süßstoffe oder sonstige künstlichen Zusätze in den Limonadendosen zu haben. Das junge Unternehmen konnte innerhalb kürzester Zeit nicht nur bei den Generationen Y und Z punkten, sondern auch große On- und Offlinehändler als Vertriebspartner überzeugen. Mittels einer Onlineinventarsoftware, die zum Beispiel Liveinformationen über Lagerbestände und Lieferfähigkeit ausweist, haben sie ihre Supply Chain im Griff und ihr forsches Wachstum unter Kontrolle. Damit sie attraktiv für ihre Handelspartner wie Konsumenten sind, haben sie nicht nur überzeugende, verantwortungsbewusst produzierte Produkte, sondern forcieren die Bekanntheit ihrer Marke über die sozialen Medien. Vor drei Jahren in einem Frachtcontainer in Südlondon begonnen, vertreiben Sie heute ihre Ugly Drinks auch bereits im US-amerikanischen Markt. Hier ihre Website mit inspirierendem Video zu ihrer Namensgebung: https://uglydrinks.com/.

Das knallt – Süßes aus Berlin und Hamburg

Wir sitzen bei Knalle in Berlin-Friedrichshain und versuchen, uns nur auf das Interview zu konzentrieren, aber der feine Duft von Popcorn weht verführerisch um unsere Nasen. Bei der mittlerweile »entschlafenen« Air-Berlin-Fluggesellschaft fragten die Stewards und Stewardessen in typisch knapper (aber durchaus liebevoller) Berlin-Manier »Süß oder salzig?«, wenn es um einen kleinen Snack ging. Bei der Knalle Popkornditorei kann man beides vereint in einer Popcornvariante haben. Wie schmackhaft und erfolgreich diese und weitere selbst entwickelte Rezepturen sind und wie die Gründer von Knalle das mit 3000 Euro Startkapital möglich machten, liest du weiter unten im Interview mit André Göbel.

Mit künstlerischen und sehr leckeren Versionen von Cupcakes, Cakepops und vielem mehr wartet Bunny & Scott in Hamburg auf. Lilli Merks, die Gründerin, hat es geschafft, neben dem Studium den Onlineshop für ihr Angebot auf- und auszubauen, ein abschließendes Praktikum und einen Amerikaaufenthalt zu integrieren, um sich seit 2017 vollberuflich mit einem zusätzlichen Café unter diesem Namen zu etablieren.[73] Sie hat sich, wie so viele andere in unserem Buch Genannte, Hilfe über Mentoren und andere Start-up-Gründer*innen geholt, um sich selbst und das Business besser einschätzen zu können.

André Göbel, Popkornditorei Knalle UG, Berlin

»GLÜCKSMOMENT« Knalle Berlin © Popkornditorei Knalle UG Berlin

1. Warum hast du dein Unternehmen gegründet?

»Da muss ich vor Knalle anfangen. Lucie, meine Frau, und ich hatten ja bereits Erfahrung mit der Selbstständigkeit. Nach einigen Berufsjahren in der Spitzengastronomie wollten wir unsere Erfahrungen und Ideen in einem eigenen Projekt zusammenbringen. Wir führten das ›Zucker-stück‹, ein kleines Café in Prenzlauer Berg. Das lief richtig gut. Zehn Tische, meist volle Auslastung, viele begeisterte Stammgäste – und ein Arbeitspensum von 60 bis 70 Stunden pro Woche. Dann kam so ein

Schlüsselmoment bei einem Kurzurlaub an der Ostsee. In geselliger Runde wurde uns die Frage gestellt: ›Und, wo geht's denn hin mit dem Zuckerstück?‹ Eine Frage, die uns kalt erwischte. Denn wir wussten es nicht genau. Unser Arbeitspensum war enorm. Wir mussten uns gut arrangieren, weil wir unterdessen bereits eine Familie gegründet hatten. Die Kleinheit unseres Betriebes ließ aber auch kein zusätzliches Personal zu. Genau in dieser Phase des Hinterfragens kam ein Freund und Stammgast unseres Cafés auf uns zu. Ihn bewegte seit einiger Zeit eine kleine ›süße‹ Idee. Die schickte er uns per SMS: Popcorn in verschiedenen Geschmacksvariationen!«

2. War das der Auslöser für eure Geschäftsidee? Worin liegen die größten Chancen, worin die größten Herausforderungen?

»Der Auslöser für die Geschäftsidee kam also von ihm. Übrigens haben wir das alte Handy mit der SMS für die Idee aufgehoben. Christopher kannte diese Popcornspezialitäten aus den USA und Neuseeland und war vollkommen begeistert davon. Auch weil sie mit dem, was bei uns bis dato unter Popcorn angeboten wurde, nichts gemein hatten, außer natürlich dem Grundprodukt Mais. Lucie probierte es gleich aus. Und so gab es in unserem Café Zuckerstück erste spannende Geschmacksrichtungen wie ›Butterkaramell-Tahiti-Vanille und Malabar-Pfeffer-Meersalz‹ zum Probieren. Wir ließen Spitzenköche testen und wir boten unser Popcorn auf dem Berliner Naschmarkt an. Nach drei Stunden waren wir ausverkauft. An dem Tag auf dem Naschmarkt zeigte auch ein Einkäufer der Schwarz-Gruppe[74] Interesse an unseren Produkten. Wir sind zwar keinen Deal eingegangen, aber da wussten wir, dass wir auf dem richtigen Weg sind. Wenig später gründeten wir dann gemeinsam die Popkornditorei Knalle – ein Unternehmen für Gourmet-Popcorn. Gemeinsam heißt: Christopher, der Ideengeber, Lucie und ich sowie Johannes, der den Design-Part für unsere Firma übernahm.«

3. Wie erlebst du dein Unternehmertum?

»Ich bin noch eine Weile, das heißt zwei Jahre, parallel gefahren. Christopher hat Knalle geführt. Ich bin zwischen unserem Café und unserem Start-up gependelt. Das wurde dann wirklich zu viel, weil es mit unserem Popcorn auch richtig gut losging. Nach sechs Jahren haben wir das Café 2018 aufgegeben, um uns auf Knalle zu konzentrieren, das heißt, ich arbeite Vollzeit und Lucie teils in der Produktion. Die Chancen und Herausforderungen sind bei uns ganz dicht beieinander. Das Schöne ist: Wir können alles selbst entscheiden. Andere Start-ups müssen sich das Heft schnell aus der Hand nehmen lassen, weil sie große Beteiligungen haben. Wir waren von Anfang an rentabel und unabhängiger. Diese Entscheidungsfreiheit hat aber auch eine Kehrseite. Wir sind Pioniere in diesem Business. Das heißt, du machst vieles zum ersten Mal. Das fängt bei den Verpackungen an. Zum Beispiel hielt der Klebstoff der Zip-Tüten fürs Popcorn dem vergangenen Hitzesommer nicht stand und musste durch eine andere Lösung ersetzt werden. Eine Popcornmaschine war kaputt und fiel für drei Wochen aus. So konnten wir drei Wochen lang nur die Hälfte produzieren. Da unsere Produkte aber nur eine kurze Mindesthaltbarkeit von vier Monaten haben, ist die Lieferfähigkeit sehr wichtig. Durch die guten Beziehungen zu unseren Handelspartnern konnten wir zum Glück alles recht gut organisieren. Neue Produkte oder Verpackungen erfordern neue Prozesse, die wir ebenfalls entwickeln müssen. Das ist ziemlich viel Neuland, aber wir machen auch wertvolle Erfahrungen.«

4. Was ist ein typischer Glücksmoment, den du immer wieder in deinem Unternehmen erlebst?

»Wenn du das erste Mal das eigene Produkt in einem anderen Laden siehst. Das ist toll. Auch wenn Kunden sagen: ›Ist das ein geiles Produkt!‹ Solche spontanen Äußerungen zum Geschmack machen einfach glücklich. Oder wenn jemand sagt: ›Wow, ihr gehört zu Knalle?‹ Dann wird einem bewusst, dass man schon etwas geschafft hat. Wenn man hier im Büro sitzt, dann kriegt man vieles gar nicht mehr mit. Deswegen lautet unser Credo für dieses Jahr: Wir müssen uns mehr für die kleinen Dinge feiern. Nicht immer den Kopf nach unten und ›go for it‹, sondern uns freuen, dass wir bei Händlern wie Manufactum und in vielen Delikatessengeschäften dabei sind, deutschlandweit über unseren Onlineshop unser Popcorn vertreiben und dabei unter einem Prozent Reklamationen haben.«

5. Würdest du das Unternehmen wieder genau so gründen oder etwas anders machen?

»Ich würde es genau so machen. Es ist ja nichts wirklich schiefgegangen. Im Gründerteam haben wir alle Disziplinen wie Marketing, Strategie, Design, Produktentwicklung und Finanzen abgedeckt und können uns aufeinander verlassen. Alles ist rund. Keine Kredite zum Abzahlen. Also weiter geht's.«

https://knalle.berlin/

»Gebügelte Forelle« © Bellone Franchise Consulting GmbH

Von gebügelten Forellen und Oktopus im Brötchen

Es ist kühl an diesem Samstagabend. Vor einer netten Weinbar in einem überschaubaren Örtchen des Kantons Zug sehen wir eine – uns bekannte – Garküche! Einen orangefarbenen Smart mit durchkonstruiertem Anhänger, in den Pfannen köchelt Asiatisches. Es findet gerade eine Geburtstagsfeier statt, wie wir vom engagierten Franchisepartner von tuck-tuck – food on the move erfahren. Sowohl der Entwickler und Gründer dieses Konzeptes, Stephan Di Gallo, wie auch die Franchisepartner*innen sind Kleinstunternehmer*innen – mit viel Freude an der Arbeit. Dass die Geschäftsidee aus einer speziellen Situation heraus entstand, kannst du im folgenden Interview lesen.

Stephan Di Gallo, tuck-tuck (Schweiz) AG, tuck-tuck – food on the move

»GLÜCKSMOMENT« tuck-tuck © tuck-tuck (Schweiz) AG

1. Warum hast du dein Unternehmen gegründet?

»Nach einer Kochlehre und der Hotelfachschule in Luzern arbeitete ich 17 Jahre lang in verschiedenen Firmen und Positionen des Swissair-Konzerns. Nach dem Grounding verlor ich meine Stelle als Inflight Product Manager. Nach einem kurzen Gastspiel als Leiter der Gastronomie auf den Zürichsee-Schiffen wurde ich arbeitslos und fand keine passende Herausforderung. Um nicht irgendeine Arbeit anzunehmen, gründete ich meine eigene Firma mit der Vision, daraus ein Franchisesystem aufzubauen.«

2. Was war der Auslöser für deine Geschäftsidee?

»Einerseits war ich im weitesten Sinne fast mein ganzes Berufsleben in der Gastronomie tätig, andererseits haben mich während einer Asienreise die dort weitverbreiteten Garküchen fasziniert. Daraus entstand die Idee von tuck-tuck – food on the move.«

3. Wie erlebst du dein Kleinst-/Kleinunternehmertum? Worin liegen die größten Chancen, worin die größten Herausforderungen?

»Bei einem selbst finanzierten Kleinunternehmen liegen die Chancen vor allem darin, dass man schnell und unkompliziert Sachen ausprobieren und umsetzen kann, ohne jemandem Rechenschaft schuldig zu sein. Die Herausforderung liegt oft darin, dass man nicht ein großes Team um sich hat und Entscheidungen selber treffen muss.«

4. Was ist ein typischer Glücksmoment, den du immer wieder in deinem Unternehmen erlebst?

»Einer der größten Glücksmomente ist immer dann, wenn man zurückschaut und realisiert, was in den letzten Jahren alles entstanden ist.«

5. Würdest du dein Unternehmen wieder genau so gründen oder etwas anders machen?

»Eigentlich nicht, da man ja sowieso nichts anders machen kann, als man es macht. Dies gibt auch ein gutes Gefühl, dass man nichts falsch machen kann.«

https://ch.tuck-tuck.catering/

Foodtrucks auf Märkten oder Veranstaltungen und Streetfood-Festivals boomen. Streetfood ist ein globales Phänomen und hat seinen Ursprung in Asien und Afrika, wo mobile Garküchen und Märkte das Bild vieler Städte prägen. Streetfood-Festivals finden heute in 32 Ländern statt.

Von Himalaya-Burgern[75] über einen Octopussy-Hot-Dog bis hin zur gebügelten Forelle: Es gibt nichts, was es nicht gibt! Die Angebote sind meistens als mobile Einheiten unterwegs, um sowohl bei den genannten Festivals, auf Events und Märkten als auch in Markthallen präsent zu sein. Bei den ausgefallenen und unglaublich schmackhaften Hotdog-Variationen von The Dawg (eben auch dieser Octopussy) handelt es sich um bislang zwei stationäre De-Luxe-Hotdog-Imbisse in Berlin.[76] Der Sternekoch Björn Swanson konnte seine Erfindung des außergewöhnlichen Hotdog-Konzeptes mithilfe der 40seconds Group realisieren.[77] Dass Swanson einmal Sternekoch sein wollte, hatte er sich nach seiner Kochlehre zum Ziel gesetzt – und geschafft. Dazu passt auch seine Maxime, die er in einem Interview mit der *Berliner Morgenpost*-Redakteurin Annika Schönstädt zum Besten gab: »Ich hatte mal einen Chef, der gesagt hat: ›Wer klein träumt, kann auch nur Kleines erreichen.‹ Ich habe eben große Träume. Da müssen wir ein bisschen Gas geben die kommenden Jahre.«[78]

»ÄSS BAR – NO WASTE, GREAT TASTE« Basel © Bellone Franchise Consulting GmbH

Gut gereifte Lebensmittel

Nicht minder ambitioniert, aber in die Pedale tretend und mit einer profunden Philosophie unterwegs, ist das 2014 gegründete Zürcher Start-up Zum guten Heinrich. Das Gründerteam hat sich auf die Fahne geschrieben, Food Waste einzudämmen, indem es leckere Gerichte aus »verhagelten« Kürbissen, dreibeinigen Rüeblis (schweizerdeutsch für Mohrrüben) und anderen nicht dem handelsüblichen Schönheitsideal entsprechenden Gemüsen und Früchten zaubert. Mit ihren multifunktionalen Lasten-Food-Bikes fahren sie die Gerichte aus. Die Bikes können aber auch sehr präsentabel Angebotstheke oder Stehtisch sein.[79]

Bleiben wir noch in Zürich – genau genommen im Altstadtteil Niederdorf. Dort entdeckten wir die Äss-Bar. Ein kleines Geschäft mit feinem Angebot und toller Botschaft, denn neben leckeren (Erdbeer-)Törtchen spricht man sich hier ebenfalls gegen die Lebensmittelverschwendung aus. »Frisches von gestern«, das heißt Backwaren, vom Brot über Sandwiches bis hin zu Patisserie, werden zu einem stark vergünstigten Preis verkauft. Hinter dem Konzept stehen vier langjährige Freunde, die sich aus der Jugend- und Studienzeit kennen. Den gemeinsamen Wunsch, eine werthaltige Geschäftsidee zu entwickeln und umzusetzen, haben sie sich 2013 mit ihrem ersten Shop in Zürich erfüllt. Mittlerweile haben sie nicht nur diverse Preise für ihr nachhaltiges Konzept erhalten, sondern es auch an elf Standorten verwirklichen können. So werden die Produkte täglich von der Äss-Bar-eigenen Logistik bei den Partnerbäckereien abgeholt und für den weiteren Verkauf in die verschiedenen Verkaufsgeschäfte geliefert. Die Idee für die Äss-Bar haben sie über ähnliche Konzepte in Frankreich und Deutschland bekommen. Der Detailhandel war und ist für alle vier ein Quereinstieg in ein unbekanntes Geschäftsumfeld.[80] Ein Interview von uns mit Sandro Furnari, Mitgründer und Geschäftsführer der Äss-Bar GmbH, das auch auf die Auszeichnungen eingeht, die das junge Unternehmen erhalten hat,

findest du auf https://www.greenfranchisemarket.com/interviews/
äss-bar-sandro-furnari/.

**»GLÜCKSMOMENT« Lebensmittelretten mit SIRPLUS © Bellone Franchise
Consulting GmbH (Martin Schott, Raphael Fellmer, Veronika Bellone &
Thomas Matla v. r. n. l.)**

Machen wir wieder einen Abstecher nach Berlin zu SIRPLUS, der
Supermarktkette für gerettete, das heißt ausrangierte und abgelaufe-
ne, Lebensmittel. Die Lebensmittelretter! Einer der Gründer ist Raphael Fellmer, dessen Foodsharing-Plattform wir bereits in unserem
Buch *Green Franchising* vorgestellt hatten.

Raphael will mit SIRPLUS ein Bewusstsein für den nachhaltigen
Umgang mit Lebensmitteln schaffen und setzt bei der Vervielfälti-
gung des Konzeptes auf Franchising. Dafür laufen bis 2020 Finan-
zierungsrunden über Crowdfunding, um die Voraussetzungen und
Realisierung zu schaffen.[81] Auch der erste Rettermarkt in Berlin-
Charlottenburg wurde über eine Crowdfunding-Kampagne, die
über 90 000 Euro einbrachte, finanziert. Heute gibt es vier Märkte,

einen Onlineshop, Workshops und Entdeckertouren, um die Gesellschaft auf das Thema Lebensmittelvernichtung zu sensibilisieren.[82]

Digitales für den Genuss

Im digitalen Bereich gibt es verschiedene Funktionen, die du als Tiny Startupper erfüllen kannst. Die Entwickler*innen und Erfinder*innen unter euch werden ihr Unternehmen respektive die Vermarktung ihrer Neuheit in der Regel nur über Investoren oder Crowdfunding bewerkstelligen können. Wenn es um eine Filterfunktion geht, die den Zielkunden eine kuratierte Auswahl zur Verfügung stellt, dann kann es durchaus finanziell überschaubarer sein, wie unsere folgenden Beispiele zeigen.

Damit wir unser Essen genießen können, gibt es immer mehr Tiny Start-ups, die sich mit der Lebensmittelsicherheit beschäftigen. Eines davon ist BIOsens.[83] Das ukrainische Start-up hat einen Sensor entwickelt, der mithilfe der Internet-of-Things-Technologie den Gehalt von Mykotoxinen (Schimmelpilzgifte) in Lebensmitteln in Echtzeit erkennen kann. Mykotoxine können verschiedenste Krankheiten verursachen. Man kann sie nicht sehen oder riechen, und sie können auch durch hohe Temperaturen beim Kochen und Backen nicht zerstört werden. Untersuchungen zum Nachweis dieser Schimmelpilzgifte sind aufwendig und kostenintensiv, aber notwendig, da es eine Festsetzung an Höchstgehalten von Mykotoxinen in Lebensmitteln gibt, an die sich Hersteller und Händler halten müssen.[84] BIOsens verspricht eine schnelle Analyse innerhalb von 20 Minuten ohne ein externes Labor.

Als personalisierter Weinempfehlungsservice für Weineinsteiger*innen und -kenner*innen versteht sich das technikgetriebene Start-up 3Weine in Bremen. Nach persönlichen Präferenzen der Weintrinker wird per Konfigurator eine Box mit drei deutschen

Weinen zusammengestellt. Der Kunde bewertet danach die Weine in seinem Account und baut sich damit eine Historie mit seinen Bewertungen auf. So kann er immer nachvollziehen, welche Weine er besonders mag.[85] Das Gründerpaar, Frank Leue und Stephanie Leue-Zeidler, hat ihre »Curated Shopping-Plattform« eigenfinanziert und will organisch weiterwachsen.

Mit der mealy-App sind Tim Strehlow, Florian Feigenbutz und Jenny Boldt 2015 an den Start gegangen, um die vielen leckeren Food-Blogger-Rezepte kompakt in einer App zu vereinen und die Rezeptsuche zu erleichtern. Das Geschäftskonzept ist so aufgebaut, dass die Food-Blogger an allen Einnahmen über ihre Rezepte beteiligt werden, zum Beispiel über Dankeschön-Spenden der App-User, kostenpflichtige Premiumrezepte oder über Provisionen beim Onlineeinkauf der Rezeptzutaten.[86]

Tiny-Start-up-Tipps:

Den Welthunger bekämpfen

Für Tiny Start-ups mit Lösungen in den Bereichen alternative Proteine, nachhaltiges Tierfutter, Lebensmittelsicherheit und -betrug, natürliche Zutaten für Lebensmittel mit nachweisbaren Gesundheits- und Ernährungsvorteilen, neue Ernährungsquellen sowie Verarbeitungsverfahren gibt es Unterstützung über den Zürcher Innovationscampus CUBIC. Dieser ist durch die Partnerschaft der beiden Schweizer Großunternehmen Givaudan und Bühler entstanden und ermöglicht Food-Start-ups einen rascheren Marktzugang über ihr globales Netzwerk und digitale Plattformen der beiden Firmen. Die Vision ist, mit neu entwickelten Nahrungslösungen dazu beizutragen, bis zum Jahr 2050 fast zehn Milliarden Menschen zu ernähren.[87]

https://www.buhlergroup.com/global/de/home.htm

Im Schnitt hat heute jeder neunte Mensch nicht genug zu essen, weltweit sind das rund 820 Millionen Menschen. Das UN World Food Programme (WFP) ist die führende humanitäre Organisation im Kampf gegen den Hunger weltweit. Das ehrgeizige globale Nachhaltigkeitsziel, bis 2030 eine Welt ohne Hunger zu ermöglichen, erfordert neue Lösungsansätze, die unter anderem mit dem WFP Innovation Accelerator in München ermittelt werden. Der WFP Innovation Accelerator versteht sich als kreative Denkfabrik für innovative Konzepte zur Ernährungssicherheit. Nina Schröder begleitet für den WFP weltweit Projekte, die den Hunger mit Innovationen bekämpfen.[88] Dafür kann sie auch auf ihre Erfahrungen mit dem eigenen Berliner Start-up namens TeaTales zurückgreifen, das sie 2014 gegründet hat. Die erste »TeaTales-Tee-Bar« war in der Pop-up-Mall Bikini Berlin. Heute gibt es die nachhaltigen Tees von TeaTales an mehr als 40 Partner-Locations in Deutschland.

https://de1.wfp.org/innovation

http://teatales.de/

»SPICEBAR« © Bellone Franchise Consulting GmbH

Spice-Boys and -Girls

Und zum Schluss noch etwas Scharfes. Manche Märkte scheinen so dominiert von Großunternehmen zu sein, dass es kaum machbar scheint, mit einem kleinen Business zu starten. Dass es geht, bewiesen unter anderem Kai Dräger und Patrick Hahne, die 2015 in Berlin Spicebar gegründet haben. Der Marktführer für Gewürze ist in Deutschland mit 75 Prozent Marktanteil die Fuchs Gewürze GmbH. Spicebar punktet mit Spezialitäten, die gerade Tiny Startupper mitbringen.

Neben den interessanten, überwiegend in Bioqualität erhältlichen Gewürzmischungen sind die Gründer »nahbar«. Sie berichten von ihren Reisen, um Neues in ihrem würzigen Bereich zu entdecken, aber auch, um die partnerschaftlichen Kooperationen mit Lieferanten zu pflegen, und das glaubwürdig und unterstützt mit echten Bildern. Letztere gibt es auch mit einem Blick in die Manufaktur, die auf dem historischen Borsig-Gelände in Berlin-Tegel steht. Sie probieren aus und lassen auch die Websitebesucher*innen und Kunden*innen an ihren kreativen Ideen teilhaben, zum Beispiel mit dem Gewürzmixer. Mit dem lässt sich die eigene Gewürzmischung mahlen und bestellen.[89]

In der Gewürzbranche gibt es noch einige andere Überflieger, die sich nicht von der Marktmacht eines Einzelnen abschrecken ließen. Und alle haben Besonderheiten, wie das 2013 gegründete Unternehmen Ankerkraut von Anna und Stefan Lemcke. Gestartet mit einer kleinen Gewürzauswahl im eigenen Onlineshop und 60 000 Euro Eigenmitteln[90] erwirtschafteten sie im ersten Jahr einen Umsatz in Höhe von 71 500 Euro Umsatz. Laut *FAZ* streben sie 2019 mit rund 80 Mitarbeiter*innen einen Nettoumsatz von 17 Millionen Euro an.[91] Es gab 2016 zwar eine Anschubhilfe von Frank Thelen (Investor aus der TV-Show *Die Höhle der Löwen*), der 300 000 Euro investierte und 20 Prozent Unternehmensanteile erwarb[92], doch die Positionierung der Marke Ankerkraut schärfte sich durch den TV-Pitch und die Markenbekanntheit stieg, sodass heute allein auf Facebook über 200 000 Fans den Würzbotschaften folgen. In Interviews sagt das Gründerpaar, dass es auch allein Erfolg gehabt, dann aber mehr Zeit gebraucht hätte. Ein paar gute Tipps zur Finanzierung gibt das nunmehr mittelständische Unternehmen, das sich den »Groove« eines Tiny Start-ups erhalten hat, unter diesem Link: https://www. deutsche-startups.de/2019/06/14/tipps-finanzierung-startups/, der auch eine Podcast-Serie dazu integriert hat.

Just Spices wurde von drei International-Management-Studenten 2012 mit 10 000 Euro in Düsseldorf gegründet.[93] Der Name ist

Programm, und das Unternehmen vertreibt heute die personalisierten Gewürzmischungen bereits in acht Ländern (Deutschland, Italien, Liechtenstein, Luxemburg, Niederlande, Österreich, Schweiz, Spanien) mit großem Erfolg. Beim Startup Grind Düsseldorf 2018, einer Start-up-Veranstaltung in Kooperation mit Google, stellte das Gründerteam die eigene Story vor und kam bei einer Frage nach dem Glück zu folgendem Credo: »Glück kann nur da entstehen, wo man es dementsprechend auch forciert.«[94]

Final Tiny-Start-up-Tipps:

Essen, Trinken und Spaß haben

➤ Geschmack ist Trumpf! Nachhaltigkeit, Gesundheitsbewusstsein und Convenience sind spannende Treiber für Genussideen. Aber letztendlich müssen die Ideen geschmacklich überzeugen. Deswegen stelle dir ein möglichst breites Testpublikum zusammen, das deine Rezepturen genießt und dir Tipps geben kann. Dabei kannst du auch feststellen, wer vor allem darauf anspricht und warum. Dadurch ziehst du Rückschlüsse auf deine Zielgruppen hinsichtlich der Präferenzen und Potenziale.

➤ Optik wird zunehmend Trumpf! Sowohl die Produkte, die du anbietest, als auch dein stationärer oder mobiler Auftritt müssen deine Marke repräsentieren und sollten visuell auch einen instagrammwürdigen Touch haben.

➤ Internationale Spezialitäten sind beliebt. Schau, ob du die Beschaffung der Zutaten sichern kannst und ob die Kosten des Aufwandes in Relation zu den möglichen Absätzen liegen.

➤ In der Gastronomie, egal ob stationär oder mobil, kommt es verstärkt auf durchstrukturierte Prozesse an, denn Garzeiten, Frische, Haltbarkeit, Genussfertigkeit sind entscheidende Erfolgsfaktoren. Versuche, viele Tätigkeiten und Abläufe, die immer wieder anfallen, zu beschreiben und damit zu standardisieren. So kannst du zum einen an Mitarbeiter*innen delegieren und zum anderen schaffst du dir durch Standards Freiraum für Individuelles. Außerdem kannst du solche Routinearbeiten dann zeitlich und finanziell besser kalkulieren.

➤ Übrigens muss dein Wettbewerbsvorteil nicht in einem vollkommen neuen Produkt liegen. Vielleicht findest du eine aussichtsreiche Lücke.

> ➤ Für Streetfood-Festival-Sympathisanten: https://street-food-festival.
>   de/#street-food-festival; http://streetfood-festivals.ch/; https://world-
>   foodfestival.ch/; http://www.streetfood-festival.eu/

> ➤ Studien zum Ernährungsverhalten Deutschland, Schweiz, Österreich:
>   https://www.bmel.de/SharedDocs/Downloads/Broschueren/Ernaeh-
>   rungsreport2019.pdf?__blob=publicationFile;   https://www.blv.ad
>   min.ch/blv/de/home/lebensmittel-und-ernaehrung/ernaehrung/
>   menuch.html; https://ernaehrungsbericht.univie.ac.at/

> ➤ 50 Businessideen für kleine Food-Start-ups: https://www.profitable
>   venture.com/food-business-ideas/

2.3 SCHÖN IST'S

Butylene Glycol, Methyl Trimethicone, Ethylhexyl Salicylate, HDI/ Trimethylol Hexyllactone Crosspolymer, Octocrylene, Phyllostachis Nigra (Bamboo) Leaf Extract – diese Aufzählung der Inhaltsstoffe einer Gesichtscrème lässt sich um gut 40 weitere verlängern. Im Zeitalter des angesagten Purismus und der Transparenz lässt das Spielraum für neue Produkte. Anna Pfeiffer hat das ebenfalls erkannt. Mit jeweils fünf Ingredienzien kommen ihre Kosmetikprodukte aus. Deswegen auch der sinnige Name Five Skincare.[95] Die Grafikdesignerin hatte 2016 den eigenfinanzierten Quereinstieg in die Kosmetikbranche gewagt. Als Kosmetikanwenderin hatte sie sich mehr Transparenz und Natürlichkeit in der Zusammensetzung von Kosmetikprodukten gewünscht. Im Durchschnitt enthalten konventionelle Kosmetika mindestens 20 Inhaltsstoffe und mehr, wie im obigen Beispiel erwähnt. Hinzu kommt, dass immer mehr Plattformen und Ratgeber die Zutaten analysieren und nicht nur Paraffine, Aluminium und tierische Stoffe kritisch hinterfragen. Deswegen lautet die pragmatische Devise von Anna Pfeiffer mit Five, ganz klar zu deklarieren, was enthalten ist. Damit überzeugte sie in der TV-Sendung *Die Höhle der Löwen* auch die Jurorin Judith Williams. Der Deal platzte zwar danach, aber sie ist auch ohne diese Beteiligung erfolgreich unterwegs, und das im gesamten DACH-Raum. Sie vertreibt ihre Produkte online über Shopify, einer E-Commerce-Software für kleine und mittelständische Unternehmen.[96]

Spotlight

Shopify – vom Snowboard-Laden zum Multiplayer

2004 programmierte der von Deutschland nach Kanada ausgewanderte Tobias Lütke seinen Online-Snowboard-Laden Snowdevil und ging damit an den Start. 2006 folgte nicht nur die Umfirmierung in Shopify, sondern auch die zusätzliche Aufschaltung der gleichnamigen Onlineshop-Plattform. Mittlerweile bietet Shopify mehr als 600 000 Händlern in rund 175 Ländern die Möglichkeit,[97] sich mittels dieser Software einen eigenen Onlineshop einzurichten. Darunter sind viele Kleinstunternehmen wie Cafés, Galerien und Tiny Start-ups wie die vorgenannte Anna Pfeiffer mit Five Skincare, die mit unter 10 000 Euro für ihren Onlineshop startete.

Shopify erlangte durch prominente Kund*innen wie zum Beispiel dem Model, Instagram- und Reality-TV-Star und Jungunternehmerin Kylie Jenner, die ihre Firma Kylie Cosmetics 2015 gegründet hat, mehr Bekanntheit. Laut *Forbes* war sie bereits im März 2019 zur jüngsten Selfmade-Milliardärin avanciert.[98] Auch Shopify erreichte 2018 einen Umsatz von 1,07 Milliarden US-Dollar (2017 waren es 673,3 Millionen US-Dollar).[99]

Schönheit liegt im Auge des Betrachters, sagte schon der Grieche Thukydides um 400 vor Christus. Jeder hat geschmackliche Präferenzen, deswegen gibt es keine generellen Aussagen dazu. Eine Umfrage, die Philipps 2016, mit 11 000 Frauen weltweit durchführte, kam mit über 80-prozentiger Übereinstimmung zumindest zur Kernaussage, dass Gesundheit das neue Schönheitsgefühl ist.[100] Das passt wiederum zum gewachsenen Gesundheitstrend, der sich durch alle Bereiche zieht und das Feld für Kosmetikangebote wie Clean-Beauty-Serien, Naturkosmetika und vegane Produkte bereitet.

Auch ein anderer Quereinsteiger hat diesen Markt erkannt und setzt mit Jean&Len auf vegane Kosmetik und Haushaltsreiniger. Leonard

Diepenbrock arbeitete als Journalist und Moderator unter anderem für *RTL Exclusiv*, um sich dann diesem vollkommen neuen Business zuzuwenden. Der Auslöser für die Geschäftsidee kam während seines Studiums an der Harvard University. Dort lernte Diepenbrock seinen Freund Jean kennen, mit dem er Jahre später die Idee einer veganen Kosmetik- und Reinigungslinie entwickelte. Beide waren mittlerweile Väter geworden und pflegten nicht nur selbst einen nachhaltigeren Lebensstil, sondern wollten auch mit einem Geschäftskonzept dazu beitragen. »Ohne Gedöns« lautet das Credo für die Gründung wie auch für die Produktlinien, die seit 2015 online wie über Drogeriemarktketten verkauft werden.[101] Mit witzigen und bunten Motiven sind viele ihrer Produktverpackungen versehen und fallen damit im Regal entsprechend auf.[102]

Sooyou in Luzern © Bellone Franchise Consulting GmbH

Von Korea bis Kopenhagen

Luzern besticht nicht nur durch eine wunderschöne Altstadt, ein tolles Bergpanorama und die Musikfestwochen. Es sind auch die kleinen, liebevoll gestalteten Läden und Cafés, die die Stadt ausmachen. Ob und wie viele der acht Millionen Touristen,[103] die Luzern pro Jahr heimsuchen, ein Auge dafür haben, ist nicht verbrieft. Wir begeben uns nun in die Gerbergasse, unweit der bekannten Holzbrücke, die über die Reuss führt. Hier gibt es seit 2018 das Ladengeschäft Sooyou, ein Start-up, das auch über den Onlineshop vor allem koreanische Kosmetik anbietet. Zu dem Sortiment kommen stetig neue Marken hinzu, von denen manche bei uns noch wenig bekannt sind. Eine Spezialität ist Kosmetik bestehend aus fermentierten Inhaltsstoffen. Fermentierte Lebensmittel sind ein Food-Trend, der mit Kimchi, Sauerkraut und Kombucha von sich reden gemacht hat. Die Fermentation oder Vergärung stärkt die Abwehrkräfte, so sollen auch Kosmetika mit dieser Besonderheit positive Wirkungen zeigen und werden als gesünder wahrgenommen. Wenn dann noch eine landesspezifische Beauty-Kompetenz hinzukommt wie bei Sooyou, ist das eine gute Voraussetzung. Allerdings sei hier gesagt, dass südkoreanische Schönheitsrituale nicht puristisch, sondern mit bis zu zehn Teilschritten eher opulent sind. So versucht es uns die nette Dame im Verkauf schonend beizubringen. Dass es wirkt, war ihr anzusehen.[104] Jeder Trend hat also auch immer einen Gegentrend. Und es ist spannend, diesen ausfindig zu machen.

Spotlight:

Ausgaben für Schönheit in Südkorea

Südkoreanische Frauen geben einen doppelt so großen Anteil ihres Einkommens für Kosmetik und Hautpflege aus wie vergleichsweise in den USA. Dass die Schönheitsindustrie für Südkorea eine große Bedeutung hat, geht auch auf politische Einflüsse zurück. In den 90er-Jahren des letzten Jahrhunderts bekam Südkorea vom Internationalen Währungsfonds ein Darlehen von 21 Milliarden Dollar, um seine Wirtschaft nach der

Asienkrise wieder aufzubauen und zu diversifizieren. Das hat eine erfolgreiche Popkultur und Schönheitsindustrie begünstigt. Einen sehr interessanten Beitrag dazu hat Katharina Pfannkuch auf faz.net mit »Hauptsache perfekt« verfasst.[105]

Dass sich Kaffeesatz, der dem Müll anheimfallen würde, auch für die Züchtung von Austernpilzen und Limonenseitlingen eignet, haben wir schon in unserem *Praxisbuch Trendmarketing* mit dem Berliner Unternehmen Chido's Mushrooms beschrieben.[106] In Finnland, Schweden, überhaupt in den Nordländern ist laut Happiness-Ranking nicht nur das Glück zu Hause, sondern gemäß Statistik sind dort auch die meisten Kaffeeliebhaber anzutreffen. Jedenfalls führen die Finnen mit einem Pro-Kopf-Konsum von 10,35 Kilogramm die Gruppe der Kaffeebegeisterten an – zum Vergleich: Österreich liegt bei 7,33, Deutschland bei 6,65 und die Schweiz bei 6,31 Kilogramm (Statista 2017).[107] Kaffee wird weltweit zu einem Kultgetränk, selbst in typischen Teeländern wie China und Indien. Die Frage ist nur: Was lässt sich außer Pilzzuchten noch mit den Unmengen an Kaffeesatz machen? Zum Beispiel kann man daraus Produkte und Wirkstoffe für Functional Food und Kosmetika herstellen. Das bietet das 2016 gegründete Start-up Kaffe Bueno, das von drei kolumbianischen Studenten bereits während des Biotechnologie-Studiums in London erdacht wurde.[108] Die Affinität zu einem kaffeeorientierten Konzept dürfte an deren Herkunft liegen, gilt Kolumbien doch als der größte Exporteur von hochwertigem Arabica nach Brasilien.[109] Und nicht nur das. Die positive Wirkung von Kaffee(satz) als Wundheilungs- und Hautpflegemittel kannten die Gründer laut eigener Aussage von ihren Großmüttern.[110] Dass das Tiny Start-up letztendlich in Kopenhagen gegründet wurde, lag am Austausch mit skandinavischen Studienkollegen und Kaffeeliebhabern. Wir finden es immer wieder spannend zu sehen, dass die meisten Gründungen nicht »schulbuchmäßig« verlaufen, sondern durch plötzliche Ereignisse, Chancen oder andere nicht vorher geplante Begebenheiten ausgelöst werden.

Kaffe Bueno bringt es in seiner Selbstdarstellung auf den Punkt, in dem es aufzeigt, dass von den neun Milliarden Kilogramm Kaffee, die weltweit konsumiert werden, beim Aufbrühen des Kaffees lediglich 1 Prozent extrahiert wird, 99 Prozent ist Abfall. Hinzu kommt, dass bei der Zersetzung auf Mülldeponien schädliches Methangas frei wird. Kaffe Bueno hat ein Konzept entwickelt, das nach dem Cradle-to-Cradle®-Prinzip (Kreislaufwirtschaft) funktioniert, welches die Qualität von Rohstoffen über mehrere Produktlebenszyklen sichert. So ist das Tiny Start-up auch B-Corpzertifiziert und gehört damit einer globalen Bewegung an, zu der mittlerweile 2600 Unternehmen in über 60 Ländern und 150 Branchen gehören. Von Ben & Jerry's über Innocent bis hin zur Triodos Bank verpflichten sich die Unternehmen, die Welt zum Positiven zu verändern, indem sie verifizierte Standards bezüglich der Gesellschaft und der Umwelt aufrechterhalten.[111]

Hier ein Link zu einem YouTube-Video, in dem die Mission von B Corp kurz vorgestellt wird: https://www.youtube.com/user/bcorporations und die Website https://bcorporation.net/

Taschen aus Müll

Witzige Taschen aus Umverpackungen verschiedenster Produkte wie Kaffee, Kosmetik, Tiernahrung, Milch, Kartoffelchips haben wir in Lissabon bei Garbags kennengelernt. Das »Nicht- mehr-Tiny-Start-up«, da 2011 gegründet, aber immer noch Tiny-Unternehmen, hat ein eigenes GoGreen-Corporate-Programm entwickelt. Über deren P2P-Programm werden Menschen eingeladen, ihre gebrauchten Verpackungen den mittlerweile drei Garbags-Shops in Portugal zu spenden. Belohnt wird das Umweltbewusstsein der Spender*innen mit Rabatten und Öko-Gutscheinen auf die exklusiven Upcycling-Produkte. Und das kommt an. Die Liste der Spender*innen, wächst kontinuierlich, da immer mehr Cafés, Restaurants, Gemeinden und

Event-Veranstalter mitmachen. Die Mission will das Gründerteam weitertragen, deswegen bieten sie ihr Geschäftskonzept als Greenfranchise an, um andere Tiny Startupper in die Community zu integrieren.[112] Mehr zum Thema »Greenfranchising«[113] kannst du in unserem gleichnamigen Buch nachlesen oder auf unserem GreenfranchiseMarket[114] erfahren.

»GLÜCKSMOMENT« Garbags in Lissabon © Bellone Franchise Consulting GmbH

Schwamm drauf und verkabelt

Viele Konzeptideen entspringen effektiv aus einer Unzufriedenheit mit Vorhandenem auf dem Markt, wie wir es bei den Beispielen zuvor schon gesehen haben. So war es auch bei Rea Ann Silva aus Pennsylvania. Als Make-up-Artistin schminkte sie viele Prominente für Fotoshootings und für das Fernsehen. Mit der

Einführung und Durchsetzung des HD-Fernsehens bekam sie, wie andere Visagisten ebenfalls, das Problem, dass sich durch die Hochauflösung jede Pore, jedes Fältchen auf den Gesichtern der TV-Größen abzeichneten. Es bedurfte einer neuen Make-up-Technik. Rea Ann Silva experimentierte mit Schwämmchen, erschuf einen Prototyp und brachte 2007 den Beautyblender auf den Markt,[115] der sich bis heute millionenfach verkauft hat und zig Nachahmer auf den Plan gerufen hat. Aus dem erfolgreichen Einzelprodukt Beautyblender ist mittlerweile ein ganzes Sortiment mit komplementären Zusatzprodukten entstanden. So wird die Marke immer wieder neu belebt und auch die Story um Rea Ann Silva. Unter folgendem Link findet ihr ein Interview mit ihr auf Beauty Bay: https://www.beautybay.com/edited/interview-founder-beautyblender-rea-ann-silva/.

Allein schon die Biografie von Sophie Trelles-Tvede mit spanisch-dänischen Wurzeln, die in der Schweiz aufgewachsen ist, in England studiert hat und in München mit Invisibobbles inzwischen Millionenumsätze macht, ist spannend. Falls du langhaarig bist, wirst du diese spiralförmigen Haargummis wahrscheinlich nicht nur kennen, sondern auch nutzen. Alles fing mit einem Telefonkabel, einer Motto-Party und den Tangle-Teezer-Vermarktern an. Die 19-jährige Sophie Trelles-Tvede hatte sich die Haare für eine Party mit dem Kabel zum Zopf gebunden und stellte fest, dass die Haare danach keinen Knick wie bei herkömmlichen Haargummis bekamen. Das war 2012 und die Initialzündung der spiralförmigen Haargummis, die im Gebrauch auch noch andere Vorzüge haben. Aber wie die Idee realisieren? Sophie lernte Daniel Haffa und Niklas Epstein kennen, die beide 2010 die New Flag GmbH gegründet hatten. Der eine war ausgebildeter Linienpilot, der andere hatte in London studiert, und beide 21-Jährigen waren auf der Suche nach etwas, was sie glücklich machte. Sensibel für potenzielle Produkthits, verkauften sie über ihre Onlineplattform New Flag anfänglich Kuscheldecken mit Ärmeln, um dann auf ein Erfolgsprodukt namens

Bea Petri, vor der Promiwand in der Schminkbar in Zürich © Fotografin: Xandra Linsin

Tangle Teezer zu stoßen, einer neuartigen Haarbürste zum Entwirren der Haare.[116] Mit dem Vertrieb dieser britischen Erfindung fiel quasi für die beiden Jungunternehmer der Startschuss in das Beauty-Segment. Die Realisation der spiralförmigen Invisibobbles und Gründung der gleichnamigen GmbH wurde von der Erfinderin Sophie Trelles-Tvede und Daniel Haffa vorgenommen mit einem Startkapital von 4000 Euro. Die New Flag GmbH ist heute Mehrheitseigentümerin von Invisibobble[117] und vertreibt die Haargummis als größter europäischer Distributor im Beauty-Bereich in über 70 Länder – übrigens auch den zuvor genannten Beautyblender.[118] Es lohnt sich also durchaus, an einem Produkt zu arbeiten, wenn damit sicht- oder spürbare Verbesserungen des Anwender*innen-Nutzens entstehen. Und wenn sich im persönlichen Umkreis keine Mitstreiter*innen finden, dann besteht immer auch die Möglichkeit, über eine Crowfunding-Plattform die Idee vorzustellen. Auf Kickstarter beispielsweise, der größten Crowdfunding-Plattform, gibt es verschiedene Kategorien wie Kunst, Comics & Illustration, Design & Technologie, Film, Gastronomie & Kunsthandwerk, Spiele, Musik, Publishing, die es auch den Unterstützenden leichter machen, etwas Passendes zu suchen.[119]

Das sind ja schöne Geschichten

Das Thema Beauty ist prädestiniert für eine Vielzahl an Dienstleistungen für Haut und Haar. Häufig ist es branchenüblich, sich als Kosmetiker*in oder Friseur*in selbstständig zu machen – obwohl gerade das in der Ausbildung so gut wie gar nicht berücksichtigt wird. So gab es Ende 2018 allein in Deutschland 60 100 Kosmetikinstitute und Nagelstudios sowie 80 600 Friseurbetriebe.[120] Wir haben in diesem Bereich einige interessante Start-ups und langjährig erfolgreiche Klein(st)unternehmer*innen kennengelernt, wie zum Beispiel Bea Petri, eine Schweizer Kosmetikerin mit interessantem Lebenslauf, dem sie mit einem Geschäftskonzept auch einen ganz eigenen

Rahmen gegeben hat. 2003 verwirklichte sie ihren Traum vom Unternehmertum und gründete als Endvierzigerin die Schminkbar.[121] Das Besondere an diesem Konzept ist die Verquickung von inspirierender Basar-Atmosphäre, Entspannungsinseln, Körperpflege und kleinen »Gaumengenüssen« an einer Bar oder während der Pflege. Das Ambiente erzählt von Bea Petris Reisen und ihrer Tätigkeit als Maskenbildnerin beim Schweizer Fernsehen, der sie zuvor 20 Jahre lang nachgegangen war. Der Kundenstamm aus dieser Arbeit liest sich wie das Who's who aus Theater, Film- und TV. Von Sting über James Blunt, Christoph Waltz, Herbert Grönemeyer, Friedrich Dürrenmatt bis hin zu Gerhard Schröder und vielen anderen gibt es Fotos in der ersten Schminkbar mitten in Zürich und mittlerweile weiteren Ablegern in Zürich, Luzern und Basel. Ihre Töchter haben 2017 die Nachfolge angetreten, sodass sich Bea ihrem zweiten großen Projekt voll widmen kann. 2008 gründete sie den Förderverein Nas Mode in Burkina Faso, der zum Ziel hat, jungen Menschen über Ausbildungen zum*zur Schneider*in, Kosmetikerin*in, Friseur*in und Maskenbildner*in eine Perspektive zu schaffen.[122]

15 Jahre Soulmarks

Wie ein Tiny Start-up mit künstlerischem Anspruch gelingen kann, zeigt das 15. Firmenjubiläum von Soulmarks im Schweizerischen Zug. Das Tattoo- und Piercing-Studio wurde 2004 von Nadia Koss mit einer Vorlaufzeit von sechs Monaten und einem Startkapital von 30 000 Franken gegründet. Heute beschäftigt die Tiny Startupperin sechs fest angestellte Mitarbeiter*innen. In unserem Interview erzählt Nadia von ihren Gründungsmotivationen und wie sie es schaffte, ihren Traum Wirklichkeit werden zu lassen.

Nadia Koss, Soulmarks – Tattoo & Piercing Zug

»GLÜCKSMOMENT« Soulmarks © Soulmarks/Nadia Koss, Zug/Schweiz

1. Warum hast du dein Tiny Start-up gegründet?

»Ich habe ganz fest den Drang verspürt, intensiver tätowieren zu wollen, als das bis zu dem Zeitpunkt der Fall war. Andere Studios konnten mir diese Möglichkeit leider nicht bieten. Zudem realisierte ich, dass ich nicht mehr von anderen abhängig sein, sondern selbst Verantwortung übernehmen wollte – Verantwortung für mich, für meine Ideen, die ich umsetzen wollte, für Mitarbeiter, für mein eigenes Geschäft. Durch meine profunde Ausbildung und langjährige Tätigkeit als Bankkauffrau und die umfassende, jahrelange Ausbildung und Praxis als Tattoo-Artistin im In- und Ausland fühlte ich mich durchaus in der Lage, ein solches Unterfangen zu wagen. Ja, und dieses Jahr feiere ich mit Soulmarks mein 15-jähriges Jubiläum.«

2. Was war der Auslöser für deine Geschäftsidee?

»Eigentlicher Auslöser war eine innere Berufung, die ich seit meinem 14. Lebensjahr in mir trug, nämlich Tattoo-Artistin zu sein. Tattoos und Tätowieren bedeuteten für mich immer etwas Magisches, etwas Spezielles, Einmaliges, was ich eigentlich vom ersten Augenblick an nicht nur fühlte, sondern mit Bestimmtheit wusste. Diesen Traum in die Realität umzusetzen, ihn leben zu können, zu meinem Leben zu machen, war immer der bestimmende Antrieb in meinem Werdegang. Ich habe meinen Traum zu meinem Leben gemacht – und dieses Leben hat in seiner Einmaligkeit und Magie bis heute nichts eingebüßt.«

3. Wie erlebst du dein Kleinst-/Kleinunternehmertum? Worin liegen die größten Chancen, worin die größten Herausforderungen?

»Es ist total interessant, ein Kleinunternehmen zu führen, aber man muss sich bewusst sein, dass es auch eine große Challenge ist. Die Mitbewerber sind in den letzten fünf Jahren viel zahlreicher geworden. Es gibt jedes Jahr mehr Studios, und die Qualität ist zum Teil unglaublich gut geworden. Auch ist die Dunkelziffer von Schwarzarbeit in unserem Business sehr hoch. Man muss stetig dabei sein, darf nicht einschlafen, darf keine Trends verpassen. Man muss darauf bedacht sein, dass die eigene Brand immer wieder gesehen wird, das heißt, man muss Werbung machen und auf den Social-Media-Kanälen aktiv sein. Das Sponsoring von Open Airs und die Unterstützung von diversen Events gehören ebenso zur Koordination dazu. Die größte Chance hast du, wenn du authentisch bist, wenn du dem Kunden einen Topservice bietest, und zwar von A bis Z. Heute läuft alles über die Emotionen. Wir versuchen, dem Kunden nicht nur ein perfektes Tattoo zu stechen, sondern es ist unser Ziel, dass die ganze Erfahrung des Tätowiertwerdens für ihn etwas ganz Besonderes, ein Erlebnis ist. Das Studio soll zu einem Ort werden, an dem man den Alltag vergessen darf und ein paar Stunden in eine andere Welt eintauchen kann. Die größten Chancen hat man, wenn man echt ist, mit der Zeit geht und – am wichtigsten – seinen Beruf liebt.«

4. Was ist ein typischer Glücksmoment, den du immer wieder in deinem Unternehmen erlebst?

»Ich habe das große Glück, immer wieder solche Momente erleben zu dürfen. Es sind die Momente, wenn der Kunde oder die Kundin nach dem Tätowieren in den Spiegel schaut und das fertige Tattoo zum ersten Mal betrachtet: mit Freudentränen in den Augen, und wenn Emotionen, Glück, Staunen und pure Freude den Raum erfüllen.«

5. Würdest du dein Unternehmen wieder genau so gründen oder etwas anders machen?

»Im Prinzip würde ich mein Unternehmen auf gleiche Weise wieder gründen. Ich finde, eine solide Ausbildung und jahrelange Erfahrung sind wichtig, um den Schritt in die Selbstständigkeit zu tun. Sie sind die Basis, um überhaupt erfolgreich starten zu können. Wenn der Start geglückt ist und das Geschäft läuft, tauchen natürlich rückblickend Situationen auf, die ich heute anders handhaben würde. In unserem Geschäft herrscht ein sehr enger und freundschaftlicher Umgang, ja es entstehen echte Freundschaften. Dabei ergibt sich für mich die Gefahr, Freundschaft und Business zu vermischen. Daraus ergeben sich oft Missverständnisse, weil zu wenig Distanz vorhanden ist. Deshalb würde ich trotz der Nähe zu meinen Angestellten darauf achten, dass ich in meinem Geschäft eine ganz klare Linie durchziehen kann. Ansonsten würde ich wirklich alles nochmals so machen. Du musst Großes träumen, damit Großes geschieht.«

https://www.soulmarks.ch/

Viele Geschichten gibt es auch beim Astrofriseur Max Höhn in Berlin zu erzählen. Max hatte die branchenübliche Eröffnung eines eigenen Ladens über viele vollkommen andere Zwischenstationen wahr gemacht. Er war Theaterschauspieler, Hausboy in einem Luxushotel, Tourbetreuer für eine Band, hat eine Ausbildung zum Shiatsu-Therapeuten absolviert, um nur einiges zu nennen. Irgendwann formte sich dann doch der Traum vom eigenen Salon, den er 2005 in Berlin-Mitte verwirklichte; zum Glück vieler Kunden*innen und seinem eigenen. Denn seine umfangreichen Erfahrungen und spannenden Anekdoten neben dem Friseurhandwerk bilden zusammengenommen seinen USP. Aber warum Astrofriseur? Max hat in seinem Friseurleben nicht nur viele Köpfe frisiert, sondern über Gespräche auch die dazugehörigen Sternzeichen kennengelernt und sich angewöhnt, die Spezialitäten im Naturell und Haar der Kund*innen bei der Arbeit zu berücksichtigen. Daraus ist sein Buch *Der Astrofriseur. Die perfekte Frisur für jedes Sternzeichen*[123] entstanden. Es ist verblüffend, wie man sich und seine Haarpracht als Widder mit dem

Wunsch nach Unkompliziertheit oder als Steinbock mit dem Hang zur Schnörkellosigkeit wiedererkennt (und das sind nur zwei winzige Eindrücke).[124]

Dass aus Geschichten Bücher werden, kommt öfter vor, aber dass daraus ein Business entstehen kann und sich sogar eine Ausbildung entwickeln lässt, die Autobiografiker »produziert«, ist besonders. Und auf diese besondere Idee kam Katrin Rohnstock 1998 mit ihrem Kleinunternehmen Rohnstock Biografien. Die studierte Literatur- und Sprachwissenschaftlerin ist mit ihrer Unternehmung in Berlin-Prenzlauer Berg angesiedelt, auf der Etage eines imposanten Altbaus. Hier finden unter anderem auch Veranstaltungen unter dem zweiten Konzept statt, dem »Erzählsalon«. Ein strukturiertes Format, das auch an anderen Standorten zu verschiedenen Themen initiiert wird. So wurden Ost-West-Salons durchgeführt, Runden mit jungen Migrant*innen und älteren Deutschen, mit Jungunternehmer*innen und erfahrenen Wirtschaftsleuten und vielen mehr. Daraus ergibt sich jeweils auch wieder Stoff für neue Geschichten, über die es sich zu schreiben lohnt. Unter dem Label »Rohnstock Biografien« werden (Lebens-)Geschichten von Privatpersonen und Unternehmen herausgegeben. Der Bedarf an der Niederschreibung von Memoiren ist groß, so lag der Gedanke nahe, nicht nur selbst zu publizieren, sondern auch andere zu befähigen. Aber mehr dazu erzählt dir Katrin Rohnstock selbst:

Katrin Rohnstock, Rohnstock Biografien, Berlin

1. Warum haben Sie Ihr Unternehmen gegründet?

»Es gab mehrere Gründe. Der erste: Ich arbeitete als Publizistin zu Hause und kam mir vor wie eine qualifizierte Hausfrau – obwohl ich mehrere Bücher geschrieben und eine Buchreihe herausgegeben hatte. Als mein Sohn in die Pubertät kam, wollte er sich von seiner Mutter nach der Schule nicht mehr betreuen und betüdeln lassen. Ich wollte raus. Ich brauchte ein Büro. Ich hatte nach fünf Jahren freischaffender Tätigkeit die Nase voll vom »alleine vor mich hin wurschteln«. Ich bin gesellig und gemeinschaftsorientiert. Ich wollte wieder mit klugen Menschen zusammenarbeiten.

Zweitens: Ich hatte Medienforschung betrieben, eine Zeitschrift mit entwickelt und redaktionell betreut und sah eine Diskrepanz zwischen dem, was Medien an Bildern und Vorbildern präsentieren, und dem Alltagsleben vieler Menschen. Die meisten Menschen finden sich in den Mediendarstellungen nicht wieder, die Berichte und Formate sind vom Leben meilenweit entfernt. Die Medien helfen kaum, Probleme konstruktiv zu lösen sowie Erfahrungen zu teilen und Identifikationsmöglichkeiten anzubieten. Da habe ich ein riesiges Bedürfnis gespürt.«

2. Was war der Auslöser für Ihre Geschäftsidee?

»Meine Buchreihe lief aus. Ich war auf der Suche nach einer neuen Aufgabe und deshalb besonders hellhörig. Neben meinem Haus im Prenzlauer Berg gab es eine Tankstelle, wo ich immer tankte. Kurz nach dem Tod von Diana (Princess of Wales) erschienen in den Zeitungen, die dort verkauft wurden, viele Artikel über sie. Deshalb fragte mich die Kassiererin, ob ich als Schriftstellerin in ihrem Auftrag die Lebensgeschichte ihres Vaters aufschreiben könnte, und ich dachte: ›Wow, diese Kassiererin ist klug, sie weiß, dass ihr Vater viel wichtiger für sie ist, als es diese Promis sind.‹ Das war die Geburtsstunde der Idee die Lebensgeschichte von Menschen wie du und ich aufzuschreiben, es war die Geburtsstunde für Rohnstock Biografien.«

3. Wie erleben Sie Ihr Kleinst-/Kleinunternehmertum? Worin liegen die größten Chancen, worin die größten Herausforderungen?

»Als ich mein erstes Büro für 300 D-Mark mietete, konnte ich nicht schlafen, weil ich Angst hatte, die Miete nicht bezahlen zu können. Inzwischen habe ich Erfahrungen gesammelt und bin viel sicherer. Also: Nachdem ich mein Büro bezogen hatte, schaltete ich Anzeigen und bekam bis zum Jahresende fünf Buchaufträge. Die konnte ich unmöglich allein abarbeiten und fragte einen Kollegen, ob er mich unterstützt. Er sagte zu, unter der Bedingung, dass ich ihm am Computer jeden Arbeitsschritt, den ich vornehme, erkläre. Er setzte sich eine Woche neben mich und schrieb jeden meiner Arbeitsschritte mit. Auf dieser Grundlage erarbeitete ich unser Curriculum für die Autobiografiker-Ausbildung, die wir seit 2002 durchführen. Zweitens wusste ich: Die Idee ist faszinierend, aber ich hatte keine Ahnung vom Markt. Deshalb erzählte ich dem Chef eines Marktforschungsinstituts, den ich aus einer Medienstudie kannte, von meiner Idee. Er fand sie toll und unterstützte mich mit soziologischen Methoden bei der Markterkundung. Wir luden potenzielle Kunden ein und veranstalteten Expertenrunden sowie eine Art Erzählsalon, um zu klären: Wie muss der Arbeitsprozess ablaufen? Was erwarten die Kunden? Eine Autobiografie für einen anderen zu schreiben, ist ein enorm anspruchsvoller Prozess, der sichtbar in einem autorisierten Buch endet. Bis zum Buch schafft man es nur, wenn die Zusammenarbeit zwischen dem Erzähler und uns klappt. Das Schönste am Unternehmertum ist, dass man weitestgehend selbstbestimmt arbeiten kann. Ich kann die Unternehmenskultur gestalten bis hin zum gemeinsamen Mittagessen. Mir sind gute Arbeitsbedingungen wichtig. 2005 sind wir in eine Fabrikantenvilla gezogen. Doch genau darin liegt auch die Herausforderung: Man trägt das Risiko für alle Entscheidungen allein. Märkte verändern sich rasant, in Berlin sind zum Beispiel die Mieten extrem gestiegen. Das war 2005 noch nicht vorauszusehen. Wenn ich falsch entscheide, droht das Scheitern. Klar kann ich mir professionellen Rat holen. Doch es ist schwierig herauszufinden, welchen Berater*innen ich vertrauen kann. Deshalb ist meine Erkenntnis: Man kann nie genug Freunde haben, weil die Tipps geben, ohne Geld verdienen zu wollen.«

4. Was ist ein typischer Glücksmoment, den Sie immer wieder in Ihrem Unternehmen erleben?

»Wenn ich beim Erstgespräch eine tolle Geschichte höre. Es ist unglaublich, was wir hören und erfahren. Mir eröffnen sich immer wieder neue Lebenswelten. Doch zum Glücksmoment gehört auch, dass der Auftraggeber bereit ist, angemessen zu bezahlen. Oft denken die Leute, dass wir ihre Geschichte kostenlos oder zu kleinen Preisen aufschreiben können. Das enttäuscht mich immer noch. Wenn die Leute ein Haus bauen wollen, gehen sie ja auch von einem gewissen Budget aus.«

5. Würden Sie Ihr Unternehmen wieder genau so gründen oder etwas anders machen?

»Ich hatte damals kaum Spielraum. Ich habe kein Geld verbrannt, weil ich keines hatte. Bei der Gründung würde ich nichts anders machen.«

www.rohnstock-biografien.de

Und eines muss unbedingt noch erwähnt werden: Zweimal in der Woche wird für die Rohnstock-Mitarbeiter*innen gekocht. Richtig gute »Hausmannskost«, alle sitzen zusammen an einem langen Tisch und wenn man das Glück hat, dabei zu sein, ist das einfach wunderbar. Gemeinsames Essen mit Auftischen und Abräumen hat etwas positiv Familiäres.

Geschichten über kurze Videos und Fotos zu kommunizieren gehört zu dem Business, das nicht mehr nur ein Trend, sondern zum Mainstream geworden ist und viele Tiny Start-ups hervorgebracht hat. Gemeint ist das Influencer-Marketing, dessen Marktvolumen laut Szenario-Analysen von Goldmedia in der DACH-Region bis 2020 auf 990 Millionen Euro ansteigen wird (2017 waren es 560 Millionen Euro).[125] Neben den bekannten Stars aus dem Film- und Showgeschäft, deren Posts in den sozialen Medien schon aufgrund ihrer Bekanntheit für eine riesige Anhängerschaft sorgen, gibt es die, die sich ihr Influencertum durch Selbstvermarktung von Grund auf erschaffen haben. Eine von ihnen ist Sylwina:

Sylwina, Share Square GmbH, Zürich

»GLÜCKSMOMENT« © Share Square GmbH

1. Warum hast du dein Unternehmen gegründet?

»Aus der Möglichkeit heraus, die ich am Markt gesehen habe. Ich hatte festgestellt, dass die sozialen Medien Plattformen sind, auf denen sich Unternehmenskommunikation anders, neuartig betreiben lässt. Dabei hatte ich nicht an Facebook oder Instagram Ads oder Banner gedacht, sondern vielmehr an Daily News und Integrationen der Produkte im Alltag der Account-Inhaber – quasi User-Reviews. Wenn zum Beispiel ein Hotel oder ein Restaurant ein neues Angebot hat, einen neuen Service und das ans Zielpublikum bringen möchte. Da sich die Kunden und Kundinnen zunehmend auf Facebook und Co. bewegten und Bildwelten wichtiger wurden, sah ich darin eine interessante Möglichkeit.«

2. Was war der Auslöser für deine Geschäftsidee?

»Es ging fließend. Ich erkannte die Chance, dass ich mit selbst gemachten Fotos Inhalte transportieren und damit Geld verdienen konnte. So fing ich 2015 mit einer Einzelfirma an und wurde Onlineunternehmerin. Mein Jura-Studium hing ich dafür an den Nagel. Ich habe mit geringsten Fixkosten angefangen, deswegen war der Schritt, mein Tiny Start-up zu gründen, auch nicht so gewaltig oder beunruhigend. Wenn ich zurückdenke, aber auch prinzipiell meine Lebenseinstellung anschaue, dann geschieht bei mir vieles adaptiv. Meine Einzelfirma wie auch die Share Square GmbH, die ich 2018 gegründet habe, sind organisch entstanden – immer entsprechend dem, was sich als Chance am Markt ergeben hat. Danach habe ich gehandelt und mir auch Schritt für Schritt mein Equipment für meine Arbeit zugelegt.«

3. Wie erlebst du dein Tiny Start-up? Worin liegen die größten Chancen, worin die größten Herausforderungen?

»In einem neuen Markt, einer neuen Branche vorausgegangen zu sein, empfand ich als megaspannend, und das empfinde ich auch heute noch als große Chance. Es ist sehr intuitiv und manchmal auch improvisiert. Du weißt nicht genau, was kommt, aber du bist dabei. Natürlich hat das auch eine Kehrseite. Der Ruf der Influencer-Branche ist nicht nur positiv, und so manches aus der klassischen Kommunikation greift mittlerweile auch in den sozialen Medien, wie zum Beispiel die rechtlichen Einschränkungen hinsichtlich der Deklaration werblicher Aussagen.«

4. Was ist ein typischer Glücksmoment, den du immer wieder in deinem Unternehmen erlebst?

»Das sind die Momente, wenn ich Kunden überzeugen kann, etwas Neues auszuprobieren. Wenn sie mir vertrauen und sich eine Idee, ein Content oder eine Kampagne über die Nutzer*innen verbreitet und eine soziale, emotionale Dynamik entsteht, die die ursprüngliche Erwartung übertrifft. Glücksmomente erlebe ich natürlich auch über meinen Personal Brand (Sylwina) auf Instagram. Wenn ich zum Beispiel positive Feedbacks zu einem Tipp, den ich gegeben habe, bekomme. Dass ich jemandem eine Hilfe geben konnte – das berührt mich.«

5. Würdest du dein Unternehmen wieder genau so gründen oder etwas anders machen?

»Ich würde alles wieder genauso machen. Das erste Jahr war schon sehr knapp. Auch jetzt ist Optimierung immer noch sehr ein großes Thema.

Aber im Vergleich zu den Alternativen sind die Freiheit und die Unabhängigkeit so viel mehr wert, dass ich froh bin, es gemacht zu haben. Eine Krise kann morgen kommen, eine Social-Media-Plattform kann verschwinden. Was auch immer. Geld ist nicht das Wichtigste, sondern das, was ich umsetzen kann.«

https://sylwina.com/ und https://www.sharesquare.ch/

Schön gesund

Wir waren neugierig, (fast) alle Teilnehmer*innen unseres Workshops aßen in der Pause Sandwiches, übrigens frisch zubereitete aus einem kleinen freundlichen Café in Zürich, nur zwei knabberten an mitgebrachten Riegeln. Und sie sahen dabei nicht aus, als würden sie darben, sondern kamen ganz fröhlich rüber. Wie sich dann im Gespräch und im Laufe des Workshops herausstellte, sahen Ernährung und Lebensstil von Samira Blaser und David Coburn einmal vollkommen anders aus. Der gebürtige Hawaiianer David hatte nach seinem Umzug in die Schweiz nachvollziehbar mit der kulturellen und sprachlichen Anpassung zu tun. Er lernte sehr schnell Deutsch wie Schweizerdeutsch und konnte so eine Berufsausbildung abschließen. Das alles im Vollgastempo. Der Nebeneffekt war, dass er 40 Kilo zulegte. Nach einschneidenden Erfahrungen im familiären Bereich, die ihm zeigten, welche gesundheitlichen und mentalen Probleme Übergewicht hat, stellte er seine Lebensgewohnheiten um, und zwar kolossal. Seine Erfahrungen und Weiterbildungen in den Bereichen Sport, Ernährung und medizinischer Zusammenhänge in Korrelation zum Alter haben das Konzept mit dem naheliegenden Namen I-Change Lifestyle hervorgebracht. Samira hatte die Mehrfachbelastung als Mutter und Berufstätige erfahren, hatte bereits ein eigenes Gesundheitsprogramm aufgestellt, das 2015 I-Change Lifestyle komplettierte. Mit diesem Coaching-Tiny-Start-up sind sie seither unterwegs, bleiben ihren eigens aufgestellten gesünderen Lebensgewohnheiten treu und bringen anderen Menschen authentisch und mit Spaß an der Sache einen neuen Lebensstil näher.[126]

Die virtuelle Variante eines Personal Coaches bietet die App von VAY Sports.[127] Als Spin-off-Start-up der Universität Zürich von drei Jungunternehmer*innen gegründet, nutzt der »Vay Fitness Coach« künstliche Intelligenz, um ein Computermodell der Benutzer*innen zu erstellen, mit dem sich das Training später vergleichen lässt. Dafür nutzt die App die Handykamera, um die Ausführung der Trainingsaufgaben zu filmen. In Echtzeit bekommen die Nutzer*innen Rückmeldungen zur Körperhaltung, werden nötigenfalls korrigiert und in jedem Fall motiviert. Der Vorteil dieser App ist die Unabhängigkeit von Zeit und Raum. Es kann nach zeitlicher Möglichkeit zu Hause, draußen oder im Studio trainiert werden. Im September 2019 soll die endgültige Version der App lanciert werden. Für das professionelle Coaching und die Trainingsprogramme arbeiten die Gründer*innen mit sechs Privattrainern aus der ganzen Welt zusammen.[128] Hier kannst du dir ein Demovideo zur App ansehen: https://www.youtube.com/watch?v=9NRjCrItJrE. Die Betaversion wurde übrigens in der sogenannten Sandbox getestet.

Tiny-Start-up-Tipp

Die »Sandbox« als Minilabor

Gut frequentierte Bahnhöfe können nicht nur Urban-Entertainment-Center mit Shopping-, Gastronomie- und Unterhaltungsangeboten sein, auch mit Kunstaktionen und Testlaboren lässt sich punkten. Der Hauptbahnhof in Zürich ist nicht nur der frequentierteste in der Schweiz, sondern auch eines dieser Multioptionsbeispiele. Bereits zum dritten Mal wird im September 2019 die »SBB (Schweizerische Bundesbahnen) Sandbox« installiert. Es handelt sich um ein Minilabor, das ursprünglich im Rahmen einer Wette unter dem Namen »My Smart Station Zürich HB« lanciert wurde. Aus der Wette mit Digitalswitzerland ist übrigens der Hauptbahnhof Zürich im April 2019 als »digitalster und persönlichster Bahnhof der Welt« hervorgegangen.[129] Innerhalb von zwei Jahren hatte die SBB 24 Pilotprojekte hinsichtlich digitaler Anwendungen und Services in den Bereichen Mobilität, Logistik, Interaktion, Retail und Gastronomie getestet. Die SBB Sandbox stand Start-ups, Unternehmen sowie der SBB zur Verfügung, um zu testen, ob ihre Produkte und Dienstleistungen im echten Leben funktionieren, benutzerfreundlich und relevant sind. Die teilnehmenden Start-ups aus den Jahren 2017 und 2018 erhielten rund 1000 Testrückmeldungen. Darunter war auch die vorgenannte VAY Sports App.[130] Der Erfolg und die Nachfrage nach der Sandbox war so groß, dass sie weitergeführt wird.

Ein Bekannter von uns macht Aikido, Fitness und bereitet sich mit Spezialtrainings auf einen Marathon vor: drei verschiedene Anbieter, eine einzige Mitgliedschaft. Dahinter steckt ein Wiener Unternehmen namens myClubs, das mittlerweile als Techno-Start-up nicht mehr »tiny« ist. Der Gründer ist Tobias Homberger, BWLer und Politikwissenschaftler der Universität Wien, der nach dem Studium zunächst in einer Unternehmensberatung arbeitete; ein gutes Sprungbrett für die eigene Unternehmensgründung. 2014 startete er mit seiner Geschäftsidee des digitalen Marktplatzes, auf dem verschiedenste Sportarten von diversen Anbietern gegen eine Monatsgebühr gebucht werden können, und das nicht nur in Österreich, sondern auch in der Schweiz. So kann man über die App myClubs in der Schweiz für 79 Schweizer Franken viermal im Monat trainieren. Für 149 Schweizer Franken monatlich lässt es sich unlimitiert verausgaben, sind doch über 30 Sportarten im Portfolio und mehrere Tausend Anbieter.[131] In einem Alumni-Interview, durchgeführt von der Universität Wien, berichtet Homberger über seine Anfänge, seine Finanzierungen, Herausforderungen und Vorbilder – und dass er aus heutiger Sicht das Business weniger perfekt, sondern schneller starten würde: https://medienportal.univie.ac.at/uniview/wissenschaft-gesellschaft/detailansicht/artikel/mein-business-nicht-alles-perfekt-planen/.

In Deutschland kamen ähnliche Flatrate-Anbieter auf den Markt, so zum Beispiel das Berliner Unternehmen Urban Sports Club, das 2012 von Benjamin Roth und Moritz Kreppel gegründet wurde, zwei sportbegeisterten Jungunternehmern, die heute Europas größter Fitnessanbieter geworden sind. Um das zu erreichen, haben sie Investoren an Bord geholt und Mitbewerber übernommen. Benjamin Roth hatte bereits 2011 die Buchungsplattform Pyler gelaunced, zur Buchung von Fußballhallen und Organisation von Fußballspielen. Dieses Geschäftskonzept scheiterte, es war der Zeit noch zu weit voraus.[132] Mit Urban Sports Club liegen die beiden Gründer richtig. In Berlin-Moabit werden die Räumlichkeiten schon wieder zu klein, um die gut 120 Mitarbeiter*innen zu beherbergen.[133]

Ganz in Weiß

Wenn wir uns schon den schönen Dingen widmen, dann darf der »schönste Tag im Leben« nicht fehlen. Scheidungsraten zum Trotz, geheiratet wird immer und in Österreich und der Schweiz sogar wieder mit steigender Tendenz. Für Tiny Startupper eröffnet sich damit ein Spektrum an Existenzgründungsmöglichkeiten. Allem voran die Hochzeitsplaner*innen, die häufig über den Weg der Eventmanager*innen dieses Business starten. Rund ums Heiraten hat sich ein enormer Markt entwickelt. Das »einzigartige« Erlebnis lassen sich viele Brautpaare auch etwas kosten. Eine Facebook-Umfrage von www.hochzeitsportal24.de ergab, dass die Mehrzahl der Befragten (64 Prozent) für die Feier mit einem Budget von zwischen 10 000 und 20 000 Euro rechnen. Natürlich geht auch mehr, insbesondere wenn Extras wie Locations im Ausland oder bekanntere Musiker*innen gebucht werden. Die Organisation überlassen die Paare dann gerne Profis, die im Durchschnitt 15 Prozent vom Hochzeitsbudget als Honorar ausmachen. Die Ausbildung zum Wedding-Planer ist in Deutschland beispielsweise über die IHK (Industrie- und Handelskammer) möglich.[134] Ein »All-inclusive-Angebot« von der Ausbildung über den Konzeptrahmen bis hin zur kontinuierlichen Betreuung bietet die Agentur Traumhochzeit von Daniela Jost. 2005 hat sie ihre Agentur mit 10 000 Euro Startkapital gegründet und ist seither nicht nur selbst mit ihrem Tiny Start-up erfolgreich; sie hat die Selbstständigkeit per Franchising mittlerweile auch für 20 weitere Tiny Startupper ermöglicht. Ihre langjährige Erfahrung fließt sowohl in Publikationen ein wie auch in ihre Dozententätigkeit in einem Hochzeitplaner*innen-Lehrgang. Wie sie auf die Idee kam und was sie glücklich macht, liest du im nachfolgenden Interview.

Daniela Jost, Gründerin Agentur Traumhochzeit (Foto: Seel Photodesign)

»GLÜCKSMOMENT« © Agentur Traumhochzeit, Foto: Lars Hammesfahr Photography

1. Warum hast du dein Unternehmen gegründet?

»Ich hatte plötzlich den Gedanken ›Ich will nicht unbedeutend sterben‹. Und obwohl ich gerade frisch Mutter von zwei Kindern war, spürte ich, dass da noch ›mehr‹ war. Vor allem wollte ich nicht ›nur‹ Mutter und Hausfrau sein. Mich erfüllte das Glück, Mutter zu sein, und dennoch hatte ich immer gern in leitenden Positionen gearbeitet. Mir war klar, dass dies nun fremdbestimmt nach festen Arbeitszeiten nicht mehr möglich sein würde.«

2. Was war der Auslöser für deine Geschäftsidee?

»Kurz nach der Geburt meines zweiten Sohnes las ich das Buch *Die Gesetze der Gewinner* von Bodo Schäfer. Plötzlich ließ mich ebendieser Gedanke nicht mehr los: ›Ich will nicht unbedeutend sterben.‹ Ich wollte etwas erschaffen, das bleibt, einen Unterschied machen. In dem Buch las ich, dass man mit dem, was man voller Freude tut, ganz sicher erfolgreich sein würde. Ich wollte ›arbeiten, ohne zu arbeiten‹, einfach das tun, was mir ohnehin Freude bereitete, und damit wie nebenbei Geld verdienen. So machte ich eine Liste mit meinen Talenten und dem, woran ich am meisten Freude hatte. Ich überlegte tagelang, was sich nun aus diesen Skills ergeben könnte. Und dann eines Nachts rüttelte ich meinen Mann wach: ›Ich gründe eine Agentur für Hochzeitsplanung.‹ ›Ja, und dann machst du ein Franchiseunternehmen daraus‹, war seine Antwort. Dies war die Grundsteinlegung für die Agentur Traumhochzeit.«

3. Wie erlebst du dein Kleinst-/Kleinunternehmertum? Worin liegen die größten Chancen, worin die größten Herausforderungen?

»Die größte Herausforderung für mich ist die Franchisestruktur: Man arbeitet mit Menschen, die zwar selbstständig sein möchten, aber oft doch die Ansprüche eines Mitarbeiters haben. Dieser Spagat ist oft ziemlich herausfordernd. Da die Agentur trotz der 20 Franchisestandorte eine sehr enge Struktur hat, gibt es keine langen Entscheidungswege. Mir war und ist es immer wichtig, eine persönliche Beziehung zu jedem Franchisepartner aufzubauen. Das Geschäft und die Privatperson sind untrennbar. Wenn ein Mensch gerade intensive persönliche Prozesse durchlebt, wird dies immer Auswirkungen auf sein Geschäft haben. Darum zu wissen, ist wertvoll in der Begleitung der Franchisepartner. Aber gleichzeitig ist es eine Herausforderung, trotz des Wissens um aktuelle persönliche Prozesse eines Einzelnen die geschäftlichen Interessen zu wahren. Das hat mich über die Jahre sehr geformt und dadurch habe ich mich selbst weiterentwickelt.«

4. Was ist ein typischer Glücksmoment, den du immer wieder in deinem Unternehmen erlebst?

»Da muss ich unterteilen. Früher, als ich selbst noch Hochzeitsplanerin war, da war es jedes Mal ›der Einzug der Braut‹. Der hochemotionale Moment, wenn sich das Paar trauen lässt und alles, was ein- bis anderthalb Jahre geplant wurde, zu einem stimmigen Ganzen wird. Das ist einfach schön. Heute hat sich meine Arbeit etwas verlagert, da sind die größten Glücksmomente die, wenn es bei einem Franchisepartner ›Klick‹ macht.

Wenn der Knoten platzt und ich spüre, dass er in eine Leichtigkeit mit seinem eigenen Geschäft kommt. Ich habe viel mit Gründern zu tun. Das bedeutet, dass ich Menschen in sehr herausfordernden Phasen ihres Lebens begleite. Ängste, Selbstzweifel, Überarbeitung … all das sind ›Symptome‹, die eine Gründung begleiten. Daher ist für mich der größte Glücksmoment der, wenn einer unserer Hochzeitsplaner aufgeregt bei mir anruft mit den Worten: ›Dani, es funktioniert!!!‹«

5. Würdest du dein Unternehmen wieder genau so gründen oder etwas anders machen?

»Hui, diese Frage muss ich erst einmal wirken lassen. Ich glaube, es ist eher etwas ganz Persönliches, was ich anders machen würde: Genau in die Gründungs- und Aufbauzeit fiel die Geburt meines dritten Sohnes. Rückblickend hätte ich mir gern mehr Zeit für ihn genommen, statt ihn mit unserem Au-pair auf dem Spielplatz zu wissen, während ich emsig im Büro meinen Schreibtisch freigeschaufelt habe. Der Ehrgeiz von damals ist verschwunden und für mich zählen heute ganz andere Werte. In jedem Fall aber würde ich wieder meinen ganz eigenen Weg gehen – trotz aller Ängste, die mit einer Selbstständigkeit auch verbunden sind. Ein Angestelltenverhältnis wäre für mich undenkbar in meinem Lebenskonzept, trotz vermeintlicher Sicherheit. Vor allem aber weiß ich heute eines: Mut bedeutet nicht, keine Angst zu haben, sondern dass etwas anderes wichtiger ist als die Angst.«

https://www.agentur-traumhochzeit.de/

In Estland heiraten glückliche Paare übrigens zum zweiten Mal. Das ist Tradition. Das macht auch Hochzeitsplaner wie den Estländer Hannes Lents glücklich. Link: https://www.arte.tv/de/videos/084 79600080A/1000pro0hannes0lents0hochzeitsplaner0in0estland/. Wir haben drei Annas für unser Buch interviewt. Alle drei sind in vollkommen anderen Bereichen tätig. Eine ist Time-Expertin, eine organisiert unvergessliche Ausflüge auf Mallorca und eine ist ausgebildete Sopranistin und singt unter anderem auf Hochzeiten. Was aber alle eint, ist, dass sie Tiny Startupper sind und über eine wahrhaft beglückende Ausstrahlung verfügen. Anna Vichery, deren Gesangskarriere mit acht Jahren begann, hat vieles erlebt, bis sie ihrer

Berufung im Format eines Kleinstunternehmens nachgehen konnte. Nach einem Jahr Vorbereitung und 6000 Schweizer Franken Gründungskapital startete sie 2016 ihr Business.

Anna Vichery, Sopranistin – Die Sängerin mit Herz, Thalwil

»GLÜCKSMOMENT« © Anna Vichery

1. Warum hast du dein Unternehmen gegründet?

»Als Sängerin stehe ich seit Kindesbeinen auf den großen und kleinen Bühnen der Welt. Meine tiefste Berufung und Erfüllung ist es zu singen.

Als ausgebildete Sopranistin sang ich lange bei freien Produktionen in der Schweiz und im Ausland als Solistin in Opern, Operetten und klassischen Konzerten. Da der Markt für Sopranistinnen sehr umkämpft ist, lebte ich meist unter dem Existenzminimum. Ich wollte nicht nur meine Berufung leben, sondern auch davon leben können. Durch die Hochzeit meiner Schwester kam ich auf die Idee, bei Events zu singen, und probierte es aus. Es gefiel mir sehr gut und ich entdeckte meine Liebe für kleinere Veranstaltungen. Hier habe ich alle Freiheiten, erlebe tiefe Momente und kann von meiner Berufung nun auch leben.«

2. Was war der Auslöser für deine Geschäftsidee?

»Einerseits die tiefen Gagen für Sopranistinnen, die mich zwangen, neben den Produktionen noch verschiedene Nebenjobs zu machen. So arbeitete ich meist über 200 Prozent und lebte trotzdem unter dem Existenzminimum. Daraus resultierte eine Erschöpfungsdepression. Da kam ich an den Punkt, eine Lösung finden zu müssen, nicht nur meine Berufung zu leben, sondern auch davon leben zu können. Denn ohne Singen kann ich nicht leben. Aber nur von der Erfüllung lassen sich auch keine Rechnungen bezahlen. Die Hochzeit meiner Schwester zeigte mir die Möglichkeit, als Eventsängerin von meiner Berufung auch leben zu können. Das war und ist für mich ein großes Geschenk, und ich bin jeden Tag dankbar dafür.«

3. Wie erlebst du dein Kleinst-/ Kleinunternehmertum? Worin liegen die größten Chancen, worin die größten Herausforderungen?

»Die größte Herausforderung ist und war, dass ich nun für alles verantwortlich bin – von der Webseitenbetreuung und -bearbeitung über Werbung- und Marketingstrategien, Social Media bis hin zur Administration und so weiter. Plötzlich muss man alles können und ist mit viel Organisatorischem und Administrativem beschäftigt.«

4. Was ist ein typischer Glücksmoment, den du immer wieder in deinem Unternehmen erlebst?

»Natürlich die Auftritte für meine Kunden. Zu spüren, wie viel Freude man anderen mit seiner Berufung bereiten kann. Glückliche, begeisterte Kunden, die zu Tränen gerührt sind. Überschwängliche Rückmeldungen nach dem Auftritt und Kundenrezensionen, die selbst mich sprachlos machen. Und bei Trauerfeiern speziell zu spüren, wie sinnvoll meine Arbeit ist, zu sehen und zu spüren, wie viel Kraft und Trost ich in diesem Moment den Menschen mit meiner Stimme und meiner Musik schenken darf. Wenn ich singe, bin ich. Und so darf ich auf der Bühne einfach jedes Mal ganz einfach nur ich sein und das tun, was ich liebe. Das ist für mich das größte Glück. Dass ich dabei andere Menschen noch tief berühren kann, gibt mir eine tiefe Erfüllung.«

5. Würdest du dein Unternehmen wieder genau so gründen oder etwas anders machen?

»Ich würde es wieder genauso machen. Das Wichtigste ist, einfach ins Tun zu kommen, zu beginnen. Wenn man spürt, wo die Berufung ist, sollte man nicht warten, sondern einfach starten. Ich habe wie jeder, der sich selbstständig macht, viele Fehler gemacht und auch viel Lehrgeld bezahlt, aber das hat mich nur erfahrener gemacht und mich zu dem gemacht, was ich heute bin. Ich darf jeden Tag frei gestalten, mit den Menschen zusammenarbeiten, mit denen ich möchte, und darf das tun, was mich zutiefst erfüllt – dafür bin ich sehr dankbar, und ich bin sehr glücklich und erfüllt.«

https://www.sängerin.ch/ und https://www.youtube.com/watch?v=lBhg NbSUcio

Musik, Theater, Tanz, Performance

Als wir das erste Mal etwas von dem Schweizer Saxofon-Duo »eventuell« hörten, war das in Berlin, im Rahmen ihres Auftritts im BKA am Mehringhof in Kreuzberg. Das Duo wurde 2015 von Vera Wahl und Manuela Villiger gegründet und es ist nicht dafür bekannt, traditionelle Schweizer Musik wiederzugeben. Beide suchen vielmehr kreativ nach »alternativen Formen und Wegen, zeitgenössische Musik authentisch aufzuführen«.[135] Dabei arbeiten sie stark visuell, raumbezogen und transdiziplinär. Manuela Villiger und Vera Wahl absolvierten ihr Studium in den Saxofonklassen der Hochschule für Musik in Luzern sowie an der Zürcher Hochschule der Künste. Beide wurden vom Kanton Solothurn mit einem Förderpreis ausgezeichnet (Manuela Villiger 2016, Vera Wahl 2017). Da sie auch uns schnell überzeugten, freuen wir uns, sie dir hier als ein weiteres Tiny Start-up aus dem kulturellen Bereich vorzustellen.

Manuela Villiger und Vera Wahl, Künstlerinnen-Duo »eventuell«

»GLÜCKSMOMENT« © Duo eventuell, Manuela Villiger & Vera Wahl

1. Warum habt ihr euer Unternehmen gegründet?

»Während unserer gemeinsamen Studienzeit an der Musikhochschule Luzern haben wir begonnen, einige Musikwerke zusammen zu interpretieren. Es zeigte sich, dass wir eine ähnliche künstlerische Ästhetik anstreben und sich unsere Zusammenarbeit sehr produktiv gestaltete. Gemeinsame Interessen und Vorlieben – seien diese in Bezug auf musikalische oder stilistische Aspekte oder aber auch auf grundsätzliche Ansichten zur Kunst und Performance – haben uns bewogen, unser Duo zu gründen. Eine übereinstimmende Arbeitshaltung mit ähnlich ausgeprägtem Ehrgeiz und gemeinsamen Zielen bewegte und unterstützte uns in unserer Entscheidung.«

2. Was war der Auslöser für eure Geschäftsidee?

»Zeitgenössische Musik ist eine relativ kleine Szene, mit welcher sich längst nicht alle Musiker identifizieren können. Wir waren beide bereits mit vollem Herzblut in dieser Kunstszene unterwegs, und so fiel es uns relativ leicht, gemeinsam einige ziemlich herausfordernde zeitgenössische Werke einzustudieren. Neben sehr viel Freude und Spaß beim Erarbeiten der Werke erfuhren wir auch bald einige Erfolgserlebnisse bei Auftritten und fühlten uns so bestärkt, diesen Weg weiterzuverfolgen.«

3. Wie erlebt ihr euer Kleinst-/Kleinunternehmertum? Worin liegen die größten Chancen, worin die größten Herausforderungen?

»Es ist eine unglaublich bereichernde Arbeit und eine riesige Chance, etwas sehr Persönliches wachsen und entstehen zu lassen. Der gemeinsame Dialog fordert uns, uns ganze klare Meinungen in Bezug auf künstlerische Aspekte zu bilden und diese auch präzise zu artikulieren und unter Umständen auch in Diskussion zu verteidigen und/oder weiterzuentwickeln. Dies bedingt aber auch ein großes gegenseitiges Vertrauen und Geduld, da man sich in ein Abhängigkeitsverhältnis zueinander begibt. Gerade künstlerische Prozesse funktionieren selten auf Knopfdruck, und obwohl man klare Deadlines und Richtlinien für Projekte hat, sind viele inhaltliche Aspekte über einen langen Zeitraum sehr vage und schwer zu fassen.«

4. Was ist ein typischer Glücksmoment, den ihr immer wieder in eurem Unternehmen erlebt?

»Konzerttourneen und insbesondere die Premiere bilden jeweils den Abschluss eines ganzen Arbeitsprozesses. Meist sind die Wochen vorher sehr intensiv mit vielen Proben und wirklich langen Tagen – wenn wir dann das erste Konzert vor Publikum präsentieren dürfen, ist dies wahnsinnig befriedigend und bereitet uns unglaublich viel Freude.«

5. Würdet ihr euer Unternehmen wieder genau so gründen oder etwas anders machen?

»Auf alle Fälle; in der Musik gilt vielleicht umso mehr wie in anderen Bereichen: ›Übung macht den Meister‹. Wir haben bereits eine große Entwicklung hinter uns, und viele Aspekte haben sich stark professionalisiert – in der Organisation, der Herangehensweise, der Arbeitseinstellung oder inhaltlich –, und trotzdem sind wir überzeugt, dass alle Zwischenschritte und Erfahrungen notwendig sind.«

www.eventuell.ch

Final Tiny-Start-up-Tipps:

➤ Als Dienstleister der vorgenannten Branchen arbeitest du direkt an und mit den Kunden, sei es als Friseur, Kosmetiker, Fitnesscoach oder Künstler. Das heißt einerseits, dass du keine Berührungsängste haben darfst, dich aber andererseits auch abgrenzen musst.

➤ Die Fixkosten gilt es natürlich immer so tief wie möglich zu halten, denn persönlich erbrachte Dienstleistungen binden Zeit und sind kaum skalierbar. Überlege, ob du von dir kuratierte Produkte zu deinen Services anbietest, um den Umsatz zu erhöhen.

➤ Kannst du Spezialitäten entwickeln, die dein Business besonders machen? Zum Beispiel bestimmte Pflegerituale, Empfangszeremonien, Sichtbarmachung deiner vorbereitenden Arbeiten per Video et cetera.

➤ Gute Tipps, was es bei der Selbstständigkeit als Tiny Startupper als Hochzeitsplaner, Musiker, Kosmetiker et cetera zu beachten gibt, bietet die Plattform https://www.selbststaendig.de/.

2.4 TIERISCH GUT

»Hot Dog« in Luzern © Bellone Franchise Consulting GmbH

»Uuih, das macht der Hund sonst nie!«, rief uns die freundlich winkende Frau entgegen, nachdem Ginger, so der Name des Boxers, uns nachsprang und sichtlich Spaß daran hatte. Für Jogger*innen sind Begegnungen mit Hunden – mal lustig, mal adrenalingeladen – natürlich keine Seltenheit. Aber diese war insofern anders, als sich herausstellte, dass die freundliche Susanne als Dogwalkerin mit eigenem Hund unterwegs zu ihren Kunden war. Sie würde an diesem Tag noch fünf Hunde in einem Rudel ausführen, und Ginger galt als verspielter, aber für die drei wechselnden Hundegruppen, mit denen sie derzeit läuft, verlässlicher Leithund. Ginger freut sich jeden Tag auf seine Aufgabe ebenso wie Susanne, die sich mit diesem Service vor zwei Jahren selbstständig gemacht hatte. Zuvor hatte sie eine Ausbildung zur Hundetrainerin plus Weiterbildungen für Dogsitting und sogar Ernährungsberatung für Hunde absolviert. Mittlerweile kann sie davon in Vollexistenz leben. Pro Stunde und Hund rechnet sie 25 Schweizer Franken plus Extras für besondere Trainingseinheiten. In Deutschland liegt ein Durchschnittssatz bei 20 Euro pro Hund und Stunde. Selbstverständlich müssen dann die Abzüge für Steuern, Versicherung, Sozialabgaben, Fahrzeugkosten für möglichen Hol- und Bringdienst, Promotion und Weiterbildung einkalkuliert werden. Damit reiht sich Susanne in eine Vielzahl von Tiny Startuppern ein, die gerne mit Tieren arbeiten. Wir haben einige davon kennengelernt, so auch Antonia Schröder, die mit ihrem hundihotel und ihrer hundischule in Malters bei Luzern Logis, Betreuung und Auslauf für die Vierbeiner bietet.

Antonia Schröder, Gründerin/Inhaberin hhh hundihotel & hundischule, Malters/Luzern

»Glücksmoment« hhh hundihotel & hundischule © Foto: Sven Bänziger

1. Warum hast du dein Unternehmen gegründet?

»Gentleman war der Grund. Obwohl Gent am 2. Dezember 2012 gestorben ist, möchte ich ihn – ein wahrhafter Engel im Pelz eines Schäferhund-Mischlingsrüdens – hier an erster Stelle nennen, denn: Gent war neun (leider zu kurze) Jahre lang mein Nord, mein Süd, mein Ost, mein West, und nur die Zeit lehrte mich, mich ohne ihn zu orientieren. Auch heute bleibt Gent mein leitender Stern, war er mir doch zu Lebzeiten nicht nur Kompass, sondern auch Wegbereiter: Es ist ihm nicht nur die Gründung des hundihotels, sondern auch die Geburt der natural dog Management hundischule luzern zu verdanken. In den Jahren davor, in denen mich eine deutsche Jagdterrierhündin begleitete, wurde ich nie vor die Frage gestellt, wer meinen Hund während meiner Abwesenheit betreuen würde. Um die niedliche Ziesel rissen sich nämlich all meine Bekannten – nicht zuletzt auch dank ihrer portablen Größe und ihres äußerst kompatiblen und robusten Charakters. Zudem interessierte sie sich keinen Deut für Hunde und bevorzugte die Gesellschaft von Menschen – vielleicht gerade weil sie jedes Herz im Nu eroberte.

Gent hingegen war das pure Gegenteil: Er war sehr groß; sosehr er Hunde liebte, genauso weit war der Bogen, den er um fremde Menschen machte; und es bedurfte in den Anfangszeiten eines penibelst behutsamen Umgangs … . In dem ersten Jahr mit Gent wurde mir schlagartig klar, dass ich unmöglich die einzige Hundehalterin sein konnte, die vor dem Dilemma steht, nicht mehr zu wissen, wem der Hund anzuvertrauen sei. Die Idee, ein »hundihotel« zu erschaffen, war geboren … . Gent war nicht nur der Wegbereiter, sondern er wuchs auch zu einem unersetzbaren Helfer in der Hundepension heran. Er wirkte mit seinem einnehmenden Charisma und seiner unvergleichbaren Ruhe. Er war zwar meine rechte Hand, aber viel wichtiger noch: Er war mir ein kostbarer, unermüdlicher und endlos geduldiger Lehrmeister. Gent brachte jedes Herz zum Blühen. Der Tod dieser meiner großen Liebe war und bleibt ein unermesslicher Verlust …«

2. Was war der Auslöser für deine Geschäftsidee?

»Auslöser waren der Abschluss meines Grafikdesign-Studiums, das Freiwerden einer geeigneten Location und Gents Operation. Drei wichtige Faktoren stießen zusammen und katapultierten mich regelrecht in meine neue Zukunft! Ich war als Grafikdesignerin fähig, eine eigene CI sowie Website und weitere Werbeauftritte zu kreieren. Ein Haus, das sich sehr eignete zur Umsetzung meiner Idee, wurde gerade frei und sehnte sich nach neuen Mietern. Und mein geliebter Gentleman musste ein künstliches Hüftgelenk erhalten, woraufhin mich seine Genesung drei Monate lang ans Haus band. Der Startschuss war also gefallen....«

3. Wie erlebst du dein Kleinst-/Kleinunternehmertum? Worin liegen die größten Chancen, worin die größten Herausforderungen?

»Obwohl ich enorm angebunden bin (keine freien Wochenenden, einmal im Jahr Ferien zur ›Saure-Gurken-Zeit‹ Mitte Oktober bis Mitte November) fühle ich mich enorm frei, denn ich bin meine eigene Herrin in meinem eigenen Schloss (unterdessen konnte ich eine wunderbare Liegenschaft an einem Fluss erwerben!), umgeben von ›man's best friend‹, und das in einer Vielzahl! Die Hunde müssen nicht immer wieder wechselnde Betreuungspersonen ertragen und binden sich sehr schnell an mich. Sie sind vorübergehende Wegbegleiter, Freunde, Familie. Obwohl ich Betreuung spende, finde ich in meiner Aufgabe Sinn, der auch MIR Halt und Geborgenheit schenkt. Ich darf mit Tieren arbeiten, meine wundervolle Liegenschaft hegen und pflegen und sie mit den Tieren als Arbeits-, aber auch als Wohnort genießen. Stundenlanges Fahren zum Arbeitsort bleibt mir erspart, hinzu kommt, dass mein Arbeitsort einem Paradies gleicht! Eine große Herausforderung stellt allerdings das Wetter dar! Dauerregen bedeutet endloses Putzen, ein Hitzesommer sehr frühe Spaziergänge und unzähliges Badengehen. Auch die Leinenpflicht in der Setzzeit (Brut- und Setzzeit der Wildtiere) kostet mich einiges, denn die Spaziergänge sind während vier Monaten auf nur ein paar Routen begrenzt. Da fällt einem schon manchmal die Decke auf den Kopf ... . Wenn ich krank bin, muss ich trotzdem strammstehen, denn die Pelznasen wollen alle wie üblich versorgt werden! Einladungen am Abend muss ich verschmähen, dafür lade ich gerne Freunde zu mir nach Hause ein. Die ganze Verantwortung lastet auf meinen Schultern ... dafür ernte ich aber auch das ganze Lob für mich allein.

Nur mit größter Disziplin ist das Tagespensum zu bewältigen, kleinste Störungen, die die Tagesplanung durcheinanderbringen, bedeuten einen kniffligen Seiltanz, um die Balance – auch im Rudel! – nicht zu verlieren. Ohne Angestellte jongliert man regelrecht mit den täglichen Aufgaben, dafür setzen mich keine Lohnzahlungen unter finanziellen Druck. Und: Es dürfen auch mal weniger Hundegäste oder Hundeschulbesucher kommen, ohne dass mich gleich die Kosten verschlingen, besonders wenn der Umsatz unter der Mehrwertsteuergrenze bleibt.«

4. Was ist ein typischer Glücksmoment, den du immer wieder in deinem Unternehmen erlebst?

»Zufriedene Hundis, die immer wieder freudig ins hhh zurückkehren: ihr Lachen, ihre Entspanntheit, ihr Aufblühen.«

5. Würdest du dein Unternehmen wieder genau so gründen oder etwas anders machen?

»Ich würde alles genau gleich machen, denn: I did it MY WAY! Ob dies allerdings nochmals möglich wäre, ist fraglich: Die zunehmenden Reglementierungen verpassen einem regelrechte Handschellen ... . Und ob mir nochmals so viel Glück zuteilwerden würde ... ?«

https://www.hundihotel.ch/

Dass sich aus dem eigenen Business etwas Neues, anderes ergeben kann, das wirst du mit deiner Geschäftsidee vielleicht auch erleben, denn als Tiny Startupper bist du im Fluss, nimmst neue Ideen auf, musst respektive darfst dich Veränderungen dynamisch anpassen. So war es auch bei Katrin Rösemeier. Besuchsdienste mit Hunden in Altersheimen und die Arbeit als Dogwalkerin machten sie für ihr Full-Service-Angebot BlueBello© mein Partnerhund auf Zeit sensibel.[136] Hier geht es nicht um das stundenweise Ausleihen von Hunden für Spaziergänge, wie es bereits Tierheime anbieten. Bei diesem Konzept, das sich an ältere Personen richtet, verbleiben die Vierbeiner bei den vermittelten Personen, als wäre es der eigene Hund. Aber BlueBello© bleibt »Eigentümerin«, kümmert sich um alles, von der Gesundheitsversorgung des Hundes über die Futterlieferung bis hin zur Übernahme des Tieres bei Krankenhausaufenthalt, Ferienabwesenheit und im Todesfall der Senioren. Mehr dazu unter https://www.bluebello.de/.

Waschen, schneiden, föhnen

Wer bei den Hunden eher Sauberkeit und Pflege im Auge hat, der kann sich vielleicht für ein Tiny Start-up als Dog-Groomer/-Washer begeistern. In den USA und Australien gibt es bereits seit Jahren mobile, voll ausgestattete Hundesalons wie zum Beispiel The Pooch Mobile Dog Wash and Grooming[137] und Blue Wheelers[138]. Solcherlei Konzepte werden dort meist als Franchise- oder Lizenzmodell angeboten, um gute Konditionen für die ausgestatteten Fahrzeuge anzubieten und um Ausbildung wie Erfahrungswissen teilen zu können. Aber natürlich gibt es auch stationäre Möglichkeiten mit »Hundewaschanlagen«. Mit dem Ziel, die beste Hundewaschanlage der Welt zu bauen, gründeten drei enthusiastische Hundeliebhaber und hervorragende Techniker mit Marktkenntnis, wie sie sich selbst nennen, 2015 ein Tiny Start-up in Bad Kissingen/Deutschland.[139] Mit diesen zum Teil sehr futuristisch anmutenden Grundausstattung[140] für Hundeservices lassen sich sowohl voll- wie nebenberufliche Existenzen gründen.

»Pet-Grooming is booming«[141], so titelte die *Global Pets Community* und beeindruckt mit Zahlen von Hunde- und Katzenbesitzern in den USA. 90 Millionen Hunden und gut 94 Millionen Katzen werden diesen zugesprochen. In der EU liegt die Gesamtzahl der Katzen und Hunde bei rund 141 Millionen Tieren. Auch hier liegen die Katzen mit 75,3 Millionen gegenüber den Hunden mit 65,5 Millionen vorne. So wundert es auch nicht, dass immer mehr Existenzgründer*innen mit Cat-Grooming-Services an den Start gehen und vor allem eine professionelle Fellpflege anbieten. Eine davon ist Helena Schmid Camenisch, Katzenfriseurmeisterin CFMG (Certified Feline Master Groomer), die sich mit ihrem Salon Katzenbaden, jetzt »Catmosphere«, selbstständig gemacht hat und eine Rundumpflege für Katzen anbietet.[142] Dass Katzen ein Bad durchaus angenehm finden, war für uns aus eigener Erfahrung mit Katzen absolut neu, aber spannend nachvollziehbar.

Von Katzen und Eseln

Eine vollkommen andere Idee hatte Thomas Leidner mit seinem Café Katzentempel, das er 2014 in München eröffnete.[143] Den Anstoß für seine Geschäftsidee bekam er in Wien, dort lernte er das erste Katzen-Café Europas kennen und lieben. In Japan gibt es derartige Cafés, in denen die Besucher die Gesellschaft von frei laufenden Katzen nebst Kaffee und Kuchen genießen können, sehr häufig.[144] Liegt es doch vor allem daran, dass Japaner*innen in meist kleinen Wohnungen leben, in denen es nicht möglich oder nicht erlaubt ist, Haustiere zu halten. In Deutschland ist diese Idee mittlerweile ebenfalls populär geworden. Nicht zuletzt durch Thomas Leidner, dem ehemaligen Investmentbanker, der etwas machen wollte, hinter dem er ethisch steht, das aber ebenso ökonomisch ist. Um das zu erreichen, hat er eigene Standards aufgesetzt. Das Tierwohl steht bei ihm an erster Stelle, das zeigt sich in seinem Angebot an leckeren veganen und vegetarischen Speisen. Die Katzen, die durch das Café streifen, kommen aus dem Tierheim. Die ökonomische Seite lebt er nicht nur in seinen eigenen Cafés. Seine weitreichenden Erfahrungen betreffend Genehmigungen und Aufbau eines Katzentempels stellt er auch per Lizenz zur Verfügung – so gibt es derzeit bereits vier Standorte in Deutschland.

Das Spektrum an Tieren zum Streicheln lässt sich erweitern. Und zwar nicht nur um Kaninchen, Lamas, Esel und Kängurus wie in Rolf's Streichelzoo e.V. in Köln.[145] Auch die pädagogischen Möglichkeiten sind vielseitig. Holger Peters bietet dort unter dem Namen Tierzeit Köln sogenannte tiergestützte Pädagogik an. Diese spezielle Fachrichtung ermöglicht ihm, unter anderem bei Kindern und Jugendlichen mit körperlichen und geistigen Beeinträchtigungen, Empathie und einen respektvollen Umgang mit Mensch und Tier aufzubauen. Um das professionell zu betreiben, hat er ein Studium als Förderschullehrer absolviert.[146] Das Erlebnis- und Lernprogramm richtet sich an Schulen, Kindergärten und Familien. Den

Hang zum Humor beweisen die Betreiber von Rolf's Streichelzoo übrigens, in dem sie ihre beiden Minischweine Schnitzel und Trüffel nennen.

Das Leben ist (k)ein Ponyhof

Im »tierischen« Bereich lassen sich noch weitere Ideen ausmachen, die aber häufig auch eine länger währende Ausbildung erfordern, wie zum Beispiel im Bereich der pferdegestützten Therapie – eine spezialisierte Form zu Holger Peters Tierzeit Köln. Ein beeindruckendes Beispiel ist Marina Susan Parris, die sich ihren Kindheitstraum erfüllt hat und mit ihrem Tiny (nicht mehr Start-up, aber »Follow-up«) seit 2007 behauptet. Bevor sie sich allerdings auf ihren Traum von damals besann, lagen nach 30 Jahren in Kalifornien inklusive Studium 1993 der Umzug in die Schweiz, Projektarbeiten und Change-Process-Begleitungen in großen Firmen dazwischen. Sie hat »von der Pike auf« den Umgang mit Pferden auf verschiedenen Ranches in den USA und in Frankreich gelernt. Mit einer Weiterbildung zur Pferdeverhaltenstherapeutin und vielen weiteren Stationen und Begegnungen mit anderen »Pferde-Experten« ist sie anfangs nebenberuflich mit 20.000 Schweizer Franken gestartet, um Persönlichkeitsentwicklung, Führungsseminare und mehr über die intuitive Verbindung mit Pferden zu bieten.

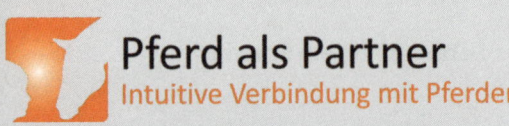

Pferd als Partner
Intuitive Verbindung mit Pferden

Marina Susan Parris, Pferd als Partner GmbH, Zug

»GLÜCKSMOMENT« Pferd als Partner GmbH © Foto: Yvonne Bollhalder, www.fotobollhalder.ch

1. Warum hast du dein Unternehmen gegründet?

»Meine dreijährige Umschulung zum Pferde-Expertin fand im Ausland (USA, Frankreich) statt, wo es viel Platz gab und Pferde dadurch ein artgerechtes Leben genießen konnten. Erst als ich zurück in die Schweiz kam, die so wenig Land hat, realisierte ich, wie viele Probleme mit Pferden hausgemacht waren, weil einfach die Haltung/Fütterung für das Pferd nicht artgerecht war und der Mensch die Essenz vom Pferd nicht wirklich verstanden hatte oder er sie nicht verstehen wollte. Gleichzeitig bemerkte ich den positiven Einfluss von Pferden in meinem Leben, unter anderem auch als Spiegel in meinem Leben. Ich wollte meine Erfahrung, Erkenntnisse und Ausbildung mit Pferden zum Wohl der Tiere konkret einsetzen. Über den Reitunterricht mit dem Menschen konnte ich das Wohlbefinden von Pferden positiv beeinflussen und über die Persönlichkeitsentwicklung mit Pferden konnte ich die Lebensqualität von Menschen positiv beeinflussen.«

2. Was war der Auslöser für deine Geschäftsidee?

»Ich arbeitete einen Monat auf einem Hof, welcher das heilpädagogische Reiten anbot. Dort wurde der Samen für alles Weitere gesetzt. Es waren zwei besondere Erfahrungen mit Kindern, die als Auslöser dienten. Einerseits war es ein junges Mädchen im Rollstuhl. Man konnte mit ihr ans Pferd und sie putzte den Bauch mit hektischen Bewegungen. Dazu gab sie immer wieder Äußerungen von sich, und trotzdem stand das Pferd in aller Ruhe da und machte keinen Schritt, was es sonst bei einem Menschen ohne Beeinträchtigung beim gleichen Verhalten machen würde. Das Pferd wusste genau, wie es mit diesem Mädchen umgehen sollte, und passte sich dementsprechend an. Dort erkannte ich, wie Pferde den Menschen spiegelten und sie dadurch ihr Verhalten bei jedem Menschen anpassten. Zweitens half ich mit bei einem Jungen, der zum Reiten kam [und ebenfalls im Rollstoll saß, Anm. d. Red]. Er saß auf dem Pferd wie ein König und strahlte mit jedem Schritt, den das Pferd machte, als wir es auf dem Reitplatz herumführten. Als er auf dem Pferd war, schauten Leute hoch zu ihm statt nach unten wie im Alltag im Rollstuhl. Anhand dieser Erfahrung merkte ich einfach, dass Pferde durch ihr Wesen und ihre hohe Sensibilität für den Menschen tolle Begleiter und Lehrer waren. Somit begann ich eine dreijährige Ausbildung mit Pferden, um sie noch besser zu verstehen und so viel wie möglich von ihnen und über sie zu lernen. Das war der Anfang meines Lebenswegs mit Pferden, der sich heute immer noch weiterentwickelt.«

3. Wie erlebst du dein Kleinst-/Kleinunternehmertum? Worin liegen die größten Chancen, worin die größten Herausforderungen?

»›Arbeit ist sichtbar gemachte Liebe‹ (Khalil Gibran). Ich erlebe es als Geschenk, dass ich diese Arbeit ausführen darf, die mir sehr am Herzen liegt. Darin liegen auch die größten Chancen für mich: Erfüllung, Selbstbestimmung und persönliche Entwicklung. Die Arbeit erfüllt mich, weil ich liebe, was ich mache, und weil ich damit bei anderen Menschen etwas bewegen kann. Selbstbestimmung – klar, Arbeit muss überall gemacht werden, aber ich bestimme, wie und wann sie ausgeführt wird.

Ich muss nicht auf jemanden warten, der gerade keine Zeit hat oder der das Okay vom Vorgesetzten einholen muss. Bei gutem Wetter kann ich zwischendrin mal am Nachmittag draußen sein und am Abend die Büroarbeiten erledigen. Im Nachhinein merke ich, wie mein Geschäft meine persönliche Entwicklung immer wieder spiegelte. Wie oft musste ich über den eigenen Schatten springen, um vorwärtszukommen – das Telefon in die Hand nehmen, um neue Kunden zu akquirieren, Preisverhandlungen durchzuführen, und nebst dem Einzelcoaching auch Workshops anbieten. Einzelcoachings waren einfach, und doch wollte ich diese Möglichkeit in Unternehmen bringen, welche diese Art von Weiterbildung nicht kannten und demgegenüber skeptisch waren. Ich musste einerseits lernen, wie ich die Arbeit mit Pferden Unternehmen näherbringen kann und wie ich selber Gruppen-Workshops organisieren und leiten könnte. Das ging alles dank der Begleitung von einer sehr guten Freundin, die mich hier mit ihrer Erfahrung Schritt für Schritt begleitete. Diese Chancen sind zum Teil auch mit den größten Herausforderungen verbunden. Ich merkte auch schnell: Wenn man etwas aus dem Herzen anbietet, das es auf dem Markt noch nicht groß gibt, ist es eine große Herausforderung, diese Dienstleistung bekannt zu machen. Ich leistete in dem Sinne Pionierarbeit. Ich verkaufte nicht den neuesten Laptop oder eine Technologie, der alle gleich hinterherspringen. Sondern ich verkaufte etwas Besonderes, das der Mensch dringend braucht, aber für das er oft innerlich nicht bereit ist, weil er sich reflektieren muss. Und dazu kam das Element Pferd, was bei vielen Leuten heute noch Respekt beziehungsweise Angst auslöst. Obwohl das Pferd mein USP war, forderte es mich, viele persönliche Gespräche zu suchen, Aufklärungsarbeit zu machen, Schnupperstunden anzubieten und so weiter. Zusätzliche Herausforderungen entstanden durch den Umstand, dass ich Expertin in meinem Bereich für Pferd und Mensch war und mir neue Fähigkeiten und Know-how für alle anderen Bereiche aneignen musste. Know-how, was in Großunternehmen in x Abteilungen vorhanden ist. Zum Beispiel Kenntnisse zu Marketing, IT und Finanzen habe ich mir angeeignet oder Menschen gefunden, die mich da gut unterstützen konnten. Da ich als Start-up auf die Kosten schaute, versuchte ich in erster Linie, vieles selber zu machen, um die Ausgaben möglichst tief zu halten. Was IT angeht, lernte ich schnell, dass ich nicht einfach die IT-Abteilung oder einen Arbeitskollegen anrufen konnte, wenn etwas nicht ging. Das Gleiche galt für die Verwaltung der Homepage. Das habe ich mir alles selber beigebracht, weil jede IT-/Marketing-/Finanzberatung auch Geld kostet.«

4. Was ist ein typischer Glücksmoment, den du immer wieder in deinem Unternehmen erlebst?

»Ich erlebe immer wieder Momente, in denen ich das Herz von Menschen berühren darf. Die damit verbundenen Emotionen von Kunden, ob Freude oder Traurigkeit, spielen keine Rolle. Es sind oft Momente, in denen der Mensch eine tief greifende Selbsterkenntnis erlebt. Bei einer Führübung mit dem Pferd sagte ich einer Frau, sie sollte einfach ihre Schultern etwas nach hinten tun, um selbstbestimmter aufzutreten. Das machte sie, und ich fragte, wie es sich anfühlte. Sie sagte: ›Befreiend.‹ Ich fragte: ›Wann haben Sie das Gefühl zum letzten Mal gespürt?‹ Sie sagte, vor neun Jahren, und fing an zu weinen und merkte, wie fest sie unter ihrem Familienkonflikt gelitten hatte. Auch gab es bei Führungsseminaren den Moment, wo eine Teilnehmerin merkte, dass sie nicht weiterhin in einer Führungsrolle sein wollte. Es stresste sie auf Dauer, war einfach zu viel und bereitete ihr keine Freude. In solchen Momenten komme ich an die wahre Essenz eines Menschen. Beim Reitunterricht für Kinder komme ich öfters an Glücksmomente, weil Kinder nicht so kopflastig sind wie Erwachsene. Kinder strahlen einfach, wenn sie Freude haben.«

5. Würdest du dein Unternehmen wieder genau so gründen oder etwas anders machen?

»An der Geschäftsidee würde ich nichts ändern. Es sind drei Bereiche, die ich etwas anders machen würde. Erstens würde ich von Anfang an mehr im Bereich Marketing machen beziehungsweise mehr investieren, vom Start aus wissen, wer genau meine Kunden sind für jede Dienstleistung und wo und wie ich diese erreiche. Die beste Idee nutzt nichts, wenn niemand etwas davon weiß. Dazu würde ich junge Unternehmen engagieren, die mit den neuen Technologien und Möglichkeiten im Marketing vertraut sind. Zweitens würde ich mich von Anfang an mit anderen Unternehmern vernetzen. Da die Leute im Freundeskreis meistens angestellt sind, braucht man ein zweites Netzwerk von Personen, die selbstständig sind. Dort kann man sich austauschen, man versteht den anderen und merkt, dass man nicht alleine mit den Gefühlen und Herausforderungen ist, die man während des Geschäftsaufbaus und nachher in der Geschäftsführung erlebt. Diese Netzwerkmöglichkeiten (persönlich oder virtuell) waren vor zwölf Jahren in dem Ausmaß wie heute noch nicht vorhanden. Das Dritte, was ich anders machen würde, ist, die Work-Life-Balance besser einzuhalten und vermehrt auf kleinere Pausen zwischendrin zu achten, statt zu warten, bis die Batterien am Ende des Jahres leer sind, um erst dann wieder aufzutanken.«[147]

Wer wem hilft, ist im »Pferde-Business« nicht trennscharf. Denn bei scheinbar schwierigen Pferden haben meist die Halter*innen ein Problem. Davon erzählt auch das Beispiel von Sandra Schneider, die 2012 als Pferdeprofi bei VOX zu sehen war. 2018 ist sie mit ihrer eigenen Akademie in der Nordeifel gestartet, mit der sie ein Netzwerk aus Pferdetrainern aufbauen will, die gewaltfrei und nach wissenschaftlichen Erkenntnissen Pferde trainieren und damit auch den Menschen helfen.[148]

Junge Pferdefachleute machen sich vermehrt selbstständig, verkündete der Schweizer Pferdeverband 2017 in einem Blogartikel.[149] Aurelia Bibes ist eine davon, die sich den Traum vom eigenen Reitstall erfüllte. Dafür hatte sie freiberuflich als Reitlehrerin gearbeitet und nebenberuflich im Gastgewerbe, um sich eine finanzielle Basis aufzubauen. Sie spekulierte auf die Übernahme eines bestehenden Reitstalls, da es für sie anders nicht erschwinglich war. Sie hatte Glück und konnte einen älteren Reitbetrieb mit Ausbaumöglichkeiten pachten. Die Jahre des Ausbaus waren entbehrungsreich, da sie alles ohne Fremdkapital finanzierte.[150] Seit 2016 führt sie nun einen Pensionsstall und einen Ponyhof, der sich mit Kinderkursen, Ferienlagern und ganzheitlichen Reitstunden etabliert hat.[151]

Es ist angerichtet!

Basel im November 2018; die Nominierten für die drei Swiss Student Sustainability Awards warten gespannt auf die Preisverleihung und wir fiebern mit, hatten wir uns doch bei den Präsentationen schon ein eigenes »Gewinner*innen-Bild« gemacht. Der Wettbewerb Swiss Sustainability Challenge der FHNW (Fachhochschule Nordwestschweiz) findet zum zweiten Mal statt. Die Aufgabe der teilnehmenden Studierenden ist, sich mit ihren Projekten gesellschaftsrelevanten Anliegen aus verschiedenen Bereichen der Nachhaltigkeit anzunehmen. So auch Isabelle Hofmänner, die auf die Idee des nachhaltigen Hunde- und Katzenfutters kam. Sie selbst hatte vor einem Jahr einen Hund aus dem Tierheim adoptiert. Bei der Frage nach einem ethisch und gesundheitlich vertretbaren Futter fand sie keine adäquate Lösung. So gipfelte ihre Idee in der »Tschiri-Wurst«, einer Rohfleischwurst, deren Inhaltsstoffe aus der Schweiz sowie Demeter- und/oder Bio-Suisse-zertifiziert sind.[152] Für dieses Angebot, das seither online wie offline vertrieben wird, bekam sie einen Swiss Student Sustainability Award.[153]

»GLÜCKSMOMENT« Insektenfood, essento, Zürich © Bellone Franchise Consulting GmbH

Insekten als Nahrungsmittel sind nicht nur im Trend, sondern seit Anfang 2018 in der EU auch ganz regulär in Supermarktketten im Verkauf und in Restaurants auf der Speisekarte. Für Letzteres sorgt unter anderem die Bugfoundation, die wir bereits 2015 im Rahmen unserer Greenfranchising-Initiative interviewten.[154] Das schweizerische Start-up Essento, 2014 gegründet, geht progressiver mit dem Verzehr von Insekten um und zeigt sie in voller Schönheit. Wir hatten uns beim Swiss-Marketing-Event in Zürich allerdings doch für die »anonymisierten« Insektenhäppchen entschieden. Interessante Rezepte und viel Spannendes über die Vorteile von Insektenfood gibt es auf deren Homepage https://essento.ch/.

Gezüchtete Insekten sind aber nicht nur für uns eine schmackhafte Alternative, sondern auch für Hunde. Das hat Ofrieda, ein Start-up aus Duisburg, realisiert und bietet mit »Alleskönner« und »Patentrezept« bislang zwei proteinreiche Vollwertnahrungen an.[155] Laut *StartupValley.news* soll das Sortiment um weitere Leckerli für Hunde und auch Katzen ausgebaut werden.[156] Das Start-up wurde von Felix Bierholz unter dem Namen Futterzeit 2017 gegründet und 2019 in Ofrieda umbenannt. Der Grund für das Rebranding war die anfängliche Konzentration auf die Produktentwicklung, die die Markenführung erst einmal hintanstellte. Mit Futterzeit war anfänglich ein Name gefunden, der zwar beschreibt, worum es wirklich geht, der aber nicht rechtlich schützbar war. Das ist übrigens eine typische Problematik vieler Neuunternehmen, die bei der Namensgebung oft mit der beschreibenden Tätigkeit oder dem Produktnutzen firmieren und dabei den nachhaltigen Markenschutz außer Acht lassen. Näheres hierzu im letzten Kapitel unter »XIII. Protection«. Das Rebranding auf Ofrieda kam durch die offene Kommunikation und eine professionelle IT erfolgreich an.[157]

Final Tiny-Start-up-Tipps:

Tierisch gut

➤ Souveränität und Durchsetzungsvermögen solltest du mitbringen, denn Tiere merken intuitiv, ob du mit ihnen umgehen kannst (oder ob sie mit dir umgehen!).

➤ Insbesondere bei Dogwalkern oder anderen Services, die in freier Natur stattfinden, ist eine gewisse körperliche Fitness wichtig, und du solltest »wetterfest« sein.

➤ Wenn du mit Tieren arbeitest, und selbst wenn du alle erforderlichen Genehmigungen hast und das Tierwohl wahrnimmst, musst du dennoch damit rechnen, dass du polarisierst und Gegner respektive Tierschützer auf den Plan rufst. Darauf solltest du dich argumentativ und mental vorbereiten.

➤ Eine entsprechende Haftpflichtversicherung, die mögliche Gefahren und Risiken abdeckt, musst du abschließen (siehe auch »XIII. Welchen Schutz brauchst du? (Protection)« im letzten Kapitel).

➤ Aus- und Weiterbildungstipps zur Arbeit mit Hunden im DACH-Raum: https://hundesitter.de/dogwalker-ausbildung/; https://www.skg.ch/ausbildung-zum-dogsitter-dogwalker-; https://www.sztvt.at/dogsitter-dogwalker.

➤ Hundetrainer, Hundefriseur und Groomer-Schulen: https://www.hundefriseur.net/; https://kynologie.ch/; https://www.profi-cut.at/; https://nationalcatgroomers.com/.

➤ Internationale Geschäftsideen mit Hunden und Katzen als Haustiere: https://startupregionowl.de/30-hunde-katzen-und-haustier-startups-aus-aller-welt/ und https://www.businessinsider.com/pet-startups-barkbox-embark-petplate?r=US&IR=T.

➤ Aus- und Weiterbildungstipps zur Arbeit mit Pferden im DACH-Raum: https://www.ipth.de/; https://pt-ch.ch/ und https://www.sanaanimal.at/.

Und hier noch ein paar ungewöhnliche Businessideen mit Tieren: https://smallbiztrends.com/2016/01/unusual-pet-business-ideas.html.

2.5 FRÜH ÜBT SICH

Vor vielen Jahren, im vorigen Jahrhundert, studierten wir Gesellschafts- und Wirtschaftskommunikation an der Hochschule der Künste in Berlin. Das war zu einer Zeit, als der Elektronikhändler Gravis vom Ernst-Reuter-Platz noch direkte persönliche Kontakte zu Apple in Kalifornien unterhielt und ein Apple-Computer noch einige Tausend D-Mark kostete. Unser Fachbereich hatte seine zentralen Räumlichkeiten am Einsteinufer gegenüber der Fachschule für

Optik und Fototechnik. Heute hat sich die HdK zur Universität der Künste Berlin gemausert. Ihr gegenüber befindet sich nunmehr das international bekannte JIB, das Jazz Institut Berlin. Und auch Gravis ist nicht mehr alleiniger Vorreiter im Vertrieb von Apple-Produkten in Berlin, sondern hat einige Konkurrenz bekommen, wie unter anderem den Apple Store am Kurfürstendamm.

Eines unserer damaligen Kursangebote war sehr innovativ, spannend und beliebt. Es ging um computergesteuerte Unternehmensplanspiele. Wir traten virtuell mit unterschiedlichen Unternehmensgründungen gegeneinander an. Jeder hatte die gleiche Ausgangsbasis. Gewonnen hatte das Team, das am Ende wirtschaftlich am besten dastand. Übrigens, Computer gab es damals an der Hochschule dafür nicht. Der Dozent nahm unsere Anweisungen jedes Mal schriftlich mit, gab sie in seinen Firmencomputer ein und brachte zum nächsten Termin die Folgen unserer Entscheidungen als Computerausdrucke zurück. Mehr als eine grundsätzliche Sensibilisierung für wirtschaftliche Zusammenhänge konnte dieser Kurs dann auch nicht leisten. Doch Spaß hatte er gemacht und Spuren hat er bei uns beiden hinterlassen. Umso erfreulicher ist es, dass heute bereits viel früher, an Schulen, Unternehmensplanspiele geübt werden und Unternehmensgründungen möglich sind. Zumal auch die Bedingungen dafür sehr viel realitätsnäher sind. Und manche Early Tiny Startupper schaffen es bereits in der Schule, ihrem Unternehmen die richtige Basis für eine nachhaltige Existenz zu verschaffen.

Mit Technologien und Consumer Insights punkten

Wie nutzt man eigentlich neue Technologien für ein Start-up? Das mag sich wohl die aus 16 Schüler*innen bestehende Projektgruppe des Sozialkunde-Leistungskurses des Albert-Schweitzer-Gymnasiums in Kaiserslautern gefragt haben. Überliefert ist, dass sie den Trend der Digitalisierung wahrnehmen wollten und das

Schüler*innen-Unternehmen REVELC zum Bau und Vertrieb von »Smartmirrors« ins Leben gerufen haben. Ihre Gründungsidee basierte auf Consumer Insights, dass Menschen täglich fast 30 Minuten vor einem Spiegel stehen. Sie wollten diese Zeit zusätzlich sinnvoll nutzen, indem vielfältige Informationen in den Spiegel eingeblendet werden, wie Wetter- und Verkehrsvorhersagen, Nachrichten und E-Mails. Da sie sich auf Business-to-Business-Kunden konzentrieren wollten, war es zudem besonders wichtig, dass zusätzlich Werbung eingeblendet werden konnte. Den Rahmen zu den Start-up-Aktivitäten bildete das JUNIOR-Programm des Instituts der deutschen Wirtschaft Köln, über das auch die Finanzen geprüft und die Steuern an die IW JUNIOR GmbH abgeführt werden. REVELC belegte den zweiten Platz im deutschen Bundesschülerfirmen-Contest 2018 und stellte sein B2B-Produkt auf der Cebit in Hannover vor.[158] Dort knüpften die Early Tiny Startupper nationale und internationale Kontakte und generierten Anfragen nach ihren »Smartmirrors«. Einige ihrer intelligenten Spiegel verkauften sie bereits. Ob es mit dem Unternehmen nach der Schule weitergeht, konnten wir bisher nicht herausfinden. Die Konkurrenz auf dem Technologiemarkt ist allerdings enorm. Es gibt internationale Big Player. Zudem publizieren immer mehr Anbieter*innen Open-Source-Lösungen.

Tiny-Start-up-Tipps:

Smartmirrors für Heimwerker*innen

Wie man sich einen intelligenten Spiegel selber bauen kann, zeigen eine Vielzahl von Anleitungen und Videos auf YouTube. Wir haben dir hier einige interessante ausgewählt. Viel Spaß beim Anschauen und Nachbauen:

glancr® & mirr.OS®:[159] Der Inhaber Tobias Danker hat es sich mit seinem Berliner Unternehmen zum Ziel gesetzt, die Idee des Smartmirrors allen zugänglich zu machen, nicht nur engagierten Bastler*innen und Programmierer*innen.

Für Liebhaber der englischen Sprache:

Anleitung, wie man einen ALEXA Smart Mirror baut.[160]

Hier findest du die sechs (angeblich) besten »Raspberry Pi Smart Magic Mirror«[161].

Und hier noch MagicMirror^2, eine Open-Source-Modular-Smart-Mirror-Platform.[162]

Die eigenen Erfahrungen optimal nutzen

Hast du auch schon von den Lehrern und Lehrerinnen gehört, die sich beklagen, dass ihnen die Schüler*innen im Unterricht nicht mehr zuhören? Dass sie stattdessen immer unter dem Tisch auf ihren Handys herumtippen? Nun, beklagen bringt Tiny Startupper nicht wirklich weiter. Das scheint sich auch der damalige Schüler Rubin Lind aus Hamm gedacht zu haben, als er 2016[163] mit Skills-4School[164] online ging. Dabei handelt es sich um eine Lernplattform und App für Schüler*innen. Sie setzt auf Digitalisierung, Relevanz, spielerische Anreize, die motivieren, und ein zielführendes Vorgehen. Der Unterrichtsstoff wird damit digital wiedergegeben, was den Schüler*innen wohl grundsätzlich entgegenkommt. Lehrende haben zusätzlich die Möglichkeit, auf Buchinhalte und den Lernfortschritt einzuwirken. 2017 gewann Skills4School den START UP TEENS Businessplan Wettbewerb[165]. Seit seinem 18. Lebensjahr[166] hat der junge Sozialunternehmer Rubin Lind nun sein Abitur in der Tasche und ist voll geschäftsfähiger Gründer und CEO. Positiv weist er immer wieder auf die Beratung und Unterstützung der Stadt Hamm und der dortigen Wirtschaftsförderung[167] hin. Die Nutzer*innen-Zahl seines Angebotes beläuft sich laut Homepage auf 15 000 plus. Für 2022 plant er, »der europäische Marktführer für E-Learning-Software zu sein«.

Tiny-Start-up-Tipp:

Förderung von Start-ups an Schulen

Die JUNIOR gGmbH[168] des Instituts der deutschen Wirtschaft Köln hat sich zur Aufgabe gemacht, Schüler*innen und Jugendlichen die komplexen

Themen Wirtschaft und Unternehmensgründung realitätsnah zugänglich zu machen – über »Schülerfirmen«. Die gemeinnützige und parteipolitisch neutrale Gesellschaft fördert seit 1994 die Start-up-Mentalität an deutschen Schulen. Dafür bietet sie zurzeit die vier Programme »JUNIOR primo«, »JUNIOR basic«, »JUNIOR advanced« und »JUNIOR expert« an, die sich in ihrer Komplexität unterscheiden und an unterschiedliche Altersstufen richten. Die in Deutschland bundesweiten JUNIOR-Programme ermöglichen es Schüler*innen so, ihr eigenes Start-up in der Schule zu gründen. Hier findest du ein informatives YouTube-Video dazu: https://www.youtube.com/watch?v=Up5HTMDAC34. Das JUNIOR-Team unterstützt und begleitet die Schülerfirmen per Telefon durch Workshops und ein interaktives Onlineportal sowie Materialien. Dadurch lernen die Schüler*innen praxisnahe Fähigkeiten wie Marketing, Finanzen und Personalführung, aber auch Kompetenzen wie Teamfähigkeit, Selbstständigkeit, Kommunikationsstärke, Verantwortungsbewusstsein und Zuverlässigkeit. Somit wird sowohl die Sozialkompetenz als auch das wirtschaftliche Wissen der Schüler*innen an den Schulen verbessert. Deutschlandweit wird JUNIOR durch das Bundesministerium für Wirtschaft, das Institut der deutschen Wirtschaft, Gesamtmetall (Die Arbeitsverbände der Metall- und Elektroindustrie), die AXA, die Deloitte-Stiftung, AT&T sowie die Citigroup unterstützt. Weitere Landesförderer sowie Förderer und Kooperationspartner findest du unter diesem Link: https://www.junior-programme.de/de/ueber-uns/unsere-foerderer/.

Ein Early Tiny Start-up für Frieden und Diplomatie

Falls du schon das eine oder andere Buch von uns gelesen hast, weißt du sicherlich, dass wir Freude an zweckorientierten Unternehmen haben. Diese sogenannten »Purpose driven companies« sind oft junge Start-ups, die etwas Positives für die Umwelt, die Bildung, die Gesundheit oder Kultur tun wollen. Natürlich sind wir als Autoren besonders interessiert, wenn es ums Schreiben oder um Schreibgeräte geht. Nun möchte ein Schüler*innen-Start-up »mit dem Schönen die Aufmerksamkeit auf das Wichtige« lenken, wobei das Wichtige im Slogan »Let words be your bullet« zusammengefasst wird. Es geht um gut designte Füller, die aus Patronenhülsen hergestellt werden. Sie sollen die Macht der Worte verdeutlichen sowie die ständige Möglichkeit, alles, was passiert, zum Positiven zu verändern. Und damit es nicht nur bei Worten bleibt, formulierten die Gründer*innen von Beginn an, dass 25 Prozent der Erlöse jedes Füllfederhalters an terre des hommes zu gehen habe. Das Early Tiny Start-up heißt Pacato[169] nach dem lateinischen Wort »pacator« für »Friedensstifter«. Es wurde in der Startphase 2016 von zwölf angehenden Abiturient*innen des politischen Profils der Gelehrtenschule des Johanneums in Hamburg (einem Gymnasium) als Schüler*innen-Unternehmen gegründet. Der Pacato-Füller wurde aus einer originalen Gewehrpatrone, meist von Förstern, gefertigt und veredelt. Damit handelt es sich um ein mehrdimensionales Social-Upcycling-Konzept, sowohl von der Bedeutung her als auch vom Materialstandpunkt. Die Verkaufspreise lagen bei 120 Euro pro Stück, inklusive Mehrwertsteuer und zuzüglich Versand. Griffstück und Schaft waren mit einem feinen Gewinde verbunden, sodass handelsübliche Tintenpatronen verwendet werden konnten. Es verwundert nicht, dass die Schüler*innen mit dem ersten Preis für »Bestes JUNIOR Unternehmen 2017« sowohl beim Landeswettbewerb in Hamburg als auch beim Bundeswettbewerb in Berlin ausgezeichnet wurden.[170] Die Stage-Präsentation auf dem JA Europe COYC (Europawettbewerb der besten Schülerfirmen Europas) findest du auf Facebook.[171] In einem lesenswerten Artikel geht Leopold Esser im Spiegel vom 22. Juli 2018 auf das Start-up ein. [172] Dabei berichtet er vom Startkapital und dem Finden eines Investors, vom Erstellen des ersten Prototypen sowie von der Freude der ersten Verkäufe. In der Zwischenzeit wurde die Schülerfirma 2017 aufgelöst, ein neuer Gesellschaftervertrag unterschrieben und Pacato beim Handelsregister als Unternehmergesellschaft eingetragen. Im Dezember 2018 realisierte Pacato einen Pop-up-Store in Hamburg-Eppendorf und im Februar 2019 konnte das Pacato-Angebot auf der größten internationalen Messe für Schreibwaren, der Paperworld in Frankfurt, ausgestellt werden. Pacato soll langfristig als Marke etabliert werden.

With a little help from granny

Was tun, wenn man den Drang hat, eine Webagentur zu gründen, einen aufgrund seines Alters der Gesetzgeber aber als vermindert geschäftsfähig betrachtet? Im Bereich der Schüler*innen-Unternehmen hilft da die JUNIOR gGmbH. Doch im normalen Leben? Michel Oeler, 15 Jahre alt, hat das mit seiner Oma gelöst und ist damit aktuell jüngster Gründer Deutschlands. So firmiert seine Agentur in Bodenwerder im Weserbergland unter dem Namen Creatica Design e. K. (e. K. für Eingetragener Kaufmann).[173] Rechtskräftige Geschäftsführerin ist Heidrun Oeler. Michel findet man eher auf LinkedIn als Founder & CEO oder auf Xing als President & CEO. Gegründet wurde die Agentur 2018. Laut *Spiegel* sind Umsatz und Gewinn im ersten Jahr noch überschaubar.[174]

Der Technologiemarkt ist schnelllebig

Wie schwer es mitunter sein kann, sich dauerhaft mit einer technologischen Idee selbstständig zu machen, musste jüngst ein damals 17-Jähriger Schüler aus Glückstadt erfahren, der eine Art universaler Fernbedienung plus Set-Top-Box entwickelte, die dem »Kabelsalat im heimischen Wohnzimmer«[175] der Eltern ein Ende bereiten sollte. VION nannte er sein Start-up, mit dem er schnell die Start-up-Szene begeisterte. Investoren unterstützten seine Idee mit drei Millionen Euro.[176] In der dreijährigen Entwicklungszeit, von der Idee bis zum fertigen Produkt, veränderte sich allerdings der Markt grundsätzlich. Smart-TVs und Streamingdienste bestimmten jetzt das Bild. Die anfänglich eingeschätzte Marktakzeptanz trat nicht wirklich ein. 2018 ging das Unternehmen in die Insolvenz. Doch laut hamburg-startups.net ist der Startupper bereits mit einem neuen Geschäftskonzept unter dem Firmennamen SEON von Hamburg aus im afrikanischen Kapstadt am Markt.[177] Diesmal ist die »Fernbedienung« nur noch ein unauffälliger Clip, der in Gefahrensituationen über die SEON App ein Sicherheitspersonal informiert und herbeiruft. Damit

ist das neue Start-up wieder im Technologiesektor tätig, erfüllt diesmal aber ein stärkeres weltweites Grundbedürfnis nach Sicherheit.
Mehr zum erfolgsbestimmenden Thema Bedürfnisse findest du in
unserem *Praxisbuch Dienstleistungsmarketing*[178], in dem wir unser
»Kundenbedürfnisplanetensystem« vorstellen. Ein deutschspra-
chiges Interview mit zehn Fragen an den Mitgründer und CEO von
SEON, Finn Plotz, erschien jüngst im deutschsprachigen Kapstadt-
magazin.de.[179] Etwas älter sind die englischsprachigen Artikel über
die marokkanische Mitgründerin Samia Haimoua und den »Weara-
ble Panic Button«.[180] Hier geht es, für mehr aktuelle Informationen,
zur Unternehmenswebsite: https://www.seon.co.za/.

Tiny-Start-up-Tipp:

Unternehmerische Erfahrungen sammeln

»Jugendlichen unternehmerisches Denken und Handeln vermitteln«,
das ist die Mission der STARTUP TEENS GmbH in Hamm.[181] Die sechs
Unternehmer*innen aus Baden-Württemberg, Berlin, Nordrhein-Westfalen
und Rheinland-Pfalz helfen mit ihrer Non-Profit-Gesellschaft deutschlandweit, Geschäftsideen kostenfrei umzusetzen. Ihre Tools sind Events, Online-
trainings, Mentoring und Businessplan-Wettbewerbe. Jungen und Mädchen
aller Schulformen sollen damit die Möglichkeit erhalten, unternehmerische
Erfahrungen zu sammeln. Dabei spielt es keine Rolle, ob sie später als
Entrepreneur*innen (klassisch: Gründer*innen und Inhaber*innen eines
Unternehmens) oder als Intrapreneur*innen (angestellte Mitarbeiter*innen
mit unternehmerischem Verhalten im Unternehmen) tätig werden. Wichtig ist den Initianten, eine unternehmerische Kultur und Denkweise unter
Deutschlands Jugend zu schaffen, die von Mut und Selbstvertrauen geprägt ist. Die Mission wird von 400 Unternehmer*innen sowie von großen
Unternehmen wie Daimler, Welt, Tengelmann, Commerzbank und Flixbus
unterstützt. Die Initiative erhielt zahllose Auszeichnungen (Deutschland
– Land der Ideen 2016, startsocial, Demografie Exzellenz Award 2016 sowie Gründer des Jahres 2018). Hörenswert ist die gezeichnete Videobot-
schaft von Philipp Lahm[182] und lesenswert der Bericht auf der Homepage
des Deutschlandfunk, in dem sowohl Rubin Lind, Gründer und CEO von
Skills4School, zu Wort kommt, als auch Hauke Schwiezer, Gründer und Geschäftsführer der STARTUP TEENS GmbH.[183] Zur Homepage geht es hier:
https://www.startupteens.de.

2.6 NEUES ENTSTEHT

Gesellschaftliche Bedürfnisse und Probleme waren schon immer ein fruchtbarer Boden für Start-ups. Doch Erfolg haben sie nur dann, wenn sie auch in der Lage sind, gezielt nutzvolle Lösungen zu entwickeln, in gleichbleibend guter Qualität zu multiplizieren und zu vermarkten. Das gilt insbesondere in der eher konservativen Baubranche. Der Bedarf nach innerstädtischem Wohnraum nimmt seit Jahren beständig zu. Aufgrund des Wohnungsmangels steigen die Kauf- und Mietpreise. Preiswerte Wohnungen sind in Großstädten echte Mangelware. Hiervon sind insbesondere Student*innen, einkommensschwache Bürger*innen und alte Menschen negativ betroffen. In Berlin wurde deshalb ein Mietendeckel beschlossen. Das allein wird nicht reichen. Alternative Ansätze sind gefragt. Findige Unternehmer*innen arbeiten seit Jahren daran, innovative Angebote zu entwickeln, die den Menschen nützen und die dabei helfen, die Lage auf dem Wohnungsmarkt zu entspannen. Einige Geschäftskonzepte möchten wir dir hier zur Inspiration vorstellen. Um diese Projekte und Unternehmen herum gibt es viele Chancen und Möglichkeiten für neue Tiny Start-ups.

Amsterdamer Containerdorf als Vorbild

Jörg Duske, Immobilienunternehmer aus Berlin-Zehlendorf, hatte vor Jahren in Amsterdam ein Studentendorf[184], bestehend aus 1000 Übersee-Containern, entdeckt.[185] Er machte diese Idee zu seinem Berliner Projekt und entwickelte FRANKIE & JOHNNY, ein Studentenwohnheim aus 20 Hochseecontainern am Rande Berlins, im Plänterwald. 2014 hatten wir die Gelegenheit, das Projekt zu besichtigen und die Begeisterung unter den interessierten studentischen Mieter*innen bei einer Containerbegehung mitzuerleben. Die fertig ausgebauten und miteinander über Treppen verbundenen Container wurden möbliert vermietet, 26 Quadratmeter für 389 Euro monatlich, inklusive Nebenkosten. n-tv[186] und die *Welt*[187] berichteten darüber. Auch Jörg Duske stellte sein Projekt mit dem Namen EBA51[188] sowie das Stapeln der Container[189] auf seinem YouTube-Kanal vor.

Anfang 2017 erwarb die kommunale Wohnungsbaugesellschaft Howoge die Einheiten vom einstigen Investor, um sie in ihren Bestand zu integrieren und weitere 260 Apartments zu errichten,[190] diesmal allerdings in Modulbauweise, wobei die Module im Werk auf Stahlrahmen montiert und vor Ort aufgebaut werden. Die Außenhülle bleibt, wie bei den Containern, wetterfester Cortenstahl mit der rostigen Oberfläche. Näheres über das Leben bei »Frankie, Johnny und Nelly« erfährst du direkt bei der Howoge.[191]

Spotlight:

McLean – Innovator, Seriengründer und Vater des Überseecontainers

Der große Erfolg war anfangs nicht zu erkennen, als der am 14. November 1913 in North Carolina/USA geborene Malcom Purcell McLean 1935 seinen Job als Tankwart aufgab und sich mit dem Ersparten seinen ersten Lkw kaufte. Mit den Geschwistern gründete er eine Spedition als Tiny Start-up. 1937 ärgerte er sich so sehr über die langen Wartezeiten, die beim Umlade der Waren vom Lkw auf ein Schiff entstanden, dass er beschloss, dafür eine Lösung zu finden. Doch erst 1955, als er seine Anteile an der Spedition für 25 Millionen US-Dollar verkaufte – zwischenzeitlich verfügte diese über fast 1800 Fahrzeuge – und für sieben Millionen US-Dollar eine kleine Reederei erwarb, kam er seinem Ziel näher. 1956 verließ das erste seiner innovativen Containerschiffe den Hafen von Newark/New Jersey, um seine neue Transportidee wie einen Virus weltweit zu verbreiten. 1960 verkaufte McLean seine Reederei an die R. J . Reynolds Tobacco Company, um in den Folgejahren, heute würde man sagen als »Serial Entrepreneur«, weitere Speditionsunternehmen zu gründen.[192] Die Angaben »20 Fuß lang, 8 Fuß breit und 8 Fuß plus 6 Zoll hoch« bleiben jedoch unwiderruflich mit Malcom Purcell McLean verbunden, hat er doch damit eine Revolution in der internationalen Transportlogistik ausgelöst. Seit einigen Jahren verbreitet sich die Container-Idee auch in der »Tiny-House-Gemeinde« oder besser, dem »Tiny House Movement«[193], über das der Neuseeländer Bryce Langston unter seinem Label »Living Big in a Tiny House« seit vielen Jahren regelmäßig auf seiner Homepage[194] berichtet. Dieser Bericht über ein Tiny-House-Container-Projekt auf YouTube[195] ist wirklich sehenswert!

Container als Upcycling-Rohmaterial

Überseecontainer haben es auch Steffen Tröger angetan. Er ist Geschäftsführer der BigBoxBerlin 15qm GmbH.[196] Sein 2015 gegründetes Start-up konzentriert sich auf das Design, die Konstruktion und Produktion hochwertiger Industrie-, Event-, Gastronomie-, Arbeits- und Wohnarchitektur aus Containern. Gebrauchte Schiffscontainer sind sein Upcycling-Rohmaterial. Der normale, das heißt weltweit am häufigsten zu findende, Schiffscontainer, auch »ISO-oder Standardcontainer« genannt, misst 20 Fuß (1 Fuß = 0,3048 Meter). Die internationale Bezeichnung lautet »TEU« (Twenty-foot Equivalent Unit). Die Grundfläche beträgt 2,44 Meter auf 6,06 Meter. Seecontainer gibt es in der Standardausführung »Dry Van« mit einer Höhe von 2,59 Metern sowie als »High Cube«-Variante mit einer Höhe von 2,89 Metern. BigBoxBerlin baut daraus mit seinem Team aus Developern, Ingenieuren und Handwerkern länderübergreifend Office-Box-Systeme, Messestände, Pop-up-Stores und Wohnwelten zur Aufstellung in der Innenstadt, auf dem flachen Land, im Gebirge oder am Meer. Seine Berliner Herkunft setzt das Start-up dabei in den auf Berlin bezogenen Produktnamen um. Diese lauten beispielsweise »Rehberge«, »Weberwiese«, »Jannowitzbrücke« oder »Zitadelle«.

Marktplatz für Überseecontainer

Vielleicht bist du in der Zwischenzeit auf den Geschmack gekommen und willst auch etwas mit Überseecontainern machen. Vielleicht brauchst du ein kompaktes und mobiles Büro, einen Verkaufsraum oder eine Werkstatt. Dann wird es für dich interessant sein, wo du Container dafür herbekommen kannst. 2014 ist die Plattform Containerbasis.de gestartet, um den Containerhandel in das digitale Zeitalter zu überführen. Interessierte Käufer*innen und Containerlieferanten sollen durch diese Plattform schneller und effizienter zusammenfinden. Seit 2015 sitzt das Team in der Hamburger Hafencity. Auf dem Marktplatz[197] kannst du dir den Container deiner Wahl aussuchen und ihn erwerben. Ein gut erhaltener 40-Fuß-Seecontainer wurde zum Beispiel bei unserem Check am 30. Juli 2019 für 4879 Euro brutto angeboten, ein 20-Fuß-Container für 3064 Euro.

Handwerklich hergestellte, nachhaltige und mobile Tiny Houses

Einen ganz anderen Ansatz haben die Gründer des norddeutschen Tiny Start-ups noordsk.studio, Leif Erik Boysen und Carl-Felix Lentz, gewählt. Die beiden Tischler (Geselle und Meister) arbeiten mit Holz und wollen mit nachhaltigen Tiny Houses einen ganz speziellen Markt erobern. Nachhaltige Rückzugsorte an schönen Standorten in der Natur wollen sie schaffen, die man mieten kann. Einen interessanten Bericht dazu gibt es auf der Homepage des Unternehmens WÜRTH.[198] Hier werden auch die Schlüsseleigenschaften des Teams für ein erfolgreiches Start-up genannt, nämlich: kreatives Denken, handwerkliches Geschick und wirtschaftliches Verständnis. Die 21 Quadratmeter großen Minihäuser werden über Onlineplattformen und Airbnb angeboten. Bei Interesse können sie auch gekauft werden. Auf einen sechs Meter langen Trailer gebaut und mit einem Gewicht von unter 3,5 Tonnen sind die Häuser mobil und problemlos an andere Standorte zu bewegen. noordsk.studio baut mit ihnen auf die Trends »Wohngesundheit«, »Nachhaltigkeit« und »Minimalismus« auf. Dass diese Begriffe tatsächlich rund um die Hausangebote mit Leben gefüllt werden, kannst du dir am besten auf der Homepage von noordsk.studio anschauen. Uns jedenfalls gefallen diese nordischen Sustainable Tiny Houses im minimalistischen Design sehr.[199]

Europas größtes Tiny House

TechTinyHouse, ein weiteres deutsches Start-up in der Tiny-House-Bewegung, hat sich zum Ziel gesetzt, »Europas größtes Tiny House« auf Rädern zu konstruieren und in Serie zu bringen. So lautet auch der Claim: »Dein Tiny House nach Ingenieursart«. Hierbei sollen technisch anspruchsvolle Methoden und Materialien hohe Sicherheitsstandards (für Fahrzeug und Gebäude) sowie eine hohe Wertigkeit gewährleisten. Die Vision der beiden Gründer*innen ist es, die größten, individuellen und langlebigen Tiny Houses funktional, werthaltig und in hoher Qualität, mit ausgesuchten Materialien und Leichtbaumethoden zu produzieren. Während die Konkurrenz in Deutschland Tiny Houses mit bis zu acht Metern Länge liefert, kann TechTinyHouse bis zu 10,7 Meter Länge produzieren. Der Arbeitsschwerpunkt liegt dabei auf dem Rohbau, da damit die höchste Wertschöpfung erzielt werden kann. Wir hatten Gelegenheit, die beiden Startupper Brendan und Sina zu interviewen, die 2017 mit einer dreijährigen Vorlaufzeit und einem Startkapital von 150 000 Euro begannen.

Bernhard, Brendan und Sina, TECHTINYHOUSE, Stuttgart

»GLÜCKSMOMENT« TECHTINYHOUSE © TECHTINYHOUSE

1. Warum habt ihr euer Tiny Start-up gegründet?

»Zu Beginn wollten wir ein Tiny House für uns selbst bauen, das unseren Vorstellungen entspricht: Es sollte größer als die bisher in Deutschland gebauten sein, es sollte hell und luftig sein und es sollte stabil gebaut sein – normgerecht nach allen relevanten Normen für Gebäude und Fahrzeuge. Daher haben wir sehr intensiv recherchiert, welche verwendbaren Materialien und Komponenten es am Markt gibt, und die einschlägigen Standards und Normen für Gebäude und Fahrzeuge studiert. Mit Unterstützung von Experten haben wir unser Know-how für den Leichtbau von statisch als sicher berechnetem Chassis, Ständerwerk und Gebäudehülle aufgebaut. Als es dann an die Umsetzung ging, wurde uns klar, dass wir ein einzigartiges Projekt angeschoben hatten: Deutschlands größtes Tiny House on Wheels, das mit technisch anspruchsvollen Methoden hohe Sicherheitsstandards und Werthaltigkeit realisiert. An diesem Punkt sagten wir uns: Dieses Know-how, das wir mit so viel Aufwand und so viel Spaß an der Sache entwickelt haben, das möchten wir weiter ausbauen, wir möchten in diesem spannenden Arbeitsfeld weiter aktiv sein.«

2. Was war der Auslöser für eure Geschäftsidee?

»Vor rund fünf Jahren entdeckten Sina und Brendan Tiny Houses im Internet und wir waren sofort davon fasziniert. Während einer darauffolgenden USA-Reise haben sie dann viele Eindrücke und Erfahrungsberichte über Bau und Leben im Tiny House gesammelt. Besonders elektrisierte uns die Unabhängigkeit, die ein Tiny House auf Rädern bieten kann – hinsichtlich geografischer, architektonischer, finanzieller und materieller Ungebundenheit. Eine Geschäftsidee wurde es im Laufe der Realisierung des für uns selbst bestimmten Tiny Houses. Erst dabei wurde uns klar, wie viel Potenzial in der Konzeption und in der Umsetzung eines sicheren, werthaltigen, in Größe und Gestaltung sehr flexiblen Tiny Houses liegt. Zusammen mit der Tatsache, dass auch in Deutschland Tiny Houses immer populärer wurden, war dies der Auslöser für unsere Geschäftsidee.«

3. Wie erlebt ihr euer Kleinst-/Kleinunternehmertum? Worin liegen die größten Chancen, worin die größten Herausforderungen?

»Kleinunternehmer zu sein bedeutet, ein hohes Maß an Freiheit zu haben, seine eigenen Vorstellungen zu verwirklichen und sich in die Richtungen weiterentwickeln zu können, die einem am spannendsten und lohnendsten erscheinen. Man weiß, man arbeitet für sich und sein kleines Team und ist vollumfänglich verantwortlich für alles, was im Unternehmen geschieht. Das liefert eine unglaubliche Motivation. Gleichzeitig sind persönliche Zeit und Energie extrem stark gefordert. Fast täglich gibt es neue Herausforderungen, weil man sich ja nicht auf einen engen Arbeitsbereich spezialisieren kann, sondern bei praktisch allen größeren Fragestellungen mitdenken und mitentscheiden darf und muss. Konkret können und müssen wir uns unsere eigenen Netzwerke aufbauen. Die prominentesten sind Netzwerke von Lieferanten und von Partnerbetrieben für die Realisierung verschiedenster Gewerke beim Bau, aber auch von Experten für verschiedene spezielle Fragestellungen wie Baustatik, Fahrzeugstatik, Recht et cetera.«

4. Was ist ein typischer Glücksmoment, den ihr immer wieder in eurem Unternehmen erlebt?

»Ein typischer und häufig wiederkehrender Glücksmoment ist, wenn wir eine neue Lösung für eine uns längere Zeit umtreibende Fragestellung finden, wenn wir uns neue technische Möglichkeiten schaffen und Angebote entwickeln. Besonders aufregend und lohnend ist es dann natürlich, wenn wir dazu positives oder gar enthusiastisches Feedback von Kunden erhalten.«

5. Würdet ihr euer Unternehmen wieder genau so gründen oder etwas anders machen?

Im Wesentlichen würden wir alles wieder genauso machen. Die Gründung aus einem für uns persönlich wichtigen Projekt heraus war ideal, denn dieses Projekt ermöglichte uns den Aufbau einer in allen Belangen relevanten Know-how-Basis und von wichtigen Netzwerken, die dem Unternehmen von Anfang an zur Verfügung standen. Ganz wichtig war auch, dass wir uns durch den an unser eigenes Tiny House gestellten Anspruch von vornherein Alleinstellungsmerkmale für unser Produkt und unser Unternehmen erarbeitet haben: Leichtbau und damit Flexibilität in Größe und Ausbau des Tiny Houses, Werthaltigkeit durch hohe Sicherheit in Gestalt von Erfüllung relevanter Normen und Standards sowie dokumentierter Statik und hochwertiger Materialien, Flexibilität in Design und Erfüllung von Sonderwünschen durch Aufbau einer Design- und Materialbibliothek und von Lieferanten- und Partnerbetriebsnetzwerken. Dazugelernt haben wir natürlich schon, und daher würden wir in vielen Details manches anders machen. Zum Beispiel würden wir ein noch stärkeres Gewicht auf die möglichst hohe Regionalität unserer Netzwerke legen, die erfahrungsgemäß zumindest tendenziell eine höhere Identifikation der involvierten Personen mit unserem Unternehmen beziehungsweise unseren Vorhaben nach sich ziehen. Als positive Folge dieser höheren Identifikation konnten wir eine hohe Bereitschaft zur Kooperation bei Engpässen und zu Mitarbeit und Mitdenken bei Problemlösungen feststellen.«

https://techtinyhouse.de/

Tiny Houses für Ökotourismus und Digital Detox

Wie stark der Markt der Tiny Houses in Bewegung ist, zeigt auch das Wiener Start-up Green Up. Es hat sich ebenfalls auf den Bau und den Verkauf von Tiny Houses spezialisiert. Erst 2018 stellte es seinen ersten Prototypen »NimmE« vor. 2019 sollen bereits acht Häuser zwischen 32 000 und 50 000 Euro verkauft worden sein.[200] Im Juli 2019 erweiterte Green Up bereits sein Geschäftsmodell um die Buchungsplattform SoFree[201] für Tiny-House-Kurzurlaube. Die Pilotphase mit einem einzig zu buchenden Haus soll bis März 2020 laufen, danach können bis zu fünf Häuser gebucht werden. SoFree möchte dabei mit eigenen Locations in abgelegenen Gebieten punkten. Neben Ökotourismus setze man auf Digital Detox. Wir haben ein Interview mit dem Gründer Christoph Höggemann von Green Up geführt:

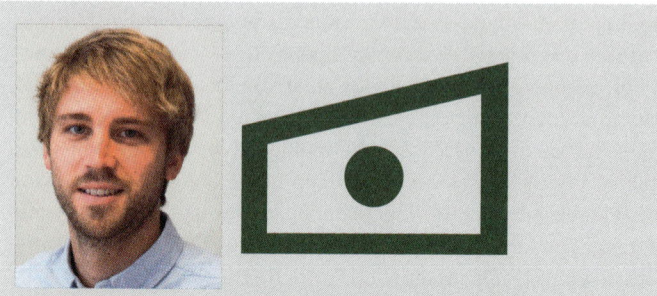

Christoph Höggemann, Green Up GmbH, Wien

»GLÜCKSMOMENT« Green Up © Green Up GmbH / Christoph Höggemann

1. Warum hast du dein Unternehmen gegründet?

»Alternative Wohnkonzepte haben mich schon immer begeistert. Ich wollte gerne ein sehr hochwertiges Tiny House zu einem erschwinglichen Preis anbieten.«

2. Was war der Auslöser für deine Geschäftsidee?

»Nachdem ich das erste Haus habe bauen lassen, erhielt ich sehr viele Anfragen von Personen, die es begeistert hat. Sehr schnell hatte ich einige konkrete Anfragen und habe ein weiteres Haus produzieren lassen.«

3. Wie erlebst du dein Kleinst-/Kleinunternehmertum? Worin liegen die größten Chancen, worin die größten Herausforderungen?

»Am meisten gefällt mir, dass wir immer zeitgleich an einigen Projekten arbeiten, die alle einen anderen Fokus haben. Ich empfinde es als sehr herausfordernd, die verschiedensten Anforderungen und Wünsche der Kunden zu befriedigen. Umso besser fühlt es sich an, am Ende ein individuelles Haus zu entwerfen, das den Bedürfnissen des Kunden entspricht.«

4. Was ist ein typischer Glücksmoment, den du immer wieder in deinem Unternehmen erlebst?

»Die Anlieferung eines neuen Tiny Houses auf einem Grundstück, welches vorher nicht bewohnbar war.«

5. Würdest du dein Unternehmen wieder genau so gründen oder etwas anders machen?

»Wir haben vor allem am Anfang einige Fehler gemacht, die ich bei einer neuen Gründung nicht mehr machen würde. Alles in allem haben wir sehr viel gelernt in den letzten Jahren und können uns glücklich schätzen, da zu stehen, wo wir derzeit stehen.«

Ein Tiny House als Symbol für Autarkie

Die Zielrichtung von Theresa Steininger, Inhaberin des Wiener Start-ups Wohnwagon, ist wohl mit dem Begriff »Autarkie« am treffendsten beschrieben.[202] Nach dem Start 2013 im 6. Bezirk hat sie ihren Firmensitz mittlerweile in das Dorf Gutenstein verlegt. Doch der Reihe nach. Steininger, als Inhaberin einer kleinen Werbeagentur, ließ sich am Rande eines Meetings von ihrem Kunden Christian von der Idee des autarken Wohnens so begeistern, dass dieser Termin rückblickend als die Geburtsstunde des Projektes »Wohnwagon«

angesehen wird.[203] Bis 2017 konnte sie, zusammen mit Christian Frantal, der für die architektonische Handschrift zuständig ist, bereits 15 solcher Wohnwagons als Tiny Houses produzieren. Ein unglaublicher Erfolg, der zeigt, wie ernsthaft, engagiert und professionell das Team um Gründerin Steininger einen nachhaltigen und minimalistischen Wohnansatz verfolgt. Ihre Häuser sieht sie denn auch als »politisches und philosophisches Statement«[204] zum zukunftsfähigen Bauen und Leben, lustvoll, undogmatisch und mit der Reduktion auf das Wichtige und Wesentliche. Der schön designte und natürlich gebaute Wohnwagon[205] ist dabei das stärkste käufliche Symbol dieser neuen Lebenseinstellung, stellt er doch sowohl ein wohliges Zuhause als auch eine autarke Versorgung mit Strom, Wasser und Wärme sicher. Es gibt ihn in drei Größen und verschiedenen Autarkie-Stufen. Das Angebot umfasst so schöne Namen wie Susi (ab 54 000 Euro), Peter (ab 87 900 Euro), Oskar (ab 84 000 Euro), Karl (ab 90 500 Euro) und Fanni (ab 150 000 Euro).[206] Über Kooperationspartner ist eine Kauffinanzierung möglich. Das Wohnwagon-Angebot wird auf der Homepage in eine komplette Welt eingebunden, die das Ziel hat, Menschen zu befähigen, selbstbewusst und autark zu leben. In einem Onlineshop sind dafür die entsprechenden Produkte zu erwerben und Leistungen zu beauftragen. Die Grundfrage, wie wir zukünftig leben wollen, treibt die Tiny Startupperin dabei derart an, dass sie, wir haben es einführend erwähnt, mit ihrem Unternehmen in das Dorf Gutenstein umgezogen ist, um nun ein ganzes Dorf zukunftsfähig zu machen. Die Blaupause, die sie dabei für regionale Entwicklungsprojekte erarbeitet, sollte auch in Bezug auf ihre Leichtigkeit und ihren Optimismus multipliziert werden. Die Reporterin Sophie Huber-Lachner hat sie dort besucht und einen informativen, berührenden und anregenden Bericht gedreht, den du dir auf YouTube unbedingt ansehen solltest: https://www.youtube.com/watch?v=5ZtgC3F0fJg. Es lohnt sich.

»Wald als Lebensraum« Kanton Zug © Bellone Franchise Consulting GmbH

Der Drang zum Eigenheim hat, sofern nicht autarke mobile Tiny Houses erbaut werden, unter anderem durch die Bodenverdichtung direkte Folgen für die Flora und Fauna. Aber auch die intensive Bewirtschaftung von Landschaften, Äckern und Wäldern hat Folgen. Pflanzen bekommen weniger Lebensraum und müssen unter extremeren Witterungsbedingungen gedeihen. Die pflanzliche und tierische Diversität kommt abhanden. Das ist das Arbeitsfeld von Pascal Erni mit seinem Tiny Start-up BaumKompetenz AG im Kanton Zug. Wir haben ihn für ein längeres Gespräch getroffen, um seinen eigenen Lebensweg, aber auch die von ihm erfahrenen Herausforderungen und gefundenen Lösungswege kennenzulernen.

BaumKompetenz.

Pascal Erni, BaumKompetenz AG, Neuheim/Schweiz

1. Warum haben Sie Ihr Unternehmen gegründet?

»Um die Umstände für Bäume und Stadtgrün im urbanen Bereich zu verbessern.

Das Geld durfte dabei nicht im Vordergrund stehen. Es musste eine Mission geben. Wir wollten etwas verbessern und mit innerer Überzeugung in die Gesellschaft einbringen. Dass es eine Nachfrage gibt, hat die Chancen, dass es gelingt, sehr erhöht. Ich beschäftige mich seit meinem 16. Lebensjahr mit Bäumen. Ich habe zuerst Gärtner gelernt und dann in einer Baumschule gearbeitet. Danach bin ich für eine Weile ins Ausland gegangen, habe in der Landwirtschaft und in großen Ackerbaubetrieben gearbeitet. Nach meiner Rückkehr in die Schweiz hatte ich eigentlich keinen Plan. Dann habe ich gedacht, Förster wäre auch etwas, und habe Forstwart gelernt, also nochmals eine Lehre gemacht. Als diese abgeschlossen war, hätte der Weg so ausgesehen, dass ich auf einem Amt angestellt worden wäre oder bei einer Gemeinde. Da ich dies nicht in Betracht gezogen habe, zog es mich weiter.

Durch Zufall bin ich auf die Baumpflege gekommen. Die zwei Grundberufe Landschaftsgärtner und Forstwart waren das ideale Fundament für die Baumpflege. Nach der vierjährigen Ausbildung zum Baumpflegespezialisten in Bern habe ich allerdings gesehen, dass ich mich als angestellter Geschäftsleiter nicht anpassen kann, und habe mich mit null Franken selbstständig gemacht. Also mit nichts, kein Businessplan, nichts. Keine kaufmännische Ausbildung, gar nichts. Übrigens, ich war Schulabbrecher, mit acht Jahren Grundschule. Ein Schulversager. Eine schulische Katastrophe. Ich war einfach nicht kompatibel mit dem System. Und dennoch wurde die Erni Baumpflege GmbH ein erfolgreiches Unternehmen, das in den Regionen um Zug, Schwyz und Zürich über 20 Jahre führend war. Wir haben an den besten und schönsten Orten gearbeitet. Ich bin als Handwerker immer dabei gewesen – habe nicht nur delegiert. Ich habe nicht gesagt: ›Mach das so und so.‹ Ich bin immer dabei gewesen. Und als ich dann gemerkt habe, dass ich körperlich nicht mehr auf die großen Bäume hinaufkomme, musste ich etwas verändern. Weil ich kein Vorbild mehr war, sondern nur noch kontrollieren konnte. Und als Kontrolleur bist du im Mittelfeld. Ich wollte nicht im Mittelfeld, ich wollte erste Liga spielen, nicht irgendwo. Man lernt sich über die Arbeit persönlich kennen, spiegelt sich oder kommt an die Grenzen. Ich war persönlich und körperlich an Grenzen gekommen. Körperlich vom Alter her, aber auch mental, weil es eine ewige Wiederholung war. Denn ich habe gemerkt, dass ich eben der bin, der Dinge entdeckt und wie ein Entdecker eine Fahne in den Sand steckt und dann weiterzieht, um wieder Neues zu entdecken.

Ich war mit meiner Firma in eine Situation hineingekommen, dass ich plötzlich viele Leute um mich herum gehabt habe, auf die ich achten musste. In Spitzenzeiten waren es zwölf Leute gewesen. Und ich musste mich um Lehrverträge kümmern, um Teilzeitarbeit, um Ferien und andere ›Ausfälle‹, um Arbeitsverträge und, und, und. Das ist überhaupt nicht meine Sache. Null. Als Geschäftsführer und -inhaber hat mich das stark belastet. Ich habe dann gesundheitliche Probleme bekommen, weil ich nicht loslassen konnte. Ich habe an meinem Unternehmen geklebt, bis der Zusammenbruch kam. Dann war ich drei Monate auf der Alp, nicht schick mit Wellness, sondern ich habe dort gearbeitet. So kam ich wieder mit mir ins Reine. Dort oben habe ich die Entscheidung getroffen, meine Firma abzugeben. Ein langjähriger Mitarbeiter hat die Firma in einer viel kleineren Form, die für ihn stimmte, übernommen. Alles andere haben wir verkauft.

Aus der Erni Baumpflege ist dann die Erni Baumberatung geworden. Und jetzt im Jahre 2019 habe ich die BaumKompetenz AG gegründet. Mit ihr will ich beruflich weiterkommen. Als Kleinunternehmer mit der Erni Baumpflege war ich Handwerker und bin bei der Planung und Entscheidung nie dabei gewesen, immer nur bei der Ausführung. Alles war immer gesetzt, oft suboptimal, und wir mussten dann das Beste herausholen. Mit meiner BaumKompetenz AG kann ich nun von vornherein steuern. Heute geht es oft um Extremstandorte, wo die Bäume nicht mehr nachhaltig wachsen. Wenn man da so konventionell weitermacht wie bisher, dann sehen wir, dass die Bäume das nicht mehr mitmachen. Wenn es einen Monat nicht regnet oder eine Woche über 30 Grad hat, gehen die Bäume ein. Es wird in unserem kleinen Land, in der Schweiz, und in den

Ballungszentren überall in Europa immer mehr verdichtet. Wo bleiben die Grünräume? Wo die Vegetation? Wo wachsen die Bäume? Wenn wir so weitermachen wie bisher, wachsen sie gar nicht mehr. Wir müssen kompakte Vegetationssysteme haben und klären, woher das Wasser kommt und wohin es geht. Warum geht das Wasser der Dächer in die Kanalisation? Warum geht es nicht in einen lokalen ›Schwamm‹, sodass es verdunsten kann? Was sind für Substrate vorhanden? 95 Prozent der Böden im städtischen Bereich sind künstlich. Wie machen wir das und bringen es fertig, dass die Städte und Agglomerationen noch lebenswert sind? Ich kann auf 35 Jahre Beruf zurückschauen und sehe, dass Antworten nur aus der Synergie zwischen allen Berufskategorien kommen können, die mit diesen Fragen zu tun haben. Durch die Spezialisierung der letzten 30 Jahre hat man die Berufe durch Mehrwissen aufgeteilt. Für jeden Teilbereich gibt es eine Fachkompetenz. Meine Mission ist es, dass ich versuche, die Fachkompetenzen zu vereinen, damit es einen Pool gibt, an den man eine lokale Anfrage stellen kann und man dort weiß, wer sie lösen kann. Dabei wird es keine Generallösungen geben, keine fertigen Standardlösungen, sondern je nach Standort, Klima et cetera etwas Eigenes.«

2. Was war der Auslöser für Ihre Geschäftsidee?

»Die Liebe zu den Bäumen und Fehlplanungen. Seit meinem 16. Lebensjahr habe ich Situationen erlebt, in denen ich mich gefragt habe: Was machen wir da eigentlich? Auslöser waren die vielen kleinen Erlebnisse, bei denen ich eine Sinnlosigkeit in dem festgestellt habe, was da gemacht wurde.«

3. Wie erleben Sie Ihr Kleinst-/Kleinunternehmen? Worin liegen die größten Chancen, worin die größten Herausforderungen?

»Kurze Wege, sehr effizientes Handeln, Kapital, um Durststrecken zu überwinden. Meine aktuell größte Chance ist der Link zur Wissenschaft. Ich arbeite mit einer Hochschule zusammen, was ganz neu ist. Ich bin da nicht allein. Das ist ein riesiger Wissenspool. Meine Aufgabe ist es, das Wissen als Praktiker in die grüne Branche zu bringen. Genau das ist die Lösung. Die Herausforderung ist, dass der Praktiker, der Theoretiker und der Visionär am selben Strick ziehen. Und zu guter Letzt muss sich die Sache noch rentieren.«

4. Was ist ein typischer Glücksmoment, den Sie immer wieder in Ihrem Unternehmen erleben?

»Erteilte Aufträge und wenn ich Menschen dazu bringe, etwas für die Natur zu tun. Wenn ich etwas bewegen kann – selbst an Orten oder in Gremien, wo es unmöglich scheint, über nachhaltige Bepflanzungen überhaupt zu reden – und es dennoch gelingt. Das ist mein Glücksmoment. Wenn ich irgendwo durchfahre und ich sehe Bäume, die ich vor zehn Jahren gepflanzt habe. Das ist ein Glücksmoment.«

5. Würden Sie Ihr Unternehmen wieder genau so gründen oder etwas anders machen?

»Ich würde es genau so wieder machen.«

https://www.baumkompetenz.ch

Steckhäuser ohne Schrauben und Befestigungsmittel

Studentische Start-ups, speziell wenn es sich um Hochschulgründungen handelt, haben manchmal einen anderen Blick. Das kann sehr inspirierend sein, finden wir. Das gilt auch für das Start-up ClipHut aus Detmold. Es wurde von Studenten des Studiengangs Computational Design an der Technischen Hochschule Ostwestfalen-Lippe entwickelt. Ein Schwerpunkt der Hochschule ist das Arbeiten mit Holz. Die Vision des Start-ups ist es, den Wohnungsbau zu revolutionieren und die Obdachlosigkeit zu bekämpfen. Das Ziel ist der Bau von neuen Häusern, die weder Schrauben noch andere Befestigungsmittel brauchen. Im Kern steht dabei eine App, mit der Nichtfachleute ihr individuelles Häuserdesign entwerfen, visualisieren sowie als ClipHut-Open-Source-Datei abrufen können. Dann können sie es entweder selbst, über eigene Maschinen, produzieren oder es bei selbst gesuchten Unternehmen produzieren lassen. Das ist eine kleine Revolution. Denn so können Häuser quasi über das Internet als digitale Datei verschickt werden. Und nach dem Zuschnitt ist der Zusammenbau, als Zusammenstecken, weltweit einfach leistbar.

ClipHut ist ein parametrisches System, bei dem gleiche Holzverbindungen auf unterschiedliche Weise kombiniert werden können, wodurch die Schaffung von unübersehbar vielen Lösungen möglich ist. Der USP, der Kern, besteht also aus dem Clip. Den hat Thomaz Vieira entwickelt und damit auch gleich einen Wettbewerb gewonnen. Thomaz Vieira kommt aus Brasilien. Er arbeitet daran, dass alle Menschen, weltweit, ein Dach über den Kopf bekommen. In einem Filmbeitrag von Sabrina Heuwinkel für die *Lokalzeit* im WDR sagt er: »Es ist nicht nur ein Produkt, es geht darum, das Wissen weiterzugeben.«[207] Zusätzlich kommt die Vereinigung der gesamten Gebäudestruktur, der Herstellung und Verwendung, in einer Applikation hinzu. Damit ist ClipHut ein digitales Start-up, das sich dennoch mit der physischen Welt auseinandersetzen muss, einerseits im Bereich der Materialforschung und des Prototyping, denn für das Erstellen von Mustern wird viel Platz und Material benötigt, andererseits im Bereich der Finanzen, denn Gebäude zu bauen ist grundsätzlich kapitalintensiv, und das Material muss finanziert werden.

Die Produktion der Gebäude selbst erfolgt deshalb extern über Hersteller. Das Start-up wendet sich an Baufirmen, die neue Gebäudesysteme, und Holzfirmen, die neue Produktanwendungen suchen, sowie an Endkunden, die preiswerte und mobile Häuser wollen. Zusätzlich an den B2G-Markt, also Business-to-Government (Unternehmen zu Behörden), da den Menschen hinter ClipHut das Schaffen von menschenwürdigen Unterkünften für Vertriebene besonders am Herzen liegt. Ein interessantes Interview mit ClipHut findest du auf dem Portal der Start-up-Region Ostwestfalen-Lippe[208] sowie umfangreiche Informationen auf der Domain des Start-ups.[209]

Mit einem innovativen Altpapiermodul nachhaltig und effizient bauen

Fredy Iseli, Schweizer Architekt, Visionär und Erfinder, den wir in unserem Büro in Zug zu einem längeren Austausch treffen konnten, geht einen anderen Weg. 2012 gründete er die Ecocell Technology AG mit Sitz in Uttwil im Kanton Thurgau.[210] 2015 hat die

Pilotfertigung ihren Betrieb aufgenommen, 2016 die Serienferti-
gung. Im gleichen Jahr belegte Ecocell den ersten Platz beim Green-
Tec Award 2016 in der Kategorie Bauen. Im Sommer 2017 wurde
die erste Musterhaussiedlung in St. Margrethen komplett fertigge-
stellt, verkauft und bezogen sowie im Herbst die zweite ECO SO-
LAR Musterhaussiedlung in Uttwil mit transparenter Wärmedäm-
mung gebaut.

ECOCELL®-BETONWABE®-Muster © Bellone Franchise Consulting GmbH

Herzstück der innovativen Technologie ist die patentierte
ECOCELL®-BETONWABE®. Zu ihrer Herstellung werden Materialien aus dem Recyclingkreislauf von Altpapier verwendet. Ecocell
hat dafür ein industrielles Verfahren entwickelt, mit dem sich die in
der Struktur aus 100 Prozent recyceltem Papier bestehenden Waben
durch eine mineralische Beschichtung »versteinern« lassen, um
brandhemmend zu werden. Die Wabe stellt den Ausgangspunkt für
ein Schnellbausystem dar, das aus großen, industriell vorgefertigten

Bauelementen besteht, die auf der Baustelle in Trockenbauweise zusammengesetzt werden. Das Start-up möchte so unter dem Motto »High tech by low cost« Ökologie und Effizienz unter einen Hut bringen und die Bauwirtschaft revolutionieren. Ein Video auf YouTube zeigt beispielhaft den schnellen Aufbau eines ECO SOLAR Modulhauses in Uttwil.[211]

Dienstleistungsorientiert und digital

Das Handwerk ist eine der beliebtesten Branchen für eine berufliche Selbstständigkeit. 2015 wurden in Deutschland mehr als 579 000 Handwerksunternehmen gezählt.[212] Doch Veränderungen sind festzustellen. Zunehmend wird Handwerk heute als Dienstleistung erbracht und auf Plattformen angeboten. Im Vordergrund steht dabei die einfache und unkomplizierte Beauftragung, Abwicklung und Abrechnung. Hier punkten digitale oder digital vernetzte Handwerksbetriebe.

Das in Berlin ansässige Unternehmen DeineHelfer24 GmbH ist ein derartiges Beispiel.[213] Es bietet seinen Endkunden über seine Homepage eine Fülle von Leistungen aus einer Hand an. Ob kleine handwerkliche Schönheitsreparaturen wie Montagearbeiten von Möbeln, Bildern und Fußbodenleisten oder das Beseitigen von kleinen Dübellöchern, ob komplette Renovierungsarbeiten oder das Verlegen beziehungsweise Entfernen von Fußbodenbelägen, hier kann alles für den Großraum Berlin beauftragt werden. Interessant für dich als Tiny Startupper könnte hierbei sein, dass DeineHelfer24 als digitale Plattform agiert. Ganz im Sinne ihres Unternehmensmottos »Viele können mehr bewirken als Einzelne« vergibt sie Aufträge zu Fixpreisen an selbstständige externe Handwerker wie Fliesenleger, Trockenbauer oder Heimhandwerker, die sie als Helfer einbindet. Die Bezahlung ist dabei klar geregelt. Im Gegensatz zu anderen Portalen fällt keine Aufnahmepauschale oder Grundgebühr an.

Ein weiteres Portal, über das Handwerker*innen ihre Leistungen verkaufen können, diesmal national, ist blauarbeit.de. Wir haben einen sehr interessanten und lesenswerten Beitrag von Ferdinand Seulen, dem Geschäftsführer des Portals blauarbeit.de, zum Thema »Selbstständigkeit im Handwerk« in den Blog unseres GreenfranchiseMarket.com eingestellt. [214] Die Plattform blauarbeit.de wendet sich mit dem Claim »Einfach die besten Handwerker finden« ebenfalls an den Endkundenmarkt. Sie hilft diesen dabei, für anfallende Arbeiten einfach und kostenfrei passende Handwerker*innen zu finden, auch unter Zuhilfenahme des digitalen Messengers und von WhatsApp. Handwerker*innen können so neue Aufträge in ihrer Region akquirieren. Ein Bewertungssystem und eingetragene Zertifizierungen sollen ihnen dabei helfen. Blauarbeit.de wurde 2004 in Köln gegründet und gehört zur Portal United AG, welches der Unternehmensfamilie Müller Medien angehört.

Maximale Bequemlichkeit bei minimalem Zeitaufwand

Myster.de ist eine weitere Handwerksonlineplattform mit Firmensitz in Dortmund. Handwerkspartner*innen können sich direkt online für eine Zusammenarbeit bewerben.[215] Das Tiny Start-up wurde von Mirco Grübel gegründet. Es positioniert sich mit dem Claim »Dein Handwerk« sowie dem Wording »Sorgenfrei Renovieren«. Endkunden sollen hier einfach und professionell, aus einer Hand, in nur drei Schritten und bei voller Kostenkontrolle zu ihrem gewünschten Ergebnis kommen. Dafür gibt es unter anderem einen Online-Raumkonfigurator sowie automatisierte Prozesse, die für Kunden und Kund*innen den Zeitaufwand auf ein Minimum reduzieren sollen. Myster verfügt über mehrere physische Standorte, nämlich die Myster-Box Dortmund, die Myster-Box Hamburg und den Myster-Spot Unna. Anspruch von Myster ist es, »... zu DER Handwerksmarke der digitalen Welt« zu werden.[216]

Tiny-Start-up-Tipps:

Hier wird Handwerker*innen geholfen

Der Zentralverband des Deutschen Handwerks[217] hat ein sehenswertes Video auf YouTube gestellt, das die »Digitalisierung im Handwerk« thematisiert: https://www.youtube.com/watch?time_continue= 6&v=T2k4ew9x4uE. Das Kompetenzzentrum Digitales Handwerk[218] in Berlin ist Teil der Förderinitiative Mittelstand 4.0 – Digitale Produktions- und Arbeitsprozesse, die im Rahmen des Förderschwerpunktes Mittelstand-Digital – Strategien zur digitalen Transformation der Unternehmensprozesse vom Bundesministerium für Wirtschaft und Energie (BMWi) gefördert wird.

Die Online-Dachdecker

Stegimondo heißt der Online-Dachdecker für den Dachneubau und die Dachsanierung. Es handelt sich dabei um ein klassisches Berliner Dachdeckerunternehmen unter der Aufsicht eines Meisters namens Achim Herges.

Zum Arbeitsalltag des klassischen Dachdeckerbetriebes gibt es bei YouTube einen kleinen Film, den wir dir nicht vorenthalten möchten: https://www.youtube.com/watch?time_continue=49&v=Qwyt GF8o7d4. Die neue Mission von Stegimondo lautet: »Wir verbinden die Errungenschaften der soliden deutschen Handwerksarbeit mit den Vorzügen des Internetzeitalters zum Vorteil aller Beteiligten.« Als Innovationstreiber sieht das Handwerksunternehmen dabei die Onlinebeauftragung an. Mit wenigen Kundenantworten kann innerhalb von wenigen Minuten ein Festpreisangebot für Kunden erstellt werden. Maßstäbe werden dabei in der Qualität, Geschwindigkeit, Verbindlichkeit und Dokumentation gesetzt. Das Zusatzangebot umfasst Förderungen und Finanzierungen. Auch Stegimondo bietet ein Partner*innen-Programm für externe Handwerksbetriebe an.[219]

Onlinefachhandel mit Handwerkspartner*innen

Ganz spezialisiert auf den Handel mit Produkten für Endkunden haben sich Eugen Volz und Markus Iwin. Ihr Start-up REDNUX GmbH, das 2015 unter dem Namen Klimaanlagen-split.com gestartet war, befindet sich im niedersächsischen Uetze. Seit 2016 nutzen sie den profilierteren Markennamen REDNUX. Laut Eigendarstellung ist REDNUX »Deutschlands größter Onlinefachhandel für Klimaanlagen«.[220] Sein Lieferumfang umfasst über 25 Marken plus Zubehör. Den Heimwerker*innen unter den Kunden bietet RED-NUX bei Onlinebestellung einen Preisvorteil von bis zu 70 Prozent, dafür wird ihnen die Ware auch nur angeliefert. Bequeme Kunden können nur bis zu 65 Prozent sparen, bekommen dann ihre Ware aber auch installiert. Genau an dieser Stelle kann es für dich interessant werden, wenn du ein Handwerks-Start-up realisiert hast. Denn REDNUX arbeitet deutschlandweit mit Handwerkspartner*innen zusammen. Das geht ganz einfach in drei Schritten. Du meldest dich über die Partner*innen-Seite https://rednux.com/Partner online an. Aus den angezeigten Aufträgen wählst du dir einen für dich passenden aus. Du vereinbarst einen Montagetermin mit dem Kunden oder der Kundin. Fertig. Laut Eigendarstellung fallen für dich dabei für die Anmeldung und Registrierung keine Kosten an. Auch sonst gibt es keine versteckten Kosten für die Partnerschaft. Da REDNUX täglich bis zu 1000 Anfragen erhält, gibt es auch keine Winter- oder Schlechtwetter-Pausen. Wirklich interessant am partnerschaftlichen Angebot finden wir, dass REDNUX dir mehr Zeit für deine Kernkompetenzen, nämlich die handwerklichen Ausführungen, gibt. REDNUX bezeichnet sich selbst als Spezialist im Onlinemarketing. Es übernimmt die Suchmaschinenoptimierung, den Markenaufbau, die klassische und digitale Werbung bis hin zu den sozialen Medien, die Akquisition, die Vor-Ort-Besichtigung, den Vertrieb, die Angebotserstellung und Rechnungsstellung bis hin zum Mahnwesen. Das sind ganz schön viele Dinge, die Start-ups gewöhnlich für sich selbst realisieren müssen. Die Kundenangebote werden Partner*innen auch als Push-Nachrichten per E-Mail oder über die REDNUX Part-ner-App zugestellt. Auch hier betont das Unternehmen die Kosten-freiheit in der Nutzung für Partner*innen.

Tiny-Start-up-Tipp:

Plattformökonomie für Handwerker*innen sehr relevant

Diese neue Entwicklung wird sich auch im B2B-Bereich durchsetzen und das Geschäftsmodell des Handwerks auf Dauer verändern.

Das zeigt auch die neue Studie »Digitalisierung der kaufmännischen Pro-zesse im Handwerk 2019« von DATEV eG und dem *handwerk magazin*.[221]

Einkaufsplattform für die Wohnungswirtschaft 4.0

Doozer aus Berlin ist ein typisches Beispiel der Plattformökono-mie.[222] Es vermittelt Handwerker*innen an die Wohnungswirt-schaft, nicht an Privatpersonen. Das B2B-Angebot zielt ausschließ-lich auf die Wohnungswirtschaft und Wohnungsvermieter*innen. Die Handhabung ist dabei für Kunden ganz einfach: Online an-melden, Leistungen auswählen, Handwerker*innen vergleichen, auswählen und beauftragen. Alles schnell, prüfungskonform und mit Qualitätsgarantie. Die optimierten, automatisierten digitalen Prozesse machen es möglich. Selbstständigen Handwerker*innen, die mit Doozer zusammenarbeiten, verspricht Doozer ebenfalls, das Arbeitsleben zu vereinfachen und stärker im Bereich der Kern-kompetenzen arbeiten zu können. Administrative Prozesse werden vereinfacht, die Arbeitsauslastung erhöht. Handwerker*innen ha-ben die Möglichkeit, ein Anbieterprofil zu hinterlegen, um sich so Kunden zu präsentieren. Auftraggeber*innen erhalten damit Ein-sicht in die Anzahl der Mitarbeiter*innen, die freien Kapazitäten und die allgemeine Auftragslage. So können sie Handwerksunter-nehmen besser einschätzen. Diese Transparenz schafft Vertrau-en. Eine Umfrage unter Handwerksunternehmen zum »Doozer

2.0-Release«[223] bestätigt die Umsatzsteigerung und einfache Handhabung.

Tiny-Start-up-Tipp:

Doozer von Jim Henson

Vielleicht kannst du an dieser Stelle des Buches eine kleine Erholungspause gebrauchen. Deswegen geben wir dir einfach ein paar Informationen zu den Wesen, die genauso wie die eben dargestellte Einkaufsplattform heißen – nämlich »Doozer«. Du kennst sie vielleicht von Jim Henson.[224] Es sind diese kleinen, grünen Wesen, die miteinander aktiv zusammenarbeiten. Wie sich Doozer der »The Jim, Henson Company« bewegen, kannst du auf YouTube sehen: https://www.youtube.com/watch?v=E5kxzNKHdsc&lis.t=PL50aNizcZU3TJPjYaclRrlkOZa1eF_Up6.

Handwerksleistungen physisch und mobil unterstützen

Ganz in der physischen Welt, aber digital unterstützt, bewegt sich Robin Lanzer. Er ist der Gründer von Jeez – DER MOBILE BAUMARKT mit Firmensitz in Darmstadt und Wirkungsbereich im Rhein-Main-Gebiet. Sein beruflicher Hintergrund besteht aus 17 Jahren Baumarkterfahrung. Deshalb kennt er den Markt und die Kunden in- und auswendig. So verwundert es nicht, dass er auf die Idee kam, Kunden mehr Convenience, mehr Bequemlichkeit, zu bieten. Er wollte ihnen den Baumarktbesuch abnehmen und ihnen gleichzeitig echte Beratung bieten, die sie oft genug so in Baumärkten nicht bekämen. Er lässt sie jetzt, bequem von zu Hause aus, digital aus einem Sortiment von 70 000 Artikeln ihren Bedarf auswählen und die gewünschten Produkte bestellen. Danach fährt er zu ihnen nach Hause oder zu dem entsprechenden Handwerksprojekt, um Beratungen oder Services zu bieten, wie die Mischung von bis zu 3000 Farben mit einer professionellen Farbmischmaschine an Bord seines Fahrzeugs sowie den Verkauf und die Lieferung von unhandlichen und erklärungsbedürftigen Baumarktartikeln. Sichtbares

Zeichen seines Angebotes ist dabei sein voll ausgestatteter »Jeez – DER MOBILE BAUMARKT« in einem Mercedes-Benz-Sprinter. Es hört sich einigermaßen unmöglich an, einen Baumarkt auf die Maße eines Transportbusses zu reduzieren, doch es scheint Lanzer mit seinen zwei Partnern gelungen zu sein. Neben dem umfangreichen Sortiment füllt er mit der Beratung an Ort und Stelle sowie der kostenfreien, bequemen und schnellen Lieferung eine Marktlücke. Handwerker*innen werden, falls von Privatkunden gewünscht, zusätzlich koordiniert. Gegründet wurde das Start-up 2013, als Robin Lanzer in der Farbenwerkstatt eines führenden Herstellers arbeitete. Aus dem Farben- und Zubehör-Van wurde schnell ein mobiler Baumarkt. Um das Überraschende seines Angebotes schon im Namen zu kommunizieren, meldete er den Markennamen Jeez« an, übersetzt für »meine Güte«. Er geht davon aus, dass der Wow-Effekt dadurch noch schneller transportiert wird. Zusätzlich wählte er für sein Corporate Design die Markenfarbe Grün für »Wachstum«. Denn Visionär Robin Lanzer setzt mit seinem Geschäftskonzept auf Wachstum. In 20 Jahren will er damit in ganz Europa vertreten sein. Ein informatives, sehens- und hörenswertes Video auf YouTube[225] vermittelt das Geschäftskonzept, den USP und das Image von »Jeez – DER MOBILE BAUMARKT« im Sprinter. Übrigens, achte, falls du mehr über Jeez erfahren möchtest, unbedingt auf die richtige Schreibweise bei deiner Google-Eingabe. Unter dem Fehlbegriff »Jezz« bekommst du, durch die Autokorrektur, nämlich immer wieder Jazz-Angebote angezeigt. Und wenn dich neue Baumarktkonzepte interessieren, dann stellen wir dir im dritten Kapitel unter »Zündende Ideen finden« Horst vor.

2.7 SCHREIBEN ALS BERUFUNG

»GLÜCKSMOMENT« Buchwelt in Lissabon © Bellone Franchise Consulting GmbH

Eines kennen wir ziemlich gut. Wenn wir über eine längere Zeit viele Beratungs-, Coaching- und Workshop-Termine abzuarbeiten haben und nicht mehr zum Schreiben kommen, dann beginnen wir, uns stark danach zu sehnen. Die eigenen Gedanken in neue Konzepte umzuwandeln und in Worte zu fassen, das hat etwas, das wir in unserem Leben nicht mehr missen möchten. Es macht einfach Spaß, etwas Neues aus den immer gleichen 26 Buchstaben entstehen zu lassen. Und jedes neue Buch bereichert unser ganz persönliches Leben und Lebensglück. Wenn auch du einen besonderen Zugang zum Schreiben hast, stehen dir vielfältige Wege offen, deine Texte zu deiner Berufung zu machen. Wir haben dir dazu bereits die Rohnstock Biografien vorgestellt. Hier kommen weitere Inspirationen.

Das bunte Leben der Werbeschriftsteller*innen

Es war ein wunderschöner Vormittag, die Sonne schien und die Amseln trällerten, als wir in Berlin-Kreuzberg, am Engeldamm, in den Gewerbehof einbogen. Im ersten Stock befand sich das Büro von Heinz, einem freien Texter, der sich hier in einer Fabriketage eingemietet hatte. Wir wollten die neue Broschüre mit ihm besprechen. Dass er Geschmack hatte, sah man sofort an der Büroausstattung. Sie war weniger zweckbestimmt als in den Großagenturen. Dafür bestand sie aus ausgesuchten Designerstücken wie der italienischen Espresso-Maschine, aus der wenig später, zu unserer Freude, ein starker Ristretto in kleine, schwarze Tassen floss. Alles in diesem Schreibbüro war wertschätzend gestaltet und machte auf uns einen positiven Eindruck, welchen wir auch in der Arbeitsatmosphäre spürten und der auch in der Phase der konzeptionellen Überlegungen und bei der Ansicht der späteren Druckergebnisse nicht verschwand. Heinz war ein Profi – kein Amateur, der Texter spielte oder Fantasien ausleben wollte. Er kannte die Freiheiten, die er jetzt, im Gegensatz zu seiner Angestelltenzeit in der Werbeagentur, hatte. Er war sich aber auch bewusst, dass alles, was er erreichen wollte, von ihm allein abhing. Er hatte sich einen festen Kundenstamm aufgebaut, den er immer wieder mit neuen Kunden auffrischte. Ausschlaggebend war dafür wohl sein Profil, das er sich auf der Homepage des Texterverbandes erstellen konnte.[226] In diesem Fachverband freier Werbetexter e. V. war er langjähriges, aktives Mitglied und traf oft Gleichgesinnte zum Austausch. Weitere Kunden gewann er über seine faszinierenden Geschichten, die er in den sozialen Medien – auf Twitter, Facebook, Instagram und Pinterest – regelmäßig postete. Sie passten zu seiner Positionierung als inspirierender Storyteller.

Tiny-Start-up-Tipp:

Gewerblich oder freiberuflich?

In Deutschland gibt es steuer- und berufsrechtliche Klassifizierungen, nach denen Tätigkeiten als freiberuflich oder gewerblich eingestuft werden. Schon bei der ersten Anmeldung beim Finanzamt spielt es eine Rolle, ob du dich als Freiberufler*in oder Gewerbebetrieb anmeldest. Du kannst das allerdings nicht ganz frei entscheiden. Echte Freiberufler*innen sind Angehörige der »freien Berufe«, die in einem Katalog explizit aufgeführt sind. Zusätzlich gibt es »Ähnlichkeitsberufe« sowie ähnliche »Tätigkeitsberufe«. Hier liegt es jedoch oft im Ermessen des jeweiligen Finanzamtes, wie du eingestuft wirst. Diese Einstufung ist dann auch nur vorläufig und kann bei einer Betriebsprüfung infrage gestellt werden. Am besten also, du lässt dich von Beginn an von deinem Finanzamt verbindlich einstufen, frage dazu aber unbedingt vorab deine Steuerberater*in, oder du gehörst zu einem der Katalogberufe. Katalogberufe sind, neben Ärzten, Rechts-, Steuer- und Wirtschaftsberater sowie naturwissenschaftliche und technische Berufe, Kulturberufe wie Journalist, Bildberichterstatter, Dolmetscher, Übersetzer, Künstler, Lehrer, Erzieher und Schriftsteller. Katalogähnliche Berufe sind unter anderem Designer, Fotograf, Grafiker, Musiker, Trainer und Werbetexter. Unter die freiberuflichen Tätigkeitsberufe fallen unter anderem Autor, Ghostwriter, Publizist und Lektor. Die Einstufung hat verschiedene Folgen. So zahlen Gewerbetreibende Gewerbesteuer, sind Mitglied in Berufsgenossenschaften und Kammern und verpflichtet, Vorsorgebeiträge abzuführen. Freiberufler*innen sind im Gegensatz dazu in Deutschland ziemlich frei, im Beitritt zu Berufsvertretungen sowie in der Gestaltung der persönlichen Vorsorge. Auch zahlen sie keine Gewerbesteuer. Als Tiny Startupper kann das Texten oder die Schriftstellerei damit als wirklich ziemlich freie Tätigkeit angesehen werden. Möchtest du diese Tätigkeit nur nebenberuflich, als Mini-Selbstständigkeit mit einem jährlichen Umsatz unter 17 500 Euro, führen, sodass du auch keine Mehrwertsteuer zu zahlen hast, so ist das wohl die ideale berufliche Vorlage für dich. Da sich steuerrechtliche Bedingungen immer wieder ändern und zudem in Deutschland, Österreich und der Schweiz unterschiedlich geregelt sind, solltest du auf jeden Fall den oder die Steuerberater*in deines Vertrauens hinzuziehen. Informationen erhältst du auch bei Verbänden wie dem VFB Verband Freie Berufe Berlin; https://www.freie-berufe-berlin.de/service/existenzgruendung.

Werbeschriftsteller*innen oder Werbetexter*innen können die unterschiedlichsten Fachgebiete und Zielgruppen haben. Während sich unser Freund Heinz als ein allein schaffender Freiberufler ohne Angestellte auf das Storytelling spezialisiert hat, konzentrieren sich andere auf Texte für Webseiten, Newsletter, Blogs und Social Media, Shops, E-Commerce und/oder SEO.

Das im deutschen Osnabrück beheimatete Lektorat Unker zum Beispiel positioniert sich als kompetente »Textagentur für über 90 Sprachen«.[227] Hier werden Texte für fast alle Bereiche, Werbemittel und Gelegenheiten entwickelt. Den beworbenen und ausschlaggebenden Kompetenzkern bilden jedoch wohl die Übersetzungen von und in 90 Sprachen, von Afghanisch/Pathani über Kiswahili bis Wolof. Die auf der Homepage angegebenen über 100 Texter*innen, die alle in ihrer Muttersprache für das Lektorat texten, werden das wahrscheinlich projektbezogen realisieren.

Entsprechend gelagerte Projektplattformen haben wir dir bereits im Bereich des Handwerks vorgestellt. Sie sind im Rahmen der Digitalisierung momentan in fast allen Branchen auf dem Vormarsch. Sie schaffen sowohl den Kunden und Kundinnen als auch den Liefernden relevante Erleichterungen. Die Nachfragenden können ihren Bedarf in einer Art One-Stop-Shopping schnell, bequem und zu günstigen Preisen decken. Die Zuliefernden, also auch du, wenn du als Texter*in tätig bist oder sein willst, müssen sich bei dieser Form der Zusammenarbeit nicht um Eigenmarketing und Akquisition kümmern. Allerdings hat alles seinen Preis. So verlangen einige Plattformen eine Aufnahmegebühr, andere nehmen pro Auftrag eine Provision von 10 Prozent. Auch die Bezahlung pro 500 oder 1000 Zeichen ist allgemein nicht üppig. Zum Einstieg als Texter*in, zur Überbrückung in schwierigen Zeiten, als Zubrot oder Nebentätigkeit kann eine Zusammenarbeit mit Textplattformen sinnvoll sein. Auf jeden Fall solltest du dich vor einer Zusammenarbeit ausführlich informieren. Deshalb stellen wir dir hier einige Plattformen vor und geben dir Tipps.

Als »weltweit führende Plattform für Texte« und »weltweit führende Plattform für Content« positioniert sich textbroker[228] der Sario Marketing GmbH in Mainz. Sie gibt an, über Tausende geprüfte Autoren zu verfügen. Ihre Mission ist es, Auftraggeber*innen und Autor*innen für günstige 2-Sterne-Texte bis zu gehobenen 5-Sterne-Artikeln zusammenzubringen. Eine weitere Texterplattform mit nach Eigenangaben mehr als 6500 freien Texter*innen und Textagenturen ist content.de[229] der content.de-Aktiengesellschaft im deutschen Herford. Sie bietet ebenfalls ein breites Spektrum von SEO über Texte für Domains, Blogger und Community-Betreiber*innen bis zu Unternehmenstexten und Übersetzungen. Pia Newman beschäftigt sich in ihrem Blog »wortfuerwort« mit dem Thema »Mit Schreiben Geld verdienen«. Interessant ist ihre Vorstellung der »14 Onlineplattformen für Texter«[230]. Auch ihr Beitrag »Einstieg als Freiberufler – Neben- oder Hauptberuflich?«[231] ist lesenswert.

Auch während der Projektzusammenarbeiten mit unterschiedlichen Plattformen solltest du immer im Kopf haben, dass du dich letztendlich selbst am Markt positionieren und profilieren solltest. Nur so vermeidest du zu große Abhängigkeiten und damit ein gefährliches »Klumpenrisiko«. Versuche, alles zu nutzen, was für den Absatz deiner Leistungen sinnvoll ist, aber bleibe unabhängig und akquiriere deine Kunden schnellstmöglich selbst. Gestandenen Profitexter*innen empfehlen wir unbedingt die Mitgliedschaft in einem Texterverband des Landes sowie die Nutzung der damit in Verbindung stehenden Kontaktmöglichkeiten und Eigenpräsentationsformen.

Übrigens darfst du als Freiberufler*in Mitarbeiter*innen einstellen, um anfallende Arbeiten unter deiner aktiven Anleitung und Mitarbeit zu realisieren. Das ist als Freiberufler*in bei entsprechender Auftragslage nicht nur möglich, sondern auch ratsam. So kann deine berufliche Entwicklung vom kleinen Start-up als Einzelkämpfer*in über Angestellte und mögliche Partnerschaften bis hin zum Aufbau einer größeren Text-, Werbe- oder Marketingagentur fließend verlaufen.

> **Tiny-Start-up-Tipp:**
>
> **Selbstreflexion ist wichti. Wo liegen deine Kernkompetenzen?**
>
> Du solltest als freie Werbetexter*in genau herausfinden, wo deine Kernkompetenzen liegen, wo du den größten ökonomischen Nutzen für deine Kunden und dich generieren kannst, wie breit oder eng dein Angebot entsprechend aufgestellt sein sollte, ob du wachsen willst und, wenn ja, wie stark und in welchem Zeitraum.

Manche Werbeschriftsteller*innen texten rein für Endkunden und konzipieren Gewinnspiele und Verkaufsaktionen für schnelllebige Konsumgüter. Andere entwickeln Business-to-Business-Konzepte und texten Broschüren, Flyer und Direct Mailings. Wieder andere schreiben nebenbei auch noch Bücher wie Dr. Werner T. Fuchs mit seinem erfolgreichen *Crashkurs Storytelling*[232]. Ansonsten ist er mit seinem im schweizerischen Hünenberg angesiedelten Unternehmen Propeller Marketingdesign, das er 2001 gegründet hat, in Sachen Marketing- und Werbekonzepte unter Berücksichtigung neurologischer Erkenntnisse mit Beratungen, Referaten, Seminaren, Vorlesungen und Publikationen unterwegs.[233]

Tilo Dilthey ist ein weiterer Texter, der ein erfolgreiches Buch geschrieben hat. Es heißt *Text-Tuning: Das Konzept für mehr Werbewirkung*[234]. Sein Unternehmen sitzt im deutschen Meerbusch. Dort ist er Gesellschafter der Dilthey & Partner[235] Partnergesellschaft. Und genauso vernetzt arbeitet er auch mit einem Netzwerk von Kooperationspartner*innen und Mitarbeiter*innen aus Management, Marketing, Werbung und Öffentlichkeitsarbeit. Bei all diesen Textkreativen steht das ganz eigene Lebens- und Arbeits-konzept, stehen Kompetenzen und individuelle Glücksfaktoren im Vordergrund.

Wenn wir gerade bei Büchern sind: Auch Miriam Rupp hat ein sehr erfolgreiches Buch mit dem Titel *Storytelling für Unternehmen*[236] ge-schrieben. Sie hat zwar danach ein persönliches Rebranding realisiert und heißt jetzt Miriam Schwellnus, gleich geblieben ist jedoch ihr En-gagement für die Berliner Mashup Communications GmbH.[237] Kein Wunder, ist sie doch Co-Gründerin und zusammen mit Nora Feist Geschäftsführerin dieser »PR Agentur und Brand Storytelling Be-ratung«. Die Firmengründung fand 2009 statt, als sie gerade einmal 24 Jahre alt war. Im April 2019 feierten beide Gründerinnen/Geschä ftsführerinnen zusammen mit ihrem 20-köpfigen Team das zehnjäh-rige Firmenjubiläum.[238] Dabei stellte Miriam Schwellnus die gemein-samen Werte heraus, die zur Überwindung aller bisherigen Heraus-forderungen und Hindernisse geholfen haben, nämlich Empathie, Teamwork, Transparenz, Humor und Optimismus. Dass diese Wer-te bei Mashup wirklich gelebt werden, zeigt das Interview mit Franzis-ka Schulze auf YouTube[239], die 2011 als erste PR-Beraterin zu Mashup Communications kam und bis 2014 blieb. Auf dem eigenen YouTube-Kanal[240] hat Mashup Communications zudem für jedes vergangene Jahr jeweils ein Interview mit Mitarbeiter*innen eingestellt. Sehens-wert ist der 10-Jahres-Rückblick der beiden Geschäftsführerinnen: https://www.youtube.com/watch?v=Oewg-erahI8.

Eine Text-, PR- oder Werbeagentur zu gründen, geht natürlich auch ohne ein Buch zu schreiben. Wie das die beiden Schweizer Texte-rinnen Juliane Franke und Ramona Grutschnig angegangen sind, kannst du auf unterhaltsame Art und Weise in dem Interview im *Tagblatt* nachlesen.[241] Was aus der Tiny-Start-up-Idee der beiden ge-worden ist und wie sich jollywords Franke & Grutschnig aus Kreuz-lingen heute präsentiert, erfährst du auf deren Homepage: www.jol-lywords.com.

Tiny-Start-up-Tipp:

Netzwerk ortsunabhängiger Entrepreneure

Wenn du dein Unternehmen als »Solopreneur*in« vollkommen ortsunge-
bunden aufbauen möchtest und dennoch Anschluss an eine weltweite
Gruppe von Gleichgesinnten suchst, dann ist vielleicht der Citizen Circle
etwas für dich.[242] Dabei handelt es sich um eine Community von Menschen, die eigene Geschäftsmodelle ortsunabhängig aufbauen und sich
dabei gern mit anderen austauschen. Laut Homepage nehmen das Angebot bereits über 400 Mitglieder wahr. Auf den zweimal jährlich statt-
findenden CC Konferenzen, weltweit und in Europa, bei den Events sowie
Lokaltreffen steht der direkte Austausch im Vordergrund. Neben Informationen spielt das Menschliche dabei eine große Rolle. Zusätzlich werden
»Workations«, also eine Fusion von Arbeit und Urlaub, realisiert. Die letzte
Europa-Konferenz fand in Lissabon statt. Location für die nächste dreitä-
gige weltweite CC Konferenz im Januar 2020 ist Langkawi in Malaysia.[243]

Ein Bild sagt mehr als tausend Worte

Wem 26 Buchstaben für ein Start-up einfach zu wenig sind, findet
vielleicht im Bereich der visuellen Gestaltung seine Berufung. Als
Fotograf, Grafiker, Designer oder Künstler stehen dir in der heutigen, stark visuell orientierten Zeit viele Möglichkeiten offen. Mit
fish in heaven hat sich zum Beispiel Stefan Abtmeyer 1995 als Fotograf selbstständig gemacht. Er zeigt sehr schön, wie auch kleine
Start-ups nachhaltig gelingen können. In Berlin und der Ostprignitz
konzentriert er sich, in durchaus künstlerischer Art und Weise, auf
sein Kernthema Food. Dass er dabei auch Porträts kann, zeigen seine
Aufnahmen von Köchen, unter anderen für das *Slow Food Magazin*.
Seine Homepage ist besuchenswert: http://www.fishinheaven.de/.

Tiny Start-up mit einer Fotogalerie

YellowKorner wurde 2006 von Alexandre de Metz und Paul-Antoine Briat gegründet und folgt der Idee, hochwertige Fotografien anerkannter und hochtalentierter Künstler allen Kunstbegeisterten und -sammlern zu moderaten Preisen anzubieten. Vergleichsweise hohe, aber strikt kontrollierte, nummerierte und limitierte Auflagen ermöglichen diese Umsetzung, die immer vertraglich mit dem jeweiligen Künstler individuell festgelegt wird. Heute präsentiert YellowKorner ein weltumspannendes Panorama zeitgenössischer Fotografien an rund 100 Standorten. Die Galerien sind Orte der Entdeckung und des Austausches zwischen Künstlern und Kunstliebhabern. Ein Kunstkomitee, in dem ausgewiesene Experten aus je einem Bereich der zeitgenössischen Kunst sitzen, entscheidet über die Auswahl der Künstler und die Aufnahme der Werke in das YellowKorner-Sortiment. Das Komitee informiert sich auf Ausstellungen, Messen und in Galerien über aktuelle Trends und Tendenzen auf dem Kunstmarkt und sucht nach spannenden Newcomern und Werken. Caroline Taskin ist mit ihrem Tiny Start-up ct arts GmbH seit 2014 Franchisenehmerin von YellowKorner in Basel. Bis Oktober 2019 hatte sie auch eine Lizenz in Zürich. Wir haben mit ihr ein Interview geführt.

YELLOWKORNER
PHOTOGRAPHY · LIMITED EDITION

Caroline Taskin, Franchisenehmerin YellowKorner in Basel

»GLÜCKSMOMENT« YELLOWKORNER BASEL © YELLOWKORNER BASEL

1. Warum haben Sie Ihr Unternehmen gegründet?

»Nach Jahren im Marketing als Produktmanager und Key Account Manager im Bereich FMCG hatte ich durch die Geburt meiner Tochter und unseren Umzug nach Stockholm eine Pause von der Arbeitswelt, die mir sehr viel Zeit für Weiterbildung und Businessideen verschafft hat. Aus diesen Ideen wurde zwar nichts, aber der Gedanke, mich selbstständig zu machen, blieb bestehen. Als ich auf YellowKorner traf, habe ich diesen Gedanken in die Tat umgesetzt.«

2. Was war der Auslöser für Ihre Geschäftsidee?

»Das Geburtstagsfest einer Freundin in Heidelberg. Beim Bummeln durch die Stadt haben wir einen YellowKorner entdeckt und vom ersten Augenblick war ich fasziniert von den vielen bunten Fotografien, die von den Wänden strahlten. Die Galerieleiterin hat uns erzählt, dass es sich um ein Franchisekonzept handelt, woraufhin ich zu Hause angefangen habe zu recherchieren und mich mit dem Unternehmen und dem Konzept Yellow-Korner auseinanderzusetzen.«

3. Wie erleben Sie Ihr Kleinst-/ Kleinunternehmertum? Worin liegen die größten Chancen, worin die größten Herausforderungen?

»Die größten Chancen sind die Flexibilität und Anpassungsfähigkeit, die man mit einem Kleinstunternehmen hat. Durch das Franchisekonzept bin ich natürlich an viele Vorgaben gebunden, dennoch kann ich auf die verschiedenen Anforderungen sehr individuell eingehen und schnell reagieren, da kein riesiger Hierarchieapparat durchlaufen werden muss, bevor eine Entscheidung getroffen wird. Die Entscheidungen kann und muss ich allein treffen und dann selbstverständlich auch die positiven und negativen Konsequenzen tragen. Die Herausforderungen liegen oft darin, dass keine Synergien genutzt werden können oder Einkaufskooperationen möglich sind. Anfragen für diverse Aufträge sind immer in sehr kleinem Volumen und sind daher meist sehr kostspielig. Auch fehlt oft der Sparringspartner, den man in Projekten in größeren Firmen durch Teamkollegen automatisch hat.«

4. Was ist ein typischer Glücksmoment, den Sie immer wieder in Ihrem Unternehmen erleben?

»Ein ganz großer Glücksmoment ist, wenn ich einem Kunden nach langer Beratung unsererseits und langer Überlegung seinerseits die Hand schütteln und zu seiner Entscheidung gratulieren kann, nachdem er sich ein schönes Bild ausgesucht hat. Der Kunde geht in diesem Fall freudestrahlend aus der Galerie, da er sich seinen Wunsch erfüllen konnte. Normalerweise überbringe ich die Fotografien dann auch persönlich den Kunden zu Hause oder im Büro. Jeder gelungene Event, jede Vernissage ist ein Glücksmoment, da ich Künstler und Kunstbegeisterte zusammenbringen kann. Aber auch jeder Morgen, an dem ich früh und noch allein in meine Galerie trete, empfinde ich als Glücksmoment.«

5. Würden Sie Ihr Unternehmen wieder genau so gründen oder etwas anders machen?

»Tatsächlich würde ich vermutlich vieles wieder gleich machen bei der Gründung, außer dass ich von Anfang an nur einen Standort eröffnen würde. Ohne Retailerfahrung gleichzeitig zwei Standorte zu eröffnen, war definitiv eine falsche Entscheidung. Diese hatte ihre strategischen Gründe, aber rückblickend hat sie die Entwicklung meines Unternehmens eingeschränkt und gefährdet. Im Nachhinein würde ich sicher auch den einen oder anderen Punkt der diversen Verträge anders verhandeln, aber im Großen und Ganzen würde ich mich wieder für den Weg mit Yellow-Korner entscheiden.«[244]

2.8   MODE GESTALTEN

Modedesign ist angesagt, besonders im urbanen Raum. In Städten wie Berlin kann man den Wettbewerb der Jungdesigner*innen körperlich spüren. Er hat an Intensität zugenommen. Klar, schließen doch pro Jahr allein an Berliner Modeschulen wie der Universität der Künste Berlin (UdK) sowie der AMD Akademie für Mode & Design rund 200 Studierende ihr Studium ab. Mode ist ein bedeutender Wirtschaftsfaktor und für Tiny Startupper sehr interessant.

Die Jungdesignerinnen Silke Geib und Nadine Möllenkamp haben sich diesem Wettbewerb anspruchsvoll gestellt und 2010 ihr eignes Label BLAENK in Berlin gegründet. 2012 gewannen sie den Preis »Start Your Fashion Business« der Berliner Landesinitiative Projekt Zukunft.[245] 2013 konnten sie ihre Modelle in einer Studiopräsentation auf der Berlin Fashion Week zeigen. In einem Artikel zur Mercedes-Benz Fashion Week Berlin im Juli 2014 werden die Kollektionen des Designerinnenduos als inspirierend, verzaubernd und berührend beschrieben, als eine »Ode an die Weiblichkeit«.[246] Doch Modedesigner*innen stehen unter einem massiven Erfolgsdruck. Ein eigenes Label zu gründen und erfolgreich am Markt zu etablieren dauert. Laut dem Coach Sonia Flöckemeier können dabei fünf bis sieben Jahre vergehen.[247] Diese finanzielle Durststrecke zu überwinden braucht Kapital und Durchhaltevermögen. Einmalige Fördergelder des Landes Berlin reichen da allein nicht aus, um immer wieder neue und anspruchsvolle Kollektionen zu realisieren. Neben den Designarbeiten gingen beide Designerinnen deshalb Zweitjobs nach, um ihr Label zu finanzieren. Wir hatten die Designerinnen eine Zeit lang aus den Augen verloren und waren umso neugieriger, wie es ihnen heute geht. Das Label BLAENK existiert 2019 weiterhin und ist unter der Homepage www.blaenk.net zu finden. Gleich auf der Eröffnungsseite wird man allerdings von der Spring/Summer Collection 2014 begrüßt. Die Erklärung ist einfach. Nadine Möllenkamp hat sich 2014 vom Label verabschiedet und ist heute

Head of Fashion Design MA und BA der Design School Kolding in Dänemark. Sie gibt dort ihr theoretisches Modedesign-Wissen und ihre ganz praktischen Erfahrungen an Studierende weiter. Silke Geib ist noch immer Inhaberin des Fashion Labels BLAENK in Berlin, hat aber inzwischen zusätzlich ABOUT:FASHION gegründet, eine Fashion und Design Consultancy für »Beratung, Coaching & Kurse für Schüler, Modestudierende, Fashion Professionals, Modeschulen und Unternehmen«. Auch sie befähigt mit ihrem in Berlin angesiedelten Start-up andere, erfolgreich in die Modebranche einzusteigen. Über ihre Homepage sowie über die sozialen Kanäle Facebook, Instagram, Twitter und Pinterest kann man ihren bunten Angeboten und deren intensiver Nutzung folgen.[248]

»GLÜCKSMOMENT« Hutauswahl, Bikini-Mall Berlin © Bellone Franchise Consulting GmbH

Auf unseren regelmäßigen Trendtouren, unter anderem durch Berlin, haben wir in der »Bikini-Mall« an der Kaiser-Wilhelm-

Gedächtnis-Kirche den temporären Shop von ReHats entdeckt. Re-Hats ist ein Label der Upcycling Deluxe GmbH mit Sitz in Berlin. Sie stellt nach Eigenangaben »Upcycling Headwear« her, nämlich Hüte, Mützen und Accessoires aus vorhandenen, gebrauchten Materialien, die wiederverwendet oder zweckentfremdet werden. Alle Stoffe verfügen dabei über eine ganz eigene Vergangenheit und Nutzungsgeschichte. So besteht die Kollektion »Coffee 2 Go« aus echten Jute-Kaffeesäcken, die bereits weltweit im Einsatz waren. Ihre Bedruckungen legen Zeugnis darüber ab. Jährlich fallen wohl über 140 Millionen Kaffeesäcke für den weltweiten Transport an. Sie werden per Hand zugeschnitten und mit traditionellen Maschinen in Polen in Hutmacherqualität gefertigt. Gesichert wird diese besondere Qualität durch die Zusammenarbeit mit einer polnischen Hutmanufaktur, die in dritter Generation geführt wird. Den Abschluss bilden hochwertige Hutbänder, ein Innenfutter aus Baumwolle sowie das originale ReHats-Emblem aus Metall. Ebenso rough wie schön gestaltet ist die Kollektion »Die Gewerkschaft«. Hierunter fallen Basecaps und Traveller-Hüte aus Arbeitskleidung von Maler*innen, Mechaniker*innen und Elektriker*innen. Eigentlich wird die vermeintlich ausgediente Arbeitskleidung von Unternehmen »turnusmäßig« jährlich millionenfach entsorgt. Durch die Nutzung dieser Grundmaterialien spart ReHats bei der Hutherstellung, im Vergleich zu neuer Baumwolle, circa 2500 Liter Wasser ein und verwendet dabei keine Stoffe tierischen Ursprungs. Eco und Ethical Fashion, ein grenzüberschreitendes Geschäftskonzept, Handwerkskunst und Materialgeschichten – klar, dass auch wir etwas bei ReHats für uns kaufen mussten. Wer mehr über das Tiny Start-up erfahren möchte, kommt hier zur Homepage der Upcycling Headware: https://www.re-hats.com/.

Und hier freuen wir uns, dir unser Interview mit den zwei glücklichen Finnen Emmi und Eljas vorstellen zu können. Sie haben das spannende Tiny Start-up Jouten gegründet, das im Upcycling-Bereich angesiedelt ist.

jouten

Emmi & Eljas, jouten, Premium Garments from Recycled Industrial Terrycloth, Helsinki, Foto © Sal Li

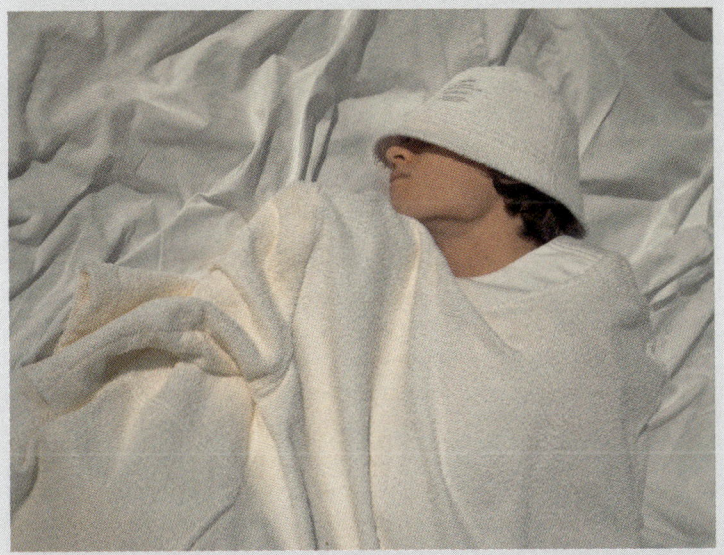

»GLÜCKSMOMENT« jouten © Emmi Lonka, Jouten, Helsinki

1. Warum habt ihr euer Unternehmen gegründet?

»Ursprünglich startete ich (Emmi) mit Jouten im Jahr 2015, mit der Idee, Handtuchponchos – ein Kleidungsstück, das man am Strand nutzen kann, um seine Badebekleidung zu wechseln – aus recycelten Handtüchern herzustellen. Die Idee eines schönen, farbigen Ponchos, nur für mich selbst, war mir schon seit einiger Zeit in den Sinn gekommen.

Die Verwendung von recycelten Handtüchern entstand jedoch aus einer Laune heraus, als ich von einem Bewerbungsgespräch nach Hause kam. Es stellte sich heraus, dass die Verwendung von recyceltem Frottee bei Weitem der günstigste Einstieg war, mit Handtüchern als Material für Kleidung zu experimentieren, und glücklicherweise hatte ich die nötige Ausrüstung – wie auch Inspiration –, um loszulegen. In etwas mehr als einem Jahr realisierte ich mit Jouten 137 einzigartige Ponchos, die in acht verschiedene Länder auf der ganzen Welt verkauft wurden. Nach einiger Zeit jedoch erschien es mir, als könnte das onlinebasierte Ein-Frau-Handtuchponcho-Geschäft von einem Business Development profitieren, und die Handtücher wurden bis zum Herbst 2018 zurückgestellt, bis Eljas mit auf den Zug aufsprang. Wir (Emmi und Eljas) haben Jouten neu bewertet und entschieden, dass es zu viel Gutes gab, um es aufzugeben, wir aber einen Weg finden müssten, ein nachhaltigeres Geschäftsmodell um die ursprüngliche Einzelshow herum zu bauen. Vom individuellen Mischen und Zusammenstellen der Handtücher gingen wir zu einfarbigem Frottee über, das gebündelt aus dem Wäschekreislauf der finnischen Hotellerie entnommen wurde.«

2. Was war der Auslöser für eure Geschäftsidee?

»Der Auslöser, weiter an einem bestehenden Konzept zu arbeiten, das bei der Öffentlichkeit gut angenommen und gemocht wurde, war der Strategiewechsel im Materialfluss. Die Verwendung von recycelten Materialien war etwas, das wir aus dem ursprünglichen Konzept bewahren wollten. Aber erst mit einem zunehmend gleichmäßigeren Fluss der zu recycelnden Handtücher aus den Hotels wurde es realistisch, dass wir uns auf komplexere Produktentwicklungen konzentrieren konnten. Der Verzicht auf die wöchentliche Routine des Durchsuchens nach verlorenen und gefundenen Handtüchern in öffentlichen Schwimmbädern erlaubte uns, uns ausschließlich auf den Aufbau einer kohärenten Marke zu konzentrieren, mit einer sorgfältig ausgewählten Kollektion handgefertigter und exklusiver Kleidungsstücke aus recyceltem Frottee; gleiche Idee, etwas größerer Maßstab, mit etwas mehr Stabilität.«

3. Wie erlebt ihr euer Kleinst-/Kleinunternehmertum? Was sind die größten Chancen, was die größten Herausforderungen?

»Für uns liegen die größten Chancen der Führung eines Kleinstunternehmens in der Beweglichkeit und der Freiheit. Wir beide sind sehr anpassungsfähig in Bezug auf neue Geschäftsbedingungen und in der Lage, Entscheidungen – große und kleine – blitzschnell zu treffen. Wir sind sehr unabhängig, wenn es darum geht auszuwählen, welche Ideen wir verfolgen wollen. Nur zwei Personen am Verhandlungstisch zu haben, eröffnet Raum für große Originalität in der Art und Weise, wie die Dinge gemacht werden. Es bedeutet auch, dass der Fortschritt manchmal langsamer ist als erhofft. Die Stunden des Tages sind sehr begrenzt mit der Zunahme rot gekennzeichneter Prioritäten auf unserer Liste, aber wir sind extrem glücklich, ein fantastisches Netzwerk von Familienmitgliedern und Freunden um uns herum zur Unterstützung zu haben. Die Einhaltung selbst festgelegter Fristen, ohne externen Druck, ist eine Herausforderung, die zunehmend von der Lektion ›what goes around, comes around‹ angetrieben wird.«

4. Was ist ein typischer Glücksmoment, den ihr im Leben eures Unternehmens immer wieder erlebt?

»Die Freude, unsere eigenen Ideen lebendig werden zu sehen, sei es in Form von Kleidung, Fotografien oder realisierten Zielen, ist wahrscheinlich der ultimative Grund, warum Jouten weiter rudert. Fähig sein, einer plötzlichen Inspiration zu folgen, ohne umfangreiche Verhandlungen an einem geheimen Executive-Nachmittagsteetisch zu führen, hält unsere Tage geschäftig und voller unerwarteter Wendungen. Während der Betrieb einer Full-Service-Handtuchdesign-Fabrik mit zwei Mitarbeiter*innen uns verzweifelt nach mehr Händen und Stunden in unseren Tagen suchen lässt, ist ›FOMO‹[249] das Letzte, worüber wir uns Sorgen machen müssen, wenn es um das Privileg geht, Teil jedes einzelnen Teams zu sein, von der Mustererstellung über das Webdesign, bis hin zur Öffentlichkeitsarbeit.«

5. Würdet ihr euer Unternehmen wieder so gründen, wie ihr es getan habt, oder würdet ihr etwas anders machen?

»Wenn ich an die Geburt von Jouten Ende 2015 zurückdenke, bezweifle ich (Emmi), dass ich irgendetwas anders getan hätte. Die Geschichte, die sich um das Führen eines eigenen Geschäfts immer weiterschreibt, fühlt sich sehr nach dem Schmetterlingseffekt an, daher ist es schwer zu sagen, wie eine kleine Änderung in der Vergangenheit das zukünftige Ergebnis beeinflusst hätte. Es ist wirklich ziemlich schwer, objektiv zurückzudenken, ohne die ›Lessons learned‹ und die auf dem Weg gewonnenen Weisheiten im Kopf zu behalten.

Oft ist es das Beste, sich über einen reich gesammelten Erfahrungsschatz zu freuen. Die Zeit wird zeigen, ob oder ob wir es nicht schaffen, die Kraft des Handtuchs wiederzubeleben und Jouten auf das nächste Level zu bringen. Zum Zeitpunkt dieses Textes sind wir gerade eine Woche von dem Launch unserer ersten gemeinsamen Kollektion ›The Ripped Corner of a Five Star Hotel‹ entfernt. Insgesamt war Jouten bisher eine unglaubliche Lernerfahrung, in der die Lektion ›Wo ein Wille ist, da ist auch ein Weg‹ uns mehr als vertraut wurde.«

www.jouten.fi

Das Interview mit Emmy und Eljas haben wir auf Englisch geführt und für dich ins Deutsche übersetzt.

2.9 NEUE TECHNOLOGIEN NUTZEN

Wir leben in einem Zeitalter rasanter technologischer Entwicklungen. Wenn du eine große Affinität zu neuen Technologien hast sowie über Vorwissen und Erfahrungen verfügst, können diese die Geschäftsgrundlage für dein erfolgreiches Tiny Start-up legen. Manchmal reicht es auch schon, wenn du die relevante Bedeutung von Technologien erkennst und dir Partner*innen suchst, die mit diesen nutzbringend umgehen können.

Tiny Startupper mit zwei verschiedenen Ansätzen

Die 25-jährige schwäbische Jungunternehmerin Kim Eisenmann, die Technologien für ihr neustes Projekt verwendet, möchten wir dir an dieser Stelle kurz vorstellen. Weil es so spannend ist, beginnen wir ihren Gründungsweg jedoch 2016 mit ihrem ersten Start-up in Form einer UG während ihres Studiums zum Master of Science (M. Sc.) in Wirtschaftsingenieurwesen am Karlsruher Institut für Technologie (KIT). Ihr Geschäftspartner Sven spielte während der Studienzeit in den Klausuren nervös abwechselnd mit seinem Kugelschreiber und einem Textmarker, so das Storytelling auf ihrer Homepage.[250] Das brachte beide dazu, 2017 ihr Unternehmen zu gründen, um in Eigenregie mit einem CAD-Programm einen

»FlipPen« zu entwickeln, der die drei Eigenschaften verbindet, nämlich ein Kugelschreiber und Textmarker sowie zusätzlich drehbar zu sein, und diesen zu vermarkten. Im gleichen Jahr lag ein Prototyp vor, wurde das Gebrauchsmuster zum Schutz angemeldet und das Produkt optimiert. 2018 wurden Partner für Bereiche wie Produktion, Qualitätskontrolle et cetera gewonnen. Heute liegt von der Eigenkreation der Kim Eisenmann, auch »Kim Ironman«, wie sie sich auf ihrer Homepage selbst nennt, der FlipPen sowie der FlipPen one im eigenen Onlineshop https://flippen.koli-bri.net/home vor. Letzterer verfügt zusätzlich zum Kugelschreiber und Textmarker noch über einen USB-Speicher.

Im zweiten Teil der Geschichte wird von Kim Eisenmann und ihrem Partner Sven Häuser das Unternehmen Twinvay GmbH gegründet. Der Gründungsimpuls war gesellschaftlicher Natur.[251] Eine Bekannte von ihr war nach einem Stadtfest 2018 durch K.-o.-Tropfen betäubt und vergewaltigt aufgefunden worden.[252] Bereits zwei Monate später hatten Kim und Sven einen Prototyp für ein Armband entwickelt, das K.-o.-Tropfen im Schnelltest nachweisen sollte. Nach einem Optimierungsprozess konnten sie die Drogeriekette dm im Frühjahr 2019 mit ihrem Onlinevertriebskanal für ihre Neuheit Xantus gewinnen. Nach 72 Stunden war der erste Satz, nach weiteren 42 Stunden der zweite Satz Armbänder verkauft. Die chemischen und technischen Anforderungen für die Herstellung und Funktionstüchtigkeit der Armbänder erfüllten übrigens Geschäftspartner*innen, die sich die beiden Startupper gesucht hatten. Die Produktion haben sie über Kredite selbst finanziert. Die Nachlieferungen in größerer Auflage sollen jetzt auch bei dm in den Geschäften in verschiedenen Ländern ausliegen. Näheres dazu findest du auf der Homepage https://xantus-drinkcheck.de/.

Wie Drohnen Tierleid vermeiden und die Ernte schützen helfen

Rehe setzen (gebären) ihre Kitze im Mai und Juni des Jahres. In den ersten Wochen legt die Geiß ihre Rehkitze in hoch bewachsenen Feldern ab. So sind sie nicht sichtbar. Da die Jungtiere auch mehr oder weniger geruchslos aufwachsen, fühlen sie sich vor ihren Fressfeinden am sichersten, wenn sie sich einfach nicht bewegen, komme da, was wolle. Laut René Weiss, Schweizer Jäger aus dem Aargau, ist das vor allem für Bauern bei der Wiesenmahd ein Problem. Denn Rehkitze lassen sich auch nicht von lauten Traktoren oder Menschen verscheuchen. Ihr Fluchtinstinkt entwickelt sich erst später. So ducken sie sich durch ihren angeborenen Drückinstinkt einfach auf den Boden. Die Folge: Sie werden vom Mähwerk erfasst und getötet. Um sowohl Tierleid als auch Ernteverunreinigungen, die beim Bauern zu einem beträchtlichen wirtschaftlichen Schaden führen können, zu vermeiden, müssen die Bauern die Kitze vor der Mahd entdecken und entfernen. Als effektive Methode bieten sich die Drohnensichtung aus der Luft mit einer Wärmebildkamera und das temporäre Umsetzen der Tiere an. Wie das funktionieren kann, zeigt ein Film auf der Seite des Magazins *jagderleben*[253] sowie ein Bericht vom WDR.[254] Während die Drohnen in den Filmen von ehrenamtlichen Helfern geflogen werden, steckt hinter dem »Prinzip Drohne« ein kleines Geschäftskonzept. Der Einsatz von Drohnen kann zu Effektivitätssteigerungen führen, ist somit auch wirtschaftlich für unterschiedliche Branchen interessant. Dirk Sachon weist in seiner »Jagdwirtschaftlichen Abschlussarbeit«[255], mit dem Titel »Einsatz neuer Technologien in der Jagd« an der Universität für Bodenkultur Wien darauf hin, dass Drohnen sich effektiv auch zum »Wildmonitoring« eignen. Die Überwachung aus der Luft ist für Naturschützer*innen, aber ebenfalls für Bauern von landwirtschaftlichen Flächen auch aus anderen Gründen ratsam. So können Pflanzenkrankheiten schneller erkannt und planvolle Gegenmaßnahmen effektiver ergriffen werden.

Fotogrammetrische 3-D-Modellierung mit Drohnen

Auch zur Unterstützung der Wissenschaft werden »Drohnenpiloten« gebraucht. Zum Beispiel, wenn sich archäologische Stätten an unwirklichen Orten befinden, wie ein Bericht auf euronews zeigt.[256] Der in dem Bericht gezeigte Ausgrabungsort befand sich mitten auf der Autobahn A1, nahe Lausanne, unter dem Asphalt. Der Einsatz einer Drohne konnte die Zeit für die Visualisierung und Dokumentation erheblich verkürzen. Die an den Ausgrabungen beteiligte Firma Archéotech entwickelt und verwendet innovative dokumentarische Techniken.[257] Damit trägt sie seit fast 40 Jahren zur Forschung und zum Erhalt archäologischer und künstlerischer Güter in der Schweiz sowie im Ausland bei. Sie verfügt über ein einzigartiges Know-how in der 3-D-Vermessung sowie in der 2-D- und 3-D-Modellierung.

Drohneneinsatz für Film- und Fernsehproduktionen

In Film- und Fernsehproduktionen ist der Einsatz von Drohnen für Luftbildaufnahmen bereits zur Regel geworden. Teure, aufwendige und komplizierte Nutzungen von Flugzeugen und Hubschraubern wie auch Einsätze von Kamerakränen werden dadurch ersetzt. Hier ein Beispiel von Drohnen-Filmaufnahmen über der Niederlausitz: https://vimeo.com/113789725. Wie die neuen Drohnen und Quadrocopter die Film- und Fotowelt revolutionieren, zeigt das »Schmidt Max-Tutorial« vom Bayerischen Rundfunk: https://www.youtube.com/watch?v=XoR64wsgVNg. Welche Geschäftsgründungen auf dieser technologischen Grundlage möglich sind, zeigt unter anderem Jörn Tirgrath mit seiner Firma t-copterdrone.com UG in Priborn, Mecklenburg-Vorpommern.[258] Er bietet mit seinen Flugdrohnen und Multicoptern einen deutschlandweiten Luftbildservice in HD-Qualität. Ein Showreel von 2016 ist auf Vimeo zu sehen: https://vimeo.com/151138177. Das Unternehmen bietet auch Aufnahmen für den Tourismus, für die

Immobilienvermarktung sowie die Überprüfung von Industrieanlagen auf Verschleiß und Schäden. Ein ähnliches Angebotsprofil weisen auch Mario Hambsch und Paul Kitawa aus Calau auf,[259] nämlich die Produktion von Imagefilmen, Aufnahmen für die Fotogrammetrie sowie zur thermografischen Prüfung von Photovoltaikanlagen und zur Detektierung thermischer Auffälligkeiten auf den Modulen, Aufnahmen zur energetischen Diagnostik sowie generelle Luftbildaufnahmen. In der Schweiz hat sich das Luzerner Unternehmen airview® Schumacher auf aerial filming, Luftaufnahmen mit Drohnen, spezialisiert.[260] Auf der Homepage sind wunderbare Aufnahmen der Schweiz von oben zu sehen. Martin Schumacher bietet zusätzlich Drohnenkurse an.[261] Vielfältigste Spezialisierungen sind mit Drohnen und Quadrocoptern möglich. Wenn du eine große Affinität zu dieser Technologie hast, solltest du dir Zeit für ein paar ganz eigene Recherchen nehmen. Wir denken, es wird sich für dich lohnen.

Eigene Drohnen bauen und vermarkten

Einen interessanten Bericht über das Potenzial von Drohnen und wie der US-amerikanische Jungunternehmer George Matus damit sein (ganz großes) Geschäftskonzept aufbauen will, findest du in der ProSieben-Sendung *Galileo* vom 29. Mai 2017.[262] Auf der aktuellen Homepage von George Matus' Firma Teal Drones findest du ein Video, in dem der Gründer sehr interessant über die Vorteile seiner neuen Drohne sowie über zukünftige Potenziale spricht: https://tealdrones.com/.

Final Start-up-Tipp:

Drohnen fliegen lernen

Wenn du eine Drohne zu deiner Geschäftsgrundlage machen möchtest, solltest du das Fliegen damit erlernen und ein Zertifikat zum Flugbetrieb erlangen. Angebote dafür findest du zum Beispiel auf droneparts.de.[263] Hier werden Einzel- und Gruppentrainings für verschiedene Fluggeräte von eigenen Trainer*innen und Kooperationspartner*innen wie DEKRA Aviation angeboten. Trainings und Prüfungen zum Kenntnisnachweis gemäß Paragraf 21d LuftVO finden in Deutschland bundesweit statt. In der Schweiz bieten diverse Drohnenschulen Drohnenkurse an, zum Beispiel in der Gemeinde Hittnau, Zürich.[264] Falls du im Autoclub bist, interessieren dich vielleicht eher die Drohnenkurse des TCS. Diese werden in Abstimmung mit dem SVZD erstellt und zielen auf die gesamte Breite, von Einsteiger*innen bis Profi. Der SVZD, der Schweizer Verband Ziviler Drohnen, ist der Dachverband des Schweizer Drohnengewerbes, der sich für Piloten, Händler und Hersteller in der Schweiz einsetzt. Er hat einen eigenen Verhaltenskodex[265] entwickelt: https://www.drohnenverband.ch.

2.10 PERSPEKTIVEN SCHAFFEN

Da geht noch was: Mit »einer Handvoll Sachen« hatte sie in ihrer 60 Quadratmeter kleinen Boutique in Hamburg angefangen. Mode, Accessoires und Präsente wurden von Hella Dreyer sorgfältig ausgesucht. Sie war 65-jährig, als sie 2010 ihren Traum von der Selbstständigkeit verwirklichte. Nach 23 Jahren Verkaufstätigkeit in einem Möbelhaus hatte es nach der Berentung lediglich zwei Monate gedauert, bis sie ihre neue Aufgabe wahrnahm. Es lief so gut an, dass sie schon gefragt wurde, warum sie nicht ein zweites Geschäft aufmache. In einem Interview des *Hamburger Abendblatts* vom Februar 2015 drückte sie ihre Haltung dazu folgendermaßen aus: »Ich habe ja kein Unternehmen gegründet, um reich und erfolgreich zu werden. Sondern um eine Aufgabe zu haben, die mich ausfüllt. Glücklich macht. Und wenn ich dabei auch noch Geld verdiene, umso besser.«[266] Nach fast sechs erfolgreichen Jahren wolle sie eher etwas kürzertreten und nur noch fünf Tage die Woche arbeiten, so der Wortlaut.

Hella Dreyer gehört zu den Existenzgründer*innen im besten Alter, wie sie charmant vom Bundesministerium für Wirtschaft und Energie in der Extra-Ausgabe von *GründerZeiten 19* genannt werden. Darin ist auch zu lesen, dass die Gruppe der Gründer*innen 65plus überdurchschnittlich wächst.[267] Natürlich gehören dazu nicht nur die »Gern-Gründer*innen«, sondern auch die Not-Gründer*innen, wie schon im ersten Kapitel unseres Buches vorgestellt. Wie auch immer, der demografische Wandel zeigt sich in der Arbeitswelt und bringt viele spannende Geschäftskonzepte von und für Rentner*innen hervor. Ein paar Entrepreneure, die bei der Gründung bereits in den Fünfzigern und Sechzigern waren, möchten wir dir kurz in diesem Blog vorstellen: https://arkenea.com/blog/entrepreneurs-above-50/.

Spotlight

100 Jahre und kein bisschen leise

Der Hundertjährige, der aus dem Fenster stieg und verschwand ist nicht nur ein wunderbares Buch des schwedischen Journalisten und Autors Jonas Jonasson, es ist auch ein Szenario, das immer wahrscheinlicher wird. Damit ist nicht zwingend die wechselvolle Handlung des Buches gemeint, aber durchaus das Erreichen eines hohen Alters, verbunden mit gänzlich anderen Ansprüchen als in den Generationen zuvor. Forscher des Max-Planck-Institutes haben für die Initiative »7 Jahre länger« eine deutliche Zunahme von Hundertjährigen prognostiziert. Heute erreichen weltweit zwei von 10 000 Menschen ihren 100. Geburtstag. Bessere Gesundheitsversorgung und reflektierte Lebensführung werden die Zahlen weiter positiv beeinflussen. Wer selbst einmal seine persönliche Hochrechnung vornehmen will, kann dies über folgenden Link tun: https://7jahrelaenger.de/lebenserwartungsrechner/.[268]

In den USA machen die 60- bis 69-jährigen Small Business Owner übrigens 18 Prozent und die über 70-jährigen 4 Prozent aus (2019).[269]

Rentner zum Mieten

»Rent a Rentner«, so lautet der selbsterklärende Name der Jobvermittlungsplattform des Gründer*in-Trios Reto Dürrenberger, Sarah Hiltebrand und Peter Hiltebrand.[270] Die Story, wie alles begann, beruht wieder einmal auf einer Eigenerfahrung. Peter Hiltebrand hatte sich nicht mit dem traditionellen Rentnerdasein zufriedengeben wollen. Es müsse doch eine Lösung geben, sich wieder nützlich zu fühlen, sinnierte er. Gemeinsam mit der Tochter und deren Partner, beide hatten eine Werbeagentur in Zürich, wurde aus der anfänglichen Idee, älteren Menschen Jobs zu vermitteln, das Konzept und die Plattform »Rent a Rentner«, die 2009 aufgeschaltet wurde. Damit begann eine Erfolgsstory, die mit mehreren Preisen für Idee und Marketing belohnt wurde. Und damit nicht genug. 2016 wurde ein zweites Portal lanciert namens »Date a Rentner«, eine Dating- und Freizeitvermittlungsplattform.[271] Auch diese hat persönlich Erlebtes in den Genen, das dazu führte, dass versteckte Gebühren oder ungewollte Verlängerungen von Mitgliedschaften ein No-Go für das Trio sind. Klarheit und Einfachheit sind Maximen für das Handling beider Portale, sowohl für die Rentner*innen, die ihre Profile und Tätigkeitsbereiche aufschalten, wie auch für diejenigen, die Jobs zu vergeben haben.

Die jüngste Entwicklung der umtriebigen drei ist die seit 2018 erhältliche kostenlose App RentnerFinder®, mit der sich nach Rubriken und Tätigkeiten suchen und buchen sowie eine Merkliste für Favoriten anlegen lässt. Eine derart fortschrittliche Idee, ältere Menschen wieder in Arbeitsprozesse zu integrieren, erlebt seither eine regelrechte Blütezeit. In Deutschland gibt es Rent a Rentner ebenfalls, Jonas Reese und Lutz Nocinski haben die Plattform 2012 gegründet und nehmen sich dort der Best Ager an.[272] Das Potenzial ist riesig, gibt es doch rund 17,5 Millionen Menschen in Deutschland, die 65 Jahre und älter sind.[273] In der Schweiz sind über 1,6 Millionen[274] und in Österreich rund 1,7 Millionen Personen[275] über 65 Jahre alt.

Gebackenes Glück

Das Wissen um alte Rezepte und Handarbeitsgeschick haben sich die Gründerinnen zweier anderer Geschäftskonzepte zunutze gemacht. Mit Kuchentratsch, einem Social-Start-up, startete Katharina Mayer 2014, gleich nach dem Studium. Rund 50 Rentner*innen backen in der Münchner Backstube von Kuchentratsch ihre Lieblingskuchen. (Es sei angemerkt, dass »Oma Irmgards Karottenkuchen«[276], eine Schweizer Spezialität, der Bestseller ist). Die Kuchentratsch-Senioren haben so nicht nur die Möglichkeit, sich etwas dazuzuverdienen, sondern sie haben Kontakt und eine wichtige Funktion. Das Potenzial des Konzeptes hatten wiederum zwei Löwen (*Die Höhle der Löwen*[277]), Dagmar Wöhrl und Carsten Maschmeyer, erkannt und investierten 100 000 Euro gegen eine Beteiligung von 10 Prozent am Unternehmen. Damit konnten das Marketing und der Onlinevertrieb ausgebaut werden, denn zu den Abnehmern der Kuchenspezialitäten zählen nicht nur Cafés und Privatkunden, sondern Unternehmen wie beispielsweise Bertelsmann und Steigenberger Hotels, die für ihre Kunden etwas Besonderes suchen.[278] Unterdessen arbeiten sieben Vollzeitmitarbeiter*innen für Kuchentratsch, zwei Kuchentratsch-Backbücher sind erschienen und zu den 50 backenden Senioren werden sich noch weitere dazugesellen.[279]

Ob Ringelreihen in Blau von Oma Bibi oder ein Mützen-Wintertraum von Oma Karin: Alles wird von Omas selbst gestrickt, gehäkelt und genäht für das fränkische Kleinstunternehmen MyOma. Verena Pöschel hatte die Idee für das soziale Start-up 2011 umgesetzt. Seither werden über die Plattform von www.myoma.de die Handarbeiten vertrieben und bieten den derzeit rund 100 Rentner*innen ebenfalls einen Nebenverdienst und ein wichtiges Gemeinschaftsgefühl.[280] Der Erfolg des Konzeptes führte zu einer Ausweitung unter dem Namen https://myoma-kocht.de/. Von Marmeladen über Saucen bis hin zu leckeren Kompotts bieten Omas ihre Klassiker und neuen Kreationen an. Und das nicht nur über das Portal, auch Supermarktketten wie Rewe, Edeka und Real sind auf den Geschmack gekommen. Das ist schön, denn nicht nur die kochenden Senioren*innen und das Sozialunternehmen verdienen an den Produkten, ein Spendenbeitrag geht zusätzlich an die LichtBlick Seniorenhilfe e. V.

Tiny-Start-up-Tipps:

Alles Käse

Wenn wir über Kuchen schreiben, dann müssen wir allerdings zwei weitere Kleinstunternehmen erwähnen, die sich dem Käsekuchen verschrieben und nicht nur uns als Fans gewonnen haben. Stefan Linder, der »Nicht-Bäcker«, schaffte es, mit Stefans Käsekuchen weite Teile von Baden-Württemberg zu erobern. Seit 2002 beglückt er mit seinen vier Standard- und Saisonkreationen auf Wochenmärkten und über zwei regionale Ketten seine Fans. 2017 lag der Umsatz seines Käsekuchen-Imperiums bei zwei Millionen Euro.[281]

Seit 2011 gibt es in Berlin-Mitte das Café Princess Cheesecake und seit 2018 auch eines in Berlin-Charlottenburg. Der Name ist Programm, denn die Käsetortenvariationen bergen nicht nur sorgfältig ausgesuchte und naturbelassene Zutaten, sie sind auch schön anzusehen. Und sie haben Suchtpotenzial oder, wie es die Gründerin Conny Suhr ausdrücken würde, sie tragen zur »Moodfood-Versorgung« bei.[282]

Mein Platz – dein Platz

Es war wieder einmal total überfüllt, das St. Oberholz am Rosenthaler Platz in Berlin-Mitte. Wir hatten nach einem kurzen Arbeitsort auf unserer Trendtour gesucht. Aber kein Wunder, das Café ist der Pionier für temporär genutzte Workspaces. Coworking-Spaces sind heute ein fester Bestandteil in der Start-up-Szene, sowohl für Nutzer*innen wie für Gründer*innen solcher Gemeinschaftsräumlichkeiten. Die Idee wird vielen nachgesagt, aber der erste offizielle unter diesem Namen lautende Coworking Space wird Brad Neuberg zugeschrieben. Als Freiberufler in den anfänglichen 2000er-Jahren hatte er, wie so viele andere, mit seinem Laptop meist in Cafés gearbeitet, um die Infrastruktur mit WLAN und Kaffee zu nutzen. Nicht nur er schien die Arbeitssituation suboptimal zu finden, denn seine angemietete Bürofläche für Selbstständige in einer alten Hutfabrik 2005 wurde sofort angenommen und so erfolgreich, dass sich das Konzept der Coworking Spaces weltweit verbreitete. So war die Idee 2006 auch in Berlin im St. Oberholz angekommen und hat sich bis heute erhalten und räumlich vergrößert.[283] Lokal Coworking Spaces oder Bürogemeinschaften können für dich als Gründer*in eines Tiny Start-ups eine gute Einstiegsmöglichkeit sein. Sie können aber auch zu über 25 Jahre andauernden Lösungen werden.

Vom ursprünglichen Trend hat sich Coworking zum Mainstream entwickelt. Es gibt Konferenzen, Magazine und Studien zu diesem Thema. Aktuell soll es weltweit rund 35 000 flexible Workspaces geben, und der Boom scheint ungebrochen.[284] 2015 beschlossen engagierte Coworker in der Schweiz sowie in Deutschland, Dachverbände für Coworker und Space-Betreiber zu gründen, um die Gemeinschaft von Coworkern besser zu vernetzen und zu vertreten (https://coworking.ch/ und www.coworking-germany.org). Eine der Gründer*innen des Verbandes Coworking Switzerland ist Jenny Schäpper-Uster. In Washington DC geboren, als Kind von Schweizer Eltern, ist sie aus Leidenschaft fürs Skifahren 1995 in die Schweiz gezogen. 2014 gründete sie Büro Lokal in Wil, St. Gallen, um gemeinsam mit sieben anderen 2016 VillageOffice als Genossenschaft zu gründen. Das gemeinschaftliche Startkapital lag bei 90 000 Schweizer Franken. Jennys Motive für die Gründung erzählt sie dir hier:

Jenny Schäpper-Uster, VillageOffice/Büro Lokal

»GLÜCKSMOMENT« © Fotograf: Jan Bolomey

1. Warum hast du dein Unternehmen gegründet?

»Seit der Gründung von meinem Coworking Space (Büro Lokal) im Jahr 2014 wollte ich die Idee eines dezentralen Coworkings weiterbringen. Alleine hätte ich es aber nie und nimmer erreicht; dafür war mein Netzwerk dazumal viel zu klein. Zudem braucht es eine Gemeinschaft, um diese Idee zum Wachsen zu bringen, ähnlich wie bei der Erziehung eines Kindes, ›it takes a village to raise a child‹. Unser Gründerteam war eine Gruppe von Idealisten, die einen gemeinsamen Wunsch hatte, Arbeit wieder in die Nähe des Wohnortes zu bringen. Die einen waren geplagte Pendler, die anderen Futuristen, die die Chancen der Digitalisierung schon 20 Jahre im Voraus sahen. Andere, wie ich, wollten die Vereinbarung von Familie und Beruf einfacher machen und die lokalen Gemeinschaften wieder stärken.«

2. Was war der Auslöser für deine Geschäftsidee?

»Der Auslöser war ›Serendipity‹ – ein Zufall. Ich hatte von David Brühlmeier und seinem VillageOffice-Projekt an einem Coworking-Switzerland-Treffen gehört. Damals war Dave noch bei der Swisscom angestellt, und ich dachte mir: ›Coworking in den Dörfern wollten wir als kleine Coworking-Space-Betreiber aufbauen, und jetzt kommt Swisscom und nimmt uns diese Idee weg? Das darf nicht sein.‹ Es stellte sich heraus, dass es nicht die Swisscom war, sondern Dave, der diese Idee innerhalb der Swisscom lancieren wollte. Er fand aber (glücklicherweise) niemanden, der es mit ihm anreißen wollte. Wir telefonierten zum ersten Mal Ende November 2015, verabredeten uns Anfang Dezember, organisierten einen Workshop in Ftan in Graubünden Mitte Januar 2016 und gründeten unsere Genossenschaft Mitte Februar 2016.«

3. Wie erlebst du dein Kleinst-/ Kleinunternehmertum? Worin liegen die größten Chancen, worin die größten Herausforderungen?

»Die größten Chancen sind, dass du selbst entscheidest beziehungsweise das Team entscheidet, wohin die Reise geht. Wir können so agil agieren, wie wir wollen, und die neuesten Ideen und auch Organisationsformen testen und nach Bedarf anpassen. Die Herausforderungen sind, unsere Prioritäten richtig zu beurteilen. Welche Marktsegmente sind bereit für unser Konzept? Und nach sechs Monaten, die wir in einer sehr jungen Industrie unterwegs waren, sind die gewählten Marktsegmente immer noch die richtigen, oder wäre ein anderes Segment inzwischen reifer und zahlungsbereiter? Genügend finanzielle Mittel zu haben, bleibt natürlich die Herausforderung schlechthin. Das Messer ist immer am oder in der Nähe vom Hals.«

4. Was ist ein typischer Glücksmoment, den du immer wieder in deinem Unternehmen erlebst?

»Es gibt viele! Der erste war, als jemand zu mir sagte: ›VillageOffice? Ja, die kennt man.‹ Ich dachte mir: ›Was, man kennt uns? Wow!‹ Mir war egal, wie viele es waren, aber es gab Leute, die uns wahrnahmen. Wir hatten uns etwas ›etabliert‹. Jedes Mal, wenn ich über Coworking in der Schweiz und/oder über ein Projekt von uns in der Zeitung lese, bin ich unheimlich stolz über das, was wir angestoßen haben. Immer mehr Leute lassen sich vom Potenzial unseres Unterfangens anstecken. Arbeite, wo du lebst! Die Botschaft ist so einfach, und das Potenzial an Nutzern kommt langsam.«

5. Würdest du dein Unternehmen wieder genau so gründen oder etwas anders machen?

»Ja, ich würde unsere Genossenschaft sofort wieder genauso gründen. Wir waren sehr früh mit dem Thema unterwegs und mussten sehr viel Aufklärungs- und Überzeugungsarbeit leisten (das müssen wir immer noch!). Dafür ist es jetzt am Rollen, während andere das Marktpotenzial erst entdecken. Selbstverständlich würden wir heute mit dem Wissen von gestern vielleicht einige Entscheidungen nicht mehr fällen oder den Fokus zuerst anderswo setzen. Aber eben das Wissen hat man nicht. Ich bin durchaus zufrieden mit dem, wo wir heute sind.«

www.bürolokal.ch

Horizonte tun sich auf

»Wir konnten es kaum glauben, dass die beiden Megatrends ›Digitalisierung‹ und ›Individualisierung‹ die traditionelle Schmuckbranche noch nicht aufgerüttelt haben«, erzählten uns die beiden Gründerinnen Patrizia Keller und Aurelia Schlatter von monchic, die wir dir weiter unten in unserem Interview näher vorstellen. Die beiden haben wie so viele Tiny Startupper eine Marktlücke gefunden, die noch nicht besetzt ist, die aber auch rasch vom Zielpublikum verstanden und als nützlich empfunden wird. Marktlücken sind beliebt, aber manchmal auch etwas heikel, wenn es sehr viel Kommunikation und Überzeugungskraft kostet, das Produkt oder die Dienstleistung verständlich und profitabel zu machen.

Seit MyMuesli[285] mit individualisierbaren Müslimischungen 2007 startete, hat Mass Customization in Deutschland einen regelrechten Schub bekommen. Die drei Gründer Philipp Kraiss, Max Wittrock und Hubertus Bessau fingen ihr »Online-Müsli-Projekt« neben dem Studium an, füllten anfangs die Müslimischungen noch selbst ab und verschickten sie. Und das, nachdem sie zuvor Onlinebefragungen durchgeführt hatten, wie und ob selbst kreierte Müslimischungen ankommen. Sie kamen an, denn die erste Charge, die online angeboten wurde, war sofort ausverkauft. 2009 wurden sie mit einem ersten Laden im deutschen Passau physisch und waren damit Pioniere in der Verknüpfung von Online- und Offlinehandel. Heute werden ihre Mischungen in neun Ländern über Supermärkte und Filialen verkauft, selbst im Geburtsland des Müslis, der Schweiz, sind sie erfolgreich etabliert. Die Veränderungen in der Handelslandschaft haben sie allerdings ebenfalls zu spüren bekommen und haben sich von den zwischenzeitlich rund 50 Filialen auf 29 reduziert.[286]

Auch Jenni Baum hat sich zur Vorbereitung ihres Tiny Start-ups Meinungen von anderen eingeholt. Für Feedbacks, Inspirationen und Rüstzeug nutzte sie das Grace Summer Camp 2018 in Berlin, einer Community zur Förderung von Female Entrepreneurship.[287] Am Demo-Day, dem letzten Tag des Camps, überzeugte sie mit ihrem Konzept für den ersten veganen Nagellack auf Wasserbasis namens Gitti und kam auf den ersten Platz. Heute bietet sie eine Kollektion von 18 Nagellacken und steht für Kritik und Wünsche mit ihren Kund*innen über Facebook und Instagram in stetigem Austausch, um nah an den individuellen Bedürfnissen zu sein.[288] Übrigens hat sich Jenni Baum beim Markennamen vom Namen ihrer Mutter leiten lassen.

Ob www.wunschfutter.de mit Futtermixer für individuelle Tiernahrung oder www.holzgespuer.de mit Tischen nach Mass, das Spektrum an Produkten, das im Austausch mit Kunden zusammengestellt respektive hergestellt wird, wächst zunehmend und dringt in immer neue Branchen vor. Hier nun das Interview mit Patrizia Keller und Aurelia Schlatter, die beide nebenberuflich ihr Tiny Start-up monchic aufgebaut haben und heute auch betreiben.

Patrizia Keller & Aurelia Schlatter, monchic KIG

»GLÜCKSMOMENT« © Patrizia Keller & Aurelia Schlatter, monchic

1. Warum habt ihr euer Unternehmen gegründet?

»Das ist ein Mix aus zwei Beweggründen: zum einen der Glaube in den differenzierenden Kundennutzen unserer Idee, dass Schmuck zu persönlich ist, um von der Stange zu sein. Deshalb wollten wir es ermöglichen, dass auch im hochwertigen Modeschmucksegment jeder sein eigener Schmuckdesigner sein kann; mit hohem Individualisierungsgrad und ganz bequem dank digitalem Produktkonfigurator. Zum anderen ist es Selbstverwirklichung: Wir sind beide Menschen mit hohem Gestaltungsdrang. Haben wir eine Überzeugung für etwas, handeln wir aus purer Leidenschaft und Neugierde. Dank monchic können wir unseren Unternehmergeist ausleben – ja, uns selbst entfalten.«

2. Was war der Auslöser für eure Geschäftsidee?

»Als Schmuckfanatiker waren wir beide selbst mit dem Problem limitierter Individualisierungsmöglichkeiten im hochwertigen Modeschmuckbereich konfrontiert. Wir konnten es kaum glauben, dass die beiden Megatrends ›Digitalisierung‹ und ›Individualisierung‹ die traditionelle Schmuckbranche noch nicht aufgerüttelt haben. Einige etablierte Anbieter bieten zwar neben dem Standardsortiment Personalisierungsmöglichkeiten an, dies jedoch sehr begrenzt. Die Marktlücke haben wir im Rahmen einer Marktanalyse mit Fakten belegt. Dies hat uns den endgültigen Anstoß gegeben, die Schmuckwelt mit einem Mass-Customization-Modell an den Puls der Zeit zu führen.«

3. Wie erlebt ihr euer Kleinst-/Kleinunternehmertum? Worin liegen die größten Chancen, worin die größten Herausforderungen?

»monchic versteht sich nicht als Anbieter, sondern als ›Enabler‹ für Schmuckliebhaber. Wer weiß schon besser als man selbst, wie eines der persönlichsten Accessoires aussehen soll? Darum soll jeder Schmuckdesigner sein können. Mit dieser Grundhaltung und bedingungsloser Kundenzentrierung positionieren wir uns im Markt.

Eine Chance ist die Maximierung des Kundennutzens dank gezielter Kundeninvolvierung in der Wertschöpfungskette. Beispielsweise bestimmen bei Sortimentsentscheidungen unsere Kunden maßgebend mit. Auf unseren Social-Media-Kanälen fragen wir unsere Follower immer wieder, welche neuen Einzelteile sie für ihre kommenden Kreationen im Sortiment haben möchten.

Eine weitere Chance ist die Individualisierung als Kernleistung (USP): Unsere Kunden designen mit bereits heute hohem Individualisierungsgrad über verschiedene Produktgruppen hinweg. Langfristig sollen die Schmuckdesigner nach Lust und Laune sogar zwischen unterschiedlichen Schmuckstücken ›mixen and matchen‹ können (zum Beispiel von einem Anhänger einer Halskette zum Ohrring wechseln). Hierfür arbeiten wir an der notwendigen Standardisierung.

Eine dritte Chance sind die hohen Umstellungshürden etablierter Anbieter. Kopierbar ist heute alles, das ist keine Frage. Aber um eine bestehende Strategie, Struktur und Kultur in vergleichbar gelebte Form von Kundenzentrierung umzuwandeln, braucht es ein umfassendes Commitment und Change-Management. Notwendige Anpassungen der Wertschöpfungskette sind außerdem mit hohen Umstellungskosten verbunden: Ein Mass-Customization-Modell stellt hochkomplexe Anforderungen, angefangen bei der Beschaffung modularer Einzelteile bis zur effizienten Lieferung jeder Kreation zum Kunden.

Eine Herausforderung ist die Kopierbarkeit. Neben vielen Pioniervorteilen haben wir auch die entsprechenden Nachteile. Wir können noch nicht von Erfahrungswerten anderer profitieren. Second-Mover kommen bei guten Ideen immer schnell und machen die Fehler, die wir machen, nicht mehr.

Auch die Skalierung ist herausfordernd. Heute haben wir ein MVP (MVP = Minimum Viable Product, deutsch: minimal überlebensfähiges Produkt, Anm. der Autoren), welches sich noch in der Proof-of-Concept-Phase befindet. Sollte sich das monchic im Testmarkt bewähren, kommt die große Hürde der Multiplikation. Hierfür braucht es Geld und Standardisierung.«

4. Was ist ein typischer Glücksmoment, den ihr immer wieder in eurem Unternehmen erlebt?

»Glücksmomente sind all diejenigen Zeichen, die darauf hindeuten, dass wir mit monchic echten Mehrwert für unsere Zielgruppe bieten! Wir vergessen zum Beispiel nie mehr, wie sehr wir uns über die erste Bestellung gefreut haben, die nicht aus unserem Bekanntenkreis kam. Wir erhalten regelmäßig unaufgefordertes positives Kundenfeedback, das treibt uns besonders an. Auch das unerwartete Interesse aus der Mode- und Lifestyle-Branche hat uns überrascht: Renommierte Magazine wie die *Gala*, *Annabelle* oder *Brigitte* haben uns angeschrieben und über uns berichtet.«

5. Würdet ihr euer Unternehmen wieder genau so gründen oder etwas anders machen?

»Die Gründung von monchic war und ist für uns beide die wohl steilste Lernkurve, die wir bisher durchlaufen haben. Wir haben so viele Fehler gemacht und korrigiert, es lohnt sich gar nicht, diese aufzuzählen. Was wir aber immer wieder so machen würden, sind zwei Dinge:

Wir sind ein Dreamteam! Wir könnten uns menschlich und fachlich nicht besser ergänzen! Das ist das Wichtigste in einem Vorhaben, bei dem man tagtäglich scheitert und von allen Beteiligten so viel Commitment verlangt wird. Außerdem muss man über das Vorhaben sprechen. Viele machen aus Angst vor Kopierbarkeit ein Geheimnis aus dem Start-up-Vorhaben. Das ist unseres Erachtens ein großer Fehler – denn Familie, Freunde und Bekannte bereichern mit wertvoller Kundenperspektive.«

https://monchic.ch/

Horizonte tun sich auf

Seit der ersten Stunde sind wir beide Fans von Eat the World, das heißt seit 2008. Es handelt sich dabei um kulinarisch-kulturelle Stadtführungen, die von Elke Freimuth und Katrin Buck, den Gründerinnen der gleichnamigen GmbH, initiiert wurden. Und das fernab von den typisch touristischen Essmeilen, hinein in die jeweiligen Kieze der Stadt, um dort nicht nur etwas zur Geschichte und Kultur zu erfahren, sondern viele leckere Kostproben an verschiedenen Orten kennenzulernen. Gebucht werden die Tourguides für solche kulinarischen Streifzüge online über die Plattform »Eat the World«. Die erste kulinarische Tour ging durch Berlin-Kreuzberg, in diesem Bezirk gewannen sie 2010 auch den Geschäftsideenwettbewerb »Kreuzberg handelt« in der Kategorie Unternehmer. Zuvor überzeugte ihre Idee auch den Verband Internet Reisevertrieb (VIR). Dort gewannen sie den Innovationswettbewerb »Sprungbrett 2009«, der jährlich spannende Ideen kürt.[289] 2017 verkauften Elke Freimuth und Katrin Buck ihr Unternehmen, das zu dieser Zeit in rund 35 Städten aktiv war, an den Verlag Gruner + Jahr.[290] Ihre damalige Präsentation findest du auf unserem GreenfranchiseMarket.[291] Heute sind Tourguides für Eat the World in gut 50 deutschen Städten unterwegs und seit 2019 auch in Wien.[292]

Carla Frauenfelder bietet: »Die Suche nach Glück im Alltag«[293], und das macht sie mit einer Nachhaltigkeitstour durch Basel möglich. Mit ihrem Tiny Start-up Localholic, das sie 2015 gründete, bindet sie Local Heroes aus Basel ein und macht daraus originelle Entdeckertouren. Und auch hier sind es eben nicht die typischen Sehenswürdigkeiten, sondern zum Beispiel eine Ingwermanufaktur, die Kekserei, das Offcut-Lager und viele mehr, die den Horizont erweitern.[294]

Die Sache mit den Horizonten hatte sich auch Anna Hermann vorgenommen, die 2015 ihr Tiny Start-up Lady's First auf Mallorca gründete. Mit einem Startkapital in Höhe von 30 000 Euro ging sie vollberuflich und ebenso initiativ ans Werk, wie sie vorher auch ein Kino in Winterthur leitete. Inspiriert von den Frauen-Filmabenden, die sie im Kino einführte, zeigt sie Frauen (mittlerweile auch Männern) Mallorca von einer anderen, einer einzigartigen Seite.[295]

Anna Hermann, LADY´S FIRST – MALLORCA ERLEBEN

»GLÜCKSMOMENT« LADY'S FIRST © Sabine Stumpp

1. Warum hast du dein Unternehmen gegründet?

»Die Kinder waren ausgezogen, und ich wollte einen Neustart für mein Leben. Ein großer Wunsch war es schon immer, mal am Meer zu leben und zu arbeiten.«

2. Was war der Auslöser für deine Geschäftsidee?

»Die Ladies Night, die ich jeweils im Kino Orion (als ich noch in der Schweiz lebte und das Kino leitete) durchführte. Kino für Frauengruppen, Freundinnen, Mütter und Töchter, Kolleginnen. Für diese Frauen wollte ich die Ferien organisieren und ihnen das wirkliche Mallorca zeigen.«

3. Wie erlebst du dein Kleinst-/ Kleinunternehmertum? Worin liegen die größten Chancen, worin die größten Herausforderungen?

»In meinem Fall war es ein totaler Neubeginn. Im Ausland, ohne lokales Netzwerk, da beginnt man wirklich bei null. Viel Zeit braucht es auch, um sich erst mal mit den spanischen Gegebenheiten und Gewohnheiten auseinanderzusetzen. Die Chance liegt darin, dass ich etwas anderes anbiete und sehr individuell auf die Kunden eingehe. Die größte Herausforderung ist, nicht im Daily Business zu versinken, den Kopf immer wieder freizukriegen ... Und sich auch Zeit für sich selber zu nehmen ...«

4. Was ist ein typischer Glücksmoment, den du immer wieder in deinem Unternehmen erlebst?

»Wenn ich etwas Besonderes organisieren darf, zum Beispiel nicht nur einen Bootsausflug, sondern gleich noch Miguel, einen Meeresbiologen mit einplanen kann. Es ist ein faszinierendes Erlebnis, mehr über den Lebensraum von Tieren und Pflanzen zu erfahren, insbesondere über das Posidonia (Meeresgras), welches das Meer ›reinigt‹. Natürlich spricht er auch über die Probleme mit Mikroplastik, was in diesem Zusammenhang dann eine noch größere Bedeutung bekommt. Die Führungen im Garten der Frauen, in dem ich die Biografien mallorquinischer Frauen erzähle, das ist für mich ein weiterer Glücksmoment. Das ist so ein Eintauchen in die Geschichte und Kultur der Insel. Das Ganze findet in einem mediterranen, wilden und damit mystischen Garten statt, einer ehemaligen Mandelplantage mit 21 000 Quadratmetern. Gäste, die zum ersten Mal nach Mallorca kommen und positiv überrascht von der Vielseitigkeit und dem so ganz anderen Mallorca sind, und natürlich Gäste, die jedes Jahr oder sogar mehrmals im Jahr wiederkommen, machen mich ebenfalls glücklich.«

5. Würdest du dein Unternehmen wieder genau so gründen oder etwas anders machen?

»Ich würde es ziemlich genau wieder so machen. Vielleicht mit einem kleineren Angebot, weil die Gefahr, sich zu ›verzetteln‹, doch groß ist … andererseits ist die Vielfalt genau das Spannende an meinem Job.«

http://www.ladysfirst.es

3. TINY START-UPS AUFBAUEN

3.1 ZÜNDENDE IDEEN FINDEN

»Ich wollte ›arbeiten, ohne zu arbeiten‹, einfach das tun, was mir ohnehin Freude bereitete, und damit wie nebenbei Geld verdienen«, erzählte uns Daniela Jost, Gründerin von der Agentur Traumhochzeit, wie du im Interview auf Seite 120 lesen konntest. Ihre Idee kam quasi »über Nacht«, nachdem sie sich zuvor intensiv mit ihren Talenten und Fähigkeiten auseinandergesetzt hatte und dem, was ihr wirklich Freude bereitet. Andere sind über persönliche Erfahrungen zu ihrem Konzept gekommen, weil sie etwas anders oder zeitgemäßer anbieten wollten. Wir möchten dir hier ein paar Quellen nennen, in denen du Inspirationen für dein Tiny Start-up finden kannst:

Länder-Check und quergedacht

Sicher hast du auf deinen Reisen schon Produkte oder Services entdeckt, die spannend waren. Viele Geschäftskonzepte bauen auf Impulsen aus internationalen Märkten auf. Wir haben dir mit der Popkornditorei Knalle Berlin beispielsweise eines vorgestellt. Die Idee, Popcorn in verschiedenen Varianten anzubieten, kommt aus den USA und Neuseeland. Das Gründerteam um Knalle hat daraus etwas ganz Eigenes gezaubert und verwöhnt unter anderem den Gaumen mit Geschmacksrichtungen wie »Malabar-Pfeffer-Meersalz«. (Beim Schreiben dieses Buches war das übrigens ein vielfach eingesetztes »Suchtmittel«.) Nebst dem, dass die Popcornprodukte von Gastronomieprofis hergestellt werden, sind auch die Vertriebskanäle viel breiter aufgestellt und nicht nur auf Kinos beschränkt.

Stephan Di Gallo hat sich für sein Catering Tiny Start-up tuck-tuck – food on the move von den asiatischen mobilen Tuk-Tuks inspirieren lassen und ist damit in der Schweiz und mit einem Geschäftspartner auch in Holland tätig. Deswegen durchforste noch einmal die »100 000 Bilder« von deinen Reisen und schau sie dir mit dem speziellen Gründerblick an. Eine andere Möglichkeit, um an länderspezifische Inputs und sogar an Handelspartner*innen zu kommen, sind Messen, wie zum Beispiel die Bazaar Berlin 2019[296], eine internationale Verkaufsmesse für Kunsthandwerk, Design, Naturwaren und Fair-Trade-Produkte. Auch die diversen internationalen Franchisemessen[297] bieten Ideen für den Einstieg in ein System oder den Anschub für eine Eigenentwicklung. Das US-amerikanische *Entrepreneur Magazine*[298] stellt interessante Geschäftskonzepte vor, von denen einiges adaptierbar ist.

Konzeptadaptionen kannst du aber auch noch weiter fassen. Das Thema digitales Matching zwischen zwei »Parteien« funktioniert bei der Partner-, Wohnungs-, und Jobwahl. Es lässt sich aber auch auf andere Bereiche übertragen, wie es unser Beispiel Rent a Rentner gezeigt hat. Caregaroo hat es 2016 auf die Kinderbetreuung übertragen und »matcht« über eine App geprüfte Babysitter mit Eltern.[299] Die »Notfallmamas« vermitteln seit sieben Jahren zwischen familienfreundlichen Unternehmen, Mitarbeiter*innen und Betreuungspersonal.[300] Vermittlungsdienste übernehmen eine Filterfunktion, die in unserer komplexen Welt immer wichtiger wird. Denn du bietest den Nutzer*innen Zeitersparnis, Bequemlichkeit und möglicherweise akute Hilfe und Sicherheit durch eine vorgängige Selektion der Anbieter*innen auf einer Plattform oder durch deine Referenzen, wenn du selbst als Babysitter, Butler, Pflegepersonal oder Dogwalker vermittelt wirst. Je nach deiner Glücksausrichtung wirst du entscheiden, ob du ein Vermittlungsportal aufbaust oder dich zum Beispiel über eines vermitteln lässt.

Tradition aufpoliert

Der Gegentrend zur Digitalisierung, der sich in der Rückbesinnung auf Authentisches und Handgefertigtes zeigt, bietet ein enormes Spielfeld an Ideen. Deswegen leben die Manufakturen und traditionelle Handelsformate wieder auf, die häufig als Tiny Start-up geführt werden. Ein paar von diesen haben wir dir zum Beispiel mit Kuchentratsch, MyOma, Seedlip und Wohnwagon schon vorgestellt. Traditionsreiche Inhalte werden neu aufgelegt, das heißt der Zeit angepasst und über digitale Kanäle vermarktet und beworben, so war es auch mit dem schönen Konzept Emmas Enkel, das vom Look & Feel an einen »Tante-Emma-Laden« anknüpfte und kuratiertes Shoppingerlebnis off- und online bot. Die Idee gefiel auch der Metro-Group, die das Konzept erwarb.[301]

Auch Horst setzt auf ein bewährtes Konzept, nämlich das Handwerken und Basteln von Dingen, deren Utensilien sich normalerweise in den großen Baumärkten finden, in denen die Fülle des Angebotes aber viele überfordert. Setzte die anfängliche Werbung großer Baumärkte in den 1970er-Jahren vor allem auf »One-Stop-Shopping«, auf einen Ort, wo alles für den Heimwerkerbedarf erhältlich ist, geht es jetzt mehr um eine selektierte Auswahl und um Beratung. Das bietet Horst in Hamburg, und das sogar mit ganz eigener Sprache, allerdings stehen hier zwei absolute Unternehmerprofis hinter dem Konzept – »horste« mal rein![302]

Von Horst zu Karl. Karl Dahl war 1921 so etwas wie ein »Tiny Startupper«. Er erwarb ein Stück Land bei Rostock und baute mit seiner Frau Obst, Gemüse und Kräuter an. Zu den Rennern wurden Erdbeeren, das erkannte auch die Marmeladenfabrik Schwartau, die jahrzehntelang die vollkommene Erdbeerernte abkaufte, bis der Fall der Mauer und die zunehmende günstigere Konkurrenz aus Polen und Tschechien dem einträglichen Geschäft ein Ende bereitete. Die Enkel reaktivierten das ehemalige Unternehmen und starteten 1992 unter dem Gründernamen Karl 1921.[303] Heute ist es ein Erdbeerimperium mit über 400 Verkaufsständen[304] in Form einer Erdbeere, Erlebnisparks, Bauernmärkten, Hofläden und einem Upcycling-Hotel namens »Alles Paletti«. Europapaletten sind dort zu Bettgestellen, Wandverkleidungen, alte Telefonhäuschen zu Kaffee-Zellen, Holzschlitten zu Handtuchhaltern umfunktioniert und vieles mehr. Upcycling bietet viele Möglichkeiten – hier ist einiges an einem Ort zu bewundern.[305]

Solche Orte sind einfach inspirierend. Es ist nicht die Dimension dieser Geschäftskonzepte, sondern es sind die vielen Themen, die bespielt werden, denn neben den »aufgemöbelten« Produkten gibt es Manufakturen, eine Kreativwerkstätten und Automaten mit diversen Produkten. Letztere bilden übrigens die Grundlage einiger kleiner Geschäftskonzepte wie die US-amerikanische Unternehmen Blint Shakes mit vitamin- und proteinreichen Shakes[306], Reis & Irvy's mit Frozen Yogurt[307] und die österreichische BistroBox[308] mit Snacks und Getränken. Nicht zu vergessen die »Fondue-Automaten« in der Schweiz, die meist in Ergänzung zu einem Hofladen oder einer Käserei fixfertige Hausmischungen anbieten. Diese und weitere 21 Einzigartigkeiten, die es nur in der Schweiz gibt, findest du auf der folgenden Seite: https://www.fm1today.ch/22-dinge-die-es-nur-in-der-schweiz-gibt/48449.

Final Tiny-Start-up-Tipps:

Upcycling-Ideen und Projekte findest du zum Beispiel hier:

http://startupcycling.starkmacher.eu/

https://www.upcyclethat.com/

Weitere Ideen und Tipps mit guten Verlinkungen bietet:

https://www.einstein1.net/startup-ideen/

Und wenn du einfach mal schauen willst, welche Ideen die Welt nicht unbedingt braucht, dann schau hier: https://www.redbull.com/at-de/die-bizarrsten-tech-start-up-geschaeftsideen.

Wir stellen dir mit Michael Kiel, einem ehemaligen Investmentbanker und heute glücklichem EMS-Trainer mit eigener »fitbox«, ein Beispiel für eine Neuorientierung vor, die bei ihm einem Befreiungsschlag gleicht.

Michael Kiel, fitbox – Die Fitness Revolution, Düsseldorf

»GLÜCKSMOMENT« fitbox mit Frank Bunkert und Corinna Wessels © fitbox/Michael Kiel

1. Warum hast du dein Unternehmen gegründet?

»Anfang 2017 glich mein Leben beruflich wie privat einem Scherbenhaufen. Ich war zuvor 25 Jahre im Investmentbanking tätig, war viel unterwegs, habe die Finanzkrise eins zu eins erlebt und die ›Wiederauferstehung‹ der Branche, die zwar mit neuen Regulierungen, aber der alten Wertekultur weitergemacht hat. Das wollte ich nicht mehr. Meine Ehe war durch meine jobbedingte häufige Abwesenheit zerbrochen. Meine Gesundheit war angeschlagen. Ich war an einem Punkt im Leben angelangt, an dem es eigentlich nur noch eines gab: Ich musste das sprichwörtliche Ruder herumreißen und etwas Neues beginnen.«

2. Was war der Auslöser für deine Geschäftsidee?

»Ich wusste zwar, dass ich etwas verändern wollte, aber was und wie, war noch nicht klar. Allerdings gab es da eine Idee, die ich mir aus einer anderen Perspektive anschaute. Seit drei Jahren war ich Kunde in einem Fitnessstudio, das mit EMS (elektrischer Muskelstimulation) arbeitete. Durch ein parallel laufendes Ernährungsprogramm und ein straffes Training verlor ich 40 Kilo. Jedes Mal, wenn ich aus dem Studio kam, ging es mir gut. ›Warum nicht dieses Gefühl anderen ermöglichen?‹, dachte ich mir. Gesagt, getan. Ich las mich in die Materie ein, absolvierte verschiedene Ausbildungen zum lizenzierten und zertifizierten EMS Trainer, verglich Hersteller von Trainingsgeräten und besuchte die FIBO (Fitnessmesse in Köln). Dort lernte ich EMS-Trainingsketten auf Franchise- respektive Lizenzbasis kennen. Die Abkürzung, über ein bereits bestehendes Konzept selbstständig zu werden, fand ich gut. Ich war zu dem Zeitpunkt 51 Jahre alt und hatte etwas gesucht, das mir einen Rahmen gibt, aber auch Freiheiten für eigene Ideen. Die Zeit der Anweisungen und engen Spielräume wollte ich definitiv hinter mir lassen. Aber ich wollte auch schnell starten und nicht bei null anfangen. Ich fand das Passende, das mir beides ermöglichte.«

3. Wie erlebst du dein Kleinst-/ Kleinunternehmertum? Worin liegen die größten Chancen, worin die größten Herausforderungen?

»Ich fühle mich selbstbestimmter. In allem. So habe ich ebenfalls vor zwei Jahren noch ein Fernstudium für Kommunikations- und Betriebspsychologie mit dem Schwerpunkt kompetenzorientiertes Wissensmanagement begonnen. Ich sehe heute viel mehr Perspektiven als früher, was wesentlich mit dem Schritt in die berufliche Selbstständigkeit zu tun hat. Das waren und sind Chancen, die bereichern, aber natürlich auch fordern. Denn über zig Jahre kam das Gehalt monatlich aufs Konto. Heute zahle ich die Gehälter aus und komme für die Betriebskosten auf. Ich muss mein Geschäft vermarkten und für Kundschaft sorgen. Das ist eine mentale Umstellung, die hat auch ihre Zeit gebraucht. Zu den größten Herausforderungen in unserem Fitnessbusiness gehört das Finden von qualifiziertem Personal. Das Lohnniveau ist recht tief und die Entwicklungsmöglichkeiten sind endlich. Ich versuche, durch eine gute Aus- und Weiterbildung meine Mitarbeiter zu motivieren. Auch im Wissen, dass ich sie damit befähige, selbst ein Studio aufzumachen. Aber was soll's, geht es ihnen gut, dann geht's den Kunden gut und mir letztendlich auch.«

4. Was ist ein typischer Glücksmoment, den du immer wieder in deinem Unternehmen erlebst?

»Wenn mir Kunden nach 20 Minuten Trainingszeit sagen: ›Wow – vielen Dank, das war ein geiles Training! Allein hätte ich das nie geschafft!‹

Früher hatte ich wesentlich mehr Geld verdient, aber es blieb auch viel Persönliches auf der Strecke. Jetzt coache ich andere, wie sie fitter und gesünder werden. Das ist ein richtig gutes Gefühl.«

5. Würdest du dein Unternehmen wieder genau so gründen oder etwas anders machen?

»Grundsätzlich ja. Ich würde vielleicht bei der Investition ins Studio noch mehr auf tatsächlich Relevantes und ›nice to have‹ achten. Aber alles in allem habe ich das gefunden, was ich vor ein paar Jahren noch nicht für möglich hielt. Wohl, weil ich auch viel zu wenig über mich und die Möglichkeiten außerhalb meines Bankenkosmos wusste.«

https://fitbox.de/de

3.2 IDEEN GANZHEITLICH UMSETZEN

Ideen für ein Tiny Start-up zu entwickeln macht glücklich. Es ganz konkret aufzubauen, noch sehr viel mehr. Ein Freiheitsgefühl entsteht. Selbstbestimmte Gestaltungen werden möglich. Eine tiefe Erfüllung, Selbsterkenntnis und persönliche Weiterentwicklung sind die positiven Folgen. Du realisierst damit ein wichtiges Lebensprojekt, für dich selbst und für andere. Darauf kommt es letztendlich an. Dafür brauchst du eine Vision und einen Anspruch an dein eigenes Glück. Nimm deine Wünsche und Träume wertschätzend für voll, dann wird dein Unternehmen gelingen und erfolgreich sein. Dann wirst du automatisch deine individuellen Glücksstrategien auswählen und zu deinem Leben passend umsetzen. Dafür musst du weder Betriebswirtschaft noch Entrepreneurship studiert haben. Das Leben und deine Eigenwahrnehmung sind Schulungen genug. Wichtig ist, dass du auf deine innere Stimme wirklich hörst, sie wertschätzt und kultivierst. Falls du mal Fehler machst, gehe verzeihend und liebevoll mit dir um. Fehler ganz vermeiden kann niemand. Wichtig ist deine schnelle Lernfähigkeit. Lerne, potenzielle Fehlersituationen und Fehlermuster frühzeitig zu erkennen und zukünftig zu vermeiden. Du kennst ja die Geschichte von der Katze und der warmen Herdplatte.

Auch von anderen zu lernen und sich mit ihnen auszutauschen ist hilfreich. Deshalb freuen wir uns immer wieder, mit so vielen Tiny Startuppern wie möglich zu sprechen. Für dich haben wir ausgewählte Interviews in diesem Buch abgedruckt. Vielleicht ist das eine oder andere auch für deine Situation wichtig und hilfreich. Zusätzlich wollen wir dir hier auch ein paar Informationen aus unserem Erfahrungsschatz sowie einige Tipps und Tricks darstellen, die dir helfen können, Stolpersteine und Fehlinvestitionen beim Aufbau frühzeitig zu erkennen und bewusst zu umgehen.

13 Fragen zu deinem Tiny Start-up

Wir haben dir dazu einen Prozess mit 13 Fragen in 13 Schritten entwickelt, mit dem wir seit 2016 erfolgreich arbeiten. In unseren Fachbüchern bezeichnen wir diesen als »13-P-Marketing-Mix«.[309] Wichtig ist nicht der Name, sondern dass dir dieser Prozess Schritt für Schritt helfen kann, besser zu werden und Unternehmensentscheidungen bewusster, ganzheitlicher und nachhaltiger zu treffen, damit du dein Tiny Start-up schneller gründen und erfolgreicher führen kannst. Das liegt uns am Herzen. Sollten bei deiner Arbeit damit Fragen auftauchen, die du mit der

Tiny-Start-up-Welt teilen möchtest, dann sende uns diese über unser Kontaktformular auf unserer Website www.tinystartup.ch. Wir werden ein Forum installieren, um den Austausch von Tiny Startuppern zu fördern.

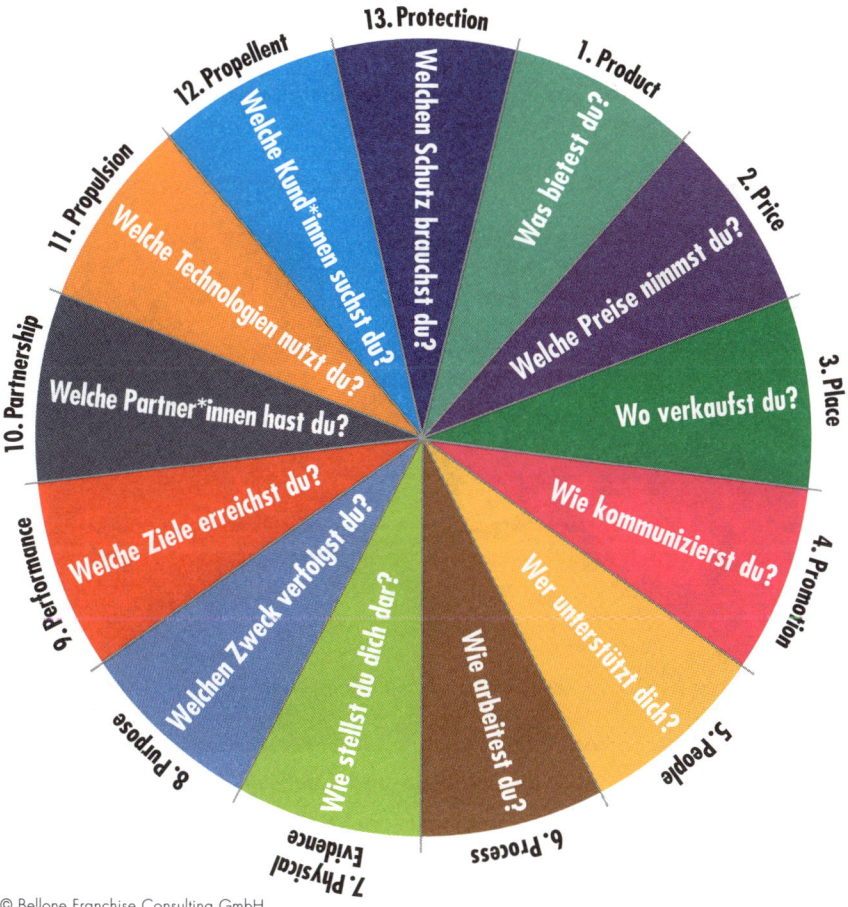

© Bellone Franchise Consulting GmbH

I. Was bietest du? (Product)

Beginnen wir mit dem, was du deinen möglichen Kund*innen anbieten möchtest. Das kann ein Produkt oder aber eine Dienstleistung sein. Produkte und Dienstleistungen erfordern leicht unterschiedliche Strategien, Entscheidungen und Maßnahmen. Deswegen werden wir diese nacheinander besprechen. Natürlich könntest du – auch das würde in diesen Bereich fallen – eine politische oder gesellschaftliche Idee anbieten wollen. Diese Spezialgebiete lassen wir an dieser Stelle jedoch unbeachtet.

»Product« Kaffeepause im Goldhahn und Sampson, Berlin © Bellone Franchise Consulting GmbH

Product: Nehmen wir also an, du stellst ein Produkt her, das du deinen Kunden anbieten möchtest. Vielleicht so wie die Betreiber von Essento (Insektenfood), die wir auch in diesem Buch vorgestellt haben. Dann solltest du deinen möglichen Absatzmarkt zuerst auf zwei Dinge hin überprüfen.

Bedarf: Gibt es tatsächlich heute einen Bedarf für dein Produkt? Wie groß ist der? Wie sieht dieser Bedarf genau aus? In welchen Regionen und zu welchen Zeiten werden Produkte wie deines gekauft? Wie viel Umsatz wird damit generiert? Wie sehen die Marktpartner*innen und Lieferstrukturen aus? Wer könnte sich für dein Produkt interessieren? Wie sehen deine möglichen Käufer*innen aus? Welches Geschlecht haben sie? In welchem Alter und in welcher familiären Situation beziehungsweise Lebensphase befinden sie sich? Welche Mediennutzung haben sie? Über welches Einkommen können sie frei verfügen? Wie viel geben sie wofür aus? Wie oft? In welchen Abständen und in welchen Abnahmemengen? Ist ein zukünftiger Bedarf für dein Produkt zu erkennen? Wie könnte sich dieser entwickeln? Gibt es Trends, die eine Entwicklung deines Produktes fördern oder behindern können? Wie wirkt sich zum Beispiel der Trend »Nachhaltigkeit« auf eine zukünftige Nachfrage nach deinem Produkt aus? Welche Auswirkungen hat der demografische Wandel, also die Zunahme der älteren Generationen in unserer Gesellschaft, auf eine mögliche Nachfrage nach deinem Produkt? Ist dein Produkt trendkompatibel oder stehen Trends deinem Produkt blockierend entgegen?

Bedürfnisse: Welche Bedürfnisse herrschen in deinem Markt vor? Welche werden bereits von Konkurrent*innen bedient und welche nicht? Welche Bedürfnisse könnest du mit deinem Produkt bei einer Zielgruppe ansprechen? Welche Bedürfnisse könnten deine Produkte besser erfüllen als die der Konkurrenz?

Grundbedürfnisse: Geht es dir vornehmlich um das Decken von Grundbedürfnissen und einer Grundnachfrage, vielleicht weil es ein derartiges Produkt, wie du es anbietest, auf dem Markt noch nicht gibt, aber alle darauf warten? Wenn du Nahrungsmittel herstellst, die preiswert, gesund und sättigend sind, ist das zum Beispiel der Fall. Grundbedürfnisse beziehen sich auch auf Bekleidung, Wohnraum und die Gesundheit. Hier geht es immer um die Befriedigung von menschlichen Basisbedürfnissen, wobei die Verfügbarkeit und der Preis eine Rolle spielen.

Sicherheitsbedürfnisse: Ein weiteres Feld bieten die Sicherheitsbedürfnisse. In einer zunehmend komplexen Welt steigen die Sicherheitsbedürfnisse der Menschen stark an. Wenn du Produkte herstellst, wirst du gefragt werden, wie sicher diese sind, ganz egal, ob es sich dabei um Lebensmittel handelt, um Scooter oder um Möbelstücke. Anbieter*innen, die über Sicherheitsnachweise und Gütesiegel verfügen, werden bei Menschen mit einem Sicherheitsbedürfnis stärker wahrgenommen. Diese entscheiden sich dann eher für den Saft mit dem Bio-Siegel, den Scooter mit dem TÜV-Siegel sowie für die Kommode, die nachweislich nicht ihrem Kind auf den Kopf fällt, wenn es daran herumturnt.

Soziale Bedürfnisse: Vielleicht herrschen in deinem Markt aber auch starke soziale Bedürfnisse vor, ohne dass diese von deinen Konkurrenten bedient werden. Das sind Bedürfnisse nach Liebe, Freundschaft, Zugehörigkeit, Kontakt und Zuneigung. Dann könntest du nicht nur einen Smoothie anbieten, der gesund ist oder sättigt, sondern zusätzlich einen Freund*innen-Smoothie, einen Liebessaft oder einen Familiensaft (im Familienkontext). Wichtig ist hierbei, die menschlichen Bezugsgruppen zusammenzubringen, die sich durch dein Produktangebot auch als Gruppe wahrgenommen und angesprochen fühlen.

Und wenn wir beim Smoothie sind, dann schau dir zur Inspiration die Website des Bonner (Nicht-mehr-) Start-ups true fruits an. Von »Voulez vous« über »Vill du fika« bis zu »Einhornkotze« und vielen anderen Namen reichen die spannenden Kreationen an Smoothies. Aber auch die Timeline des 2006 gegründeten Unternehmens bis heute zeugt von Kreativität und Querdenkergeist.[311]

Statusbedürfnisse: Sie sind ein weiteres Feld, das du nutzen könntest, um Kund*innen zu erreichen und zu gewinnen sowie dein Produktangebot zu profilieren und von anderen Anbieter*innen abzugrenzen. Finde also heraus, ob deine Produkte dazu geeignet sind und ob es auf deinem Markt dafür eine Nachfrage gibt. Hier spielt das Ansehen, die Position und das Prestige eine große Rolle. Welchen Status haben mögliche Kund*innen auf deinem avisierten Markt? Wie müssten deine Produkte beschaffen sein, um diesem Status zu entsprechen, ihn zu unterstützen oder ihn sogar erst zu ermöglichen?

Selbstentwicklungsbedürfnisse: Manchmal spielen auch ganz andere Bedürfnisse eine ausschlaggebende Rolle, nämlich die Selbstentwicklungsbedürfnisse. Ist es auf deinem Markt, deinen Kund*innen wichtig, ob du ihnen mit deinen Produkten die Möglichkeit gibst, sich selbst weiterzuentwickeln? Wenn du eine Software oder eine App herstellst, könnte das der Fall sein. Auch wenn du einen Konfigurator zum Zusammenstellen des persönlichen Lieblingsschmucks bietest – wie bei monchic.ch – und damit Kund*innen zu Schmuckdesigner*innen befähigst.

Selbstverwirklichungsbedürfnisse: Recht anders sieht es im Feld der Selbstverwirklichungsbedürfnisse aus. Hier geht es nur darum, ob sich Menschen mit deinem Produkt verwirklichen können, ob sie damit Spaß haben, herumfahren, herumfliegen, sich austoben können. Das Fidget Spinner-Kreisel-Spielzeug zielt in diese Richtung. Oder der ScorpionRacer, ein Kunststoffschlitten, der betreffend Form, Farbspektrum und Dynamik neue Erlebnisse auf die Piste gebracht hat. 2009 gingen die Erfinder*innen Reto Girsberger und Christina Seeholzer damit an den Start und haben seither den Schlitten gruppen- und sommertauglich gemacht. Aber schau doch selbst auf der Website unter Features: https://www.scorpionracer.com/.

Mit diesen sechs Bedürfnisfeldern kannst du ganz gut in die Welt deiner Kund*innen eintauchen und dein Produktangebot passend positionieren. Es gibt noch weitere Bedürfnisfelder, zum Beispiel nach Wissen, Ästhetik und Bewegung[312], die du dir, zum Beispiel durch Beobachtungen deiner Kund*innen, nach und nach erarbeiten kannst. Doch um zu starten, kannst du mit den sechs Bedürfnisgrundformen[313] sehr gut arbeiten.

Formale Produktebenen: Wenn du den Bedarf deiner Zielgruppen für dein Produktangebot erkannt hast und jetzt auch besser weißt, welche Bedürfnisse gefragt sind, solltest du dich mit dem Nutzen deines Produktes auf weiteren Ebenen beschäftigen – nämlich auf der inneren Ebene der Inhaltsstoffe und der Herkunft sowie auf der äußeren Ebene des Designs und der Verpackung. Wenn deine Kund*innen zum Beispiel gesundheits- und sicherheitsbewusst sind, wollen sie wissen, was in deinem Produkt steckt, welche Inhaltsstoffe es enthält sowie wo diese Bestandteile her sind. Andererseits werden sie durch Äußerlichkeiten beeinflusst wie durch das Design, die Form, Farbe und Verpackung. Wichtig ist, dass das Innen und Außen eines Produktes immer konsistent übereinstimmen sollten. Also sollte das Produkt in diesem Fall auch äußerlich eine Erklärung der Inhaltsstoffe sowie ein Untersuchungs- oder Gütesiegel tragen, das die Unbedenklichkeit der Inhaltsstoffe bezeugt. Nur dann fühlen sich diese Kund*innen überzeugt. Menschen agieren und reagieren eben nicht rational. Weil das so ist, sie die Welt so betrachten und wahrnehmen, kannst auch du sie nur so in deinem Sinne ansprechen.

Erweiterte Produktebenen: Du hast noch eine weitere Möglichkeit, deinen Produktnutzen für deine Kund*innen zu erhöhen und damit deinen Erfolg zu optimieren. Das kannst du realisieren, ohne dein Produkt nochmals dafür anzurühren oder zu verändern. Zum Beispiel kannst du Garantien geben, die verunsicherte, sicherheitssuchende Kunden überzeugen. Oder du bietest ihnen eine Klubmitgliedschaft an und das gleichzeitige kostenlose Abonnement deines Newsletters. Dadurch können deine Kund*innen Neues entdecken, und du etablierst eine Kund*innen-Bindung. Eine andere

Möglichkeit ist die Einrichtung eines Telefonsupports, zum Beispiel durch Chatbots. Oder du etablierst einen kostenfreien Reparatur- oder Lieferservice. Viele Dienstleistungen können um dein Produkt herum entwickelt und realisiert werden. Sie tragen dazu bei, dein Produkt besser, schneller und erfolgreicher zu vermarkten. Im besten Fall werden sie selbst zu Produkten und generieren dir einen Zusatzumsatz. Der Einfachheit halber haben wir zuvor immer von einem Produkt gesprochen. Natürlich kannst du dieses um weitere Produkte erweitern und dir ein oder mehrere Produktsortimente aufbauen. Für diese gilt dann ebenfalls das oben Geschriebene.

Dienstleistung: Nehmen wir an, du erbringst eine Dienstleistung. Dann wirst du deutliche Unterschiede zur Vermarktung von Produkten festgestellt haben. Im Gegensatz zu Produkten sind Dienstleistungen immateriell, das heißt, sie sind eben keine Produkte, sondern werden immer wieder neu erbracht. Sie sind auch nicht lagerfähig wie Produkte. Dienstleistungen von Friseur*innen gehören dazu ebenso wie das Stechen von Tattoos. Es sind Dienstleistungen, auch wenn die Leistung hinterher materialisiert erscheint. Das könnt ihr auch sehr schön auf unseren Farbseiten sowie im Interview mit Nadia Koss, Inhaberin von Soulmarks Tattoo & Piercing in Zug, sehen. Dabei ist gleich noch etwas Weiteres unterschiedlich: Die Kund*innen sind Teil der Dienstleistungserbringung. Sie müssen anwesend sein und zumindest durch Goodwill zum Gelingen der Leistung beitragen. Das ist ebenfalls in der Gastronomie, im Coaching, in der Medizin und der Pflege der Fall. Wenn du Angestellte hast, wirst du bereits wissen, welche Schwierigkeiten zudem die Erbringung der immer gleichen Qualität bereitet. Ein weiterer entscheidender Punkt ist es, dass Kund*innen die zu erbringende Leistung vorher nicht genau einschätzen können, du also vor Dienstleistungserbringung gezwungen bist, deine Leistung vorher zu verkaufen.

Vergleicht man Dienstleistungen mit Produkten, so gilt dennoch vieles von dem, was oben beschrieben wurde, auch hier. Du solltest dich für dein Tiny Start-up ebenfalls um eine Analyse des Bedarfs deines potenziellen Marktes kümmern. Auch solltest du die Erfolg versprechenden Bedürfnisse deiner Zielgruppe herausdestillieren.

Formale Leistungsebenen: Da die von dir zu erbringenden Leistungen von Kund*innen schlecht vorab eingeschätzt werden können, kommt dem Bereich der Materialisation eine besondere Bedeutung zu. Dein Auftreten, deine Kleidung, die Werkzeuge und Ausgestaltung deiner Praxis-, Verkaufs-, Salon- oder Besprechungsräume sowie die Wahl deines Fahrzeuges können etwas über die Qualität der zu erwartenden Leistung aussagen. Alle äußeren Bestandteile deines Auftritts sagen etwas aus. Auch wenn du sie nicht bewusst einsetzt oder nicht für voll nimmst. Entweder signalisieren sie ein Qualitätsversprechen oder aber ein Investitionsrisiko für die Kund*innen. Entweder spiegeln sie deine Kompetenz oder aber Unsicherheiten und Ungereimtheiten wider. Wenn du bewusst Design, Technologien, sinnliche Materialien und geschultes Personal einsetzt, gehst du nicht nur auf Nummer sicher, sondern baust dir zusätzlich dein ganz eigenes, persönliches Unternehmensprofil auf, das dich maßgeblich von deiner Konkurrenz unterscheidet.

Erweiterte Leistungsebenen: Diese unterscheiden sich nicht wesentlich von den Erweiterungen im Produktbereich. Auch als Dienstleister*in kannst du, um deinen Kund*innen die Kauf- oder Auftragsangst zu nehmen, besondere Garantien anbieten. Ebenfalls kannst du Bindungsmaßnahmen wie Klubs einrichten und regelmäßig Newsletter schreiben. Als Dienstleister*in fällt es dir wahrscheinlich auch leicht, deine Kund*innen zu coachen und ihnen spezielle Tutorials anzubieten. Viele Friseur*innen tun das bereits. Liefer- oder Abholservices sind etwas schwerer zu organisieren als bei Produkten. Natürlich kannst du aber deine Leistungen bei den Kund*innen vor Ort erbringen, wie es die Friseurinnen Hanna[314] aus Hamburg oder Marlene[315] aus Berlin mit ihren Lastenrädern bereits erfolgreich tun.

II. Welchen Preis nimmst du? (Price)

Im zweiten Schritt geht es um die Preise für deine Produkte oder Dienstleistungen. Hier solltest du dir darüber Gedanken machen, wie du deine Preise bewusst gestalten und nachhaltig festlegen kannst. Es gibt verschiedene mögliche Strategien.

Kostenorientierte Preisbildung: So solltest du unbedingt kostendeckend arbeiten, das heißt: Alle Ausgaben, die du hast, sollten von deinen Umsätzen abgedeckt werden. Zusätzlich sollte etwas übrig bleiben für deine Einkommens-, Umsatz- und Gewerbesteuern sowie deine Vorsorge und deinen Gewinn. Dafür solltest du deine Gesamtkosten (fixe und variable Kosten) ermitteln und deinen Umsatzerlösen gegenüberstellen.

Zu den Festkosten zählen unter anderem deine Mietkosten (inklusive Strom und Müllentsorgung), deine Personalkosten (Gehälter und Sozialabgaben), deine Versicherungen (Berufshaftpflicht, Personalhaftpflicht, Mietobjekt-Haftpflicht, Feuer-, Diebstahl- und Kfz-Versicherungen), Beiträge zu Berufsgenossenschaften, Verbänden und Vereinen, EDV-Aufwendungen (eventuell Service- oder Leasingverträge), Kfz-Kosten (Leasinggebühren, Raten, Versicherungen), Kommunikationsverträge und eventuelle Kreditraten. Diese Kosten fallen jeden Monat und immer wieder in gleicher Höhe an. Variable Kosten können für Reparaturen, Reinigungen und Instandhaltungen des Mietobjekts oder der Kraftfahrzeuge anfallen sowie für Verbrauchsgüter (je nach Arbeitsbereich Papier, Druckerpatronen, Haarfärbemittel, Tattoo-Farben, Kfz-Benzin, -Gas oder -Strom et cetera). Variable Kosten fallen auch für deine Warenbeschaffung an. Die Preise dafür sind verhandelbar und zeitlich veränderbar. Hier solltest du auch Werbe-, Weiterbildungs- und Reisekosten sowie Kommunikationskosten, die deine Verträge nicht abdecken, einplanen. Weitere Kosten fallen für freie Mitarbeiter*innen, Werbungs- und Rechtsberatung sowie für eventuelle Rechtsabschlüsse wie Markenanmeldungen, Kooperations- und Franchiseverträge, an. Weitere variable Kosten entstehen bei der Teilnahme an Messen, Ausstellungen und Wettbewerben. Variabel in ihrer Art, aber fix einzuplanen, sind die anfallenden Steuern.

Die einzelnen Kostenpositionen solltest du immer wieder und nacheinander auf ihre Höhe und Relevanz hin überprüfen und bewerten, wie wichtig jeder einzelne Posten für den Erfolg deines Geschäftskonzeptes tatsächlich ist. Bei mobilen Geschäftskonzepten wie der mobilen Fahrradreparatur oder den mobilen Friseur*innen fallen keine Kosten für Mietobjekte (inklusive Nebenkosten) und auch keine Kosten für den Kauf und Unterhalt eines Pkws oder Lkws an. Die Verbrauchs-, Wartungs- und Reparaturkosten für die Lastenfahrräder sind deutlich geringer. So können sie mit ihren Angebotspreisen sehr wettbewerbsstark und flexibel am Markt auftreten. Viel zu oft kann man den Drang zum Kauf von zu großen, zu teuren und überdimensionierten Pkws und Bussen beobachten, der zwar das Ego der Besitzer*in befriedigt, das Geschäftsergebnis aber negativ beeinflusst. Tiny Start-ups sind hier gut beraten, hocheffizient und effektiv zu kalkulieren und so zu handeln, dass wirklich das, was glücklich macht, entstehen kann.

Wettbewerbsorientierte Preisbildung: Hast du deine Gesamtkosten optimiert, sollten wir uns deine Angebotsseite anschauen, denn nur, wenn du ein gutes Angebot auch gut verkaufen kannst, geht es deinem Unternehmen und dir gut. Wie bietest du deine Produkte und Leistungen an? Orientierst du dich dabei an deiner Konkurrenz? Bietest du ebensolche, qualitativ vergleichbaren Produkte (Me-too-Produkte) an wie deine Konkurrenz? Arbeitest du damit gerade so kostendeckend? Dann solltest du überlegen, wie du entweder ein Vielfaches an Kunden in der gleichen Zeit bedienen kannst oder wie du bei gleichbleibenden Kund*innenzahlen, ein besseres, höherwertigeres, nutzvolleres Angebot zu einem höheren Preis realisieren kannst. Mehr Abverkäufe in der gleichen Zeit kannst du durch kluge Prozesse realisieren. So ist es in der chinesischen Medizin nicht unüblich, Patient*innen parallel in verschiedenen Behandlungszimmern zu betreuen. Für deutsche Ärzt*innen ist das eher ein Kulturschock. Arbeitet man nacheinander ab, rechnen sich deshalb Privatpatient*innen mit höherem Pro-Kopf-Umsatz besser. Stimmen jedoch die Prozesse in der Parallelbetreuung, verlieren die Patient*innen während der Behandlungen keinerlei Nutzen, sondern bekommen die volle Leistung und Zuwendung zu einem erschwinglichen Preis. Für das anbietende Unternehmen erhöht sich damit der Patientendurchschnitt, der sich entsprechend besser rechnet.

Nutzenorientierte und nachfrageorientierte Preisbildung: Möchtest du sozusagen Privatpatient*innen gewinnen, also höhere Preise durchsetzen, musst du dir in Bezug auf die Qualität deiner Produkte und Leistungen, auf deine eigene Positionierung sowie auf das Kund*innen-Erlebnis etwas einfallen lassen. Unter »I. Was bietest du? (Product)« haben wir dir hierzu verschiedene Anregungen und Tipps gegeben. Weitere Möglichkeiten bestehen darin, dass du deine Angebotspreise variierst. Gibt es beispielsweise Zeiten, in denen sich die Kundennachfrage für deine Dienstleistung ballt, könntest du für diese Zeit deine Preise erhöhen, dagegen in schwachen Nachfragezeiten günstigere Preise anbieten. Warum bietest du nicht eine Business-Hour morgens um sieben Uhr? Oder einen Mondscheintarif abends zwischen 22 und 24 Uhr? Natürlich musst du dich an die für dein Gebiet legalen Geschäftszeiten halten. Doch vielleicht schaffst du es mit diesen Anregungen, eine gleichmäßigere Auslastung über den Tag, die Woche, den Monat oder das Jahr, für unterschiedliche Tageszeiten, Jahreszeiten oder Wetterbedingungen hinzubekommen.

Der Preis ist ein Marketinginstrument, mit dem du arbeiten kannst, um die Kund*innennachfrage zu stimulieren und zu nutzen. So sind unterschiedliche Preise für unterschiedliche Kund*innen durchsetzbar. Hast du zum Beispiel eine Stammkundschaft, kannst du dieser vielleicht ein Jahresabonnement verkaufen. Intensivverwender*innen können besondere Mengenrabatte erhalten, Kurzfristnutzer*innen vielleicht die Bestätigung, dass sie immer einen Termin bekommen können, dafür aber einen höheren Exklusivpreis bezahlen müssen. Spezielle Klubmitgliedschaften bieten zudem einen geldwerten Zusatz zu deinem Angebot, ohne dass du Preisrabatte geben musst. Dynamische Preisänderungen werden zurzeit bei den großen Unternehmen durchgesetzt. Sie sind sowohl im Handel mit Benzin und Elektronikartikeln (in Form von digitalen Preisschildern) zu erleben als auch bei Fluggesellschaften (bei der Onlinebuchung von Flügen).

III. Wo verkaufst du? (Place)

Wo du arbeitest, wie du dein Angebot verteilst und wo du deine Produkte konkret verfügbar machst, ist mit erfolgsbestimmend. Deshalb solltest du dir sowohl über deinen Firmensitz und deine Vertriebswege als auch über die Verkaufsstandorte detailliert Gedanken machen.

Unternehmensstandort: Wo du dein Unternehmen ansiedelst, ist wichtig. Du solltest deshalb einen Moment darüber nachdenken. Arbeitest du nur allein, brauchst du einen festen Arbeitsplatz, willst du aber nicht viel investieren, dann kannst du dich flexibel in ein Businesscenter, Coworking Space oder ein Sharing-Büro einmieten. Das kann auch sinnvoll sein, wenn du eine Arbeitsatmosphäre außerhalb deiner privaten Räumlichkeiten brauchst. Die vielen Menschen drum herum können zudem anregend wirken und auch für einen Ideenabgleich eingebunden werden. Einige Tiny Startupper brauchen nicht einmal das und arbeiten in Cafés, wie in Berlin in der »Microsoft Digital Eatery«[316] oder im St. Oberholz[317], das wir an anderer Stelle schon erwähnt haben.

»Place« Kauf Dich Glücklich, Berlin © Bellone Franchise Consulting GmbH

Soll der Firmensitz eine Imagerolle übernehmen, kann er in spezielle Bezirke verlegt werden. Kreativfirmen siedeln sich in Berlin zum Beispiel in den Bezirken Kreuzberg und Neukölln an, auch als »Kreuzkölln« bekannt. Als Big Start-up ist eher die Berliner Mitte die Spielwiese. Als Tiny Start-up steht dir alles offen. Du kannst dich genau da ansiedeln, wo es dir zur Verdichtung deines Lebensglücks am besten gefällt. Deshalb arbeiten viele Freiberufler*innen in ihren privaten Wohnungen. Wenn du etwas herstellst, wofür du einen Laden, aber keine Verkaufsfrequenz brauchst, findest du in Großstädten oft leer stehende Angebote zur Anmietung. Vorsicht ist bei den beliebten Fabriketagen auf den Gewerbehöfen angesagt. Wir waren selbst jahrelang in den ehemaligen Osram-Höfen auf dem Campus Berlin in Berlin-Charlottenburg eingemietet. Vermietungsunternehmen hegen und pflegen diese Höfe sehr, statten sie auch mit aller erforderlicher Technologie aus, vor Mietsteigerungen ist man jedoch aufgrund der großen Nachfrage nicht abgesichert. Für Tiny Start-ups empfiehlt es sich eher, alternative Räumlichkeiten zu suchen.

Vertriebswege: Wo deine Produkte oder Leistungen zum Verkauf beziehungsweise Konsum angeboten werden, ist oft wichtiger als die Lage des Firmensitzes. Wie zum Beispiel bei der Knalle Popkornditorei Berlin. Den Firmensitz besuchen die wenigsten, obwohl dort auch alle Produkte erhältlich sind, wie wir im Rahmen unseres Interviews sehen und schmecken konnten. Dass es die Produkte aber im KaDeWe sowie bei Manufactum zu kaufen gibt, erzeugt eine gewisse Exklusivität und steht für den gehobenen Anspruch. Kim Eisenmann, die schwäbische Erfinderin des Schutzarmbandes zur Erkennung von K.-o.-Tropfen[320] (wir haben über ihre Story berichtet), freut sich über den Absatzkanal dm, über den in ganz Deutschland das Armband zu erwerben ist.

Point of Sale: Verkaufsorte können auf Zeit gemietete Verkaufsflächen sein, die man Pop-up-Stores nennt, aber auch großzügig gestaltete Showrooms, die als Flagship-Stores daherkommen. Für dich wird es wichtig sein, ob du eigene Verkaufs- oder Dienstleistungsflächen eröffnen willst oder ob du deine Angebote über andere vertreiben möchtest. Beides ist möglich, auch parallel. Wenn du eigene Verkaufsräume oder Dienstleistungsorte eröffnest, hast du einerseits alles in deiner Hand, kannst nach Belieben walten und gestalten. Und auch die Umsätze und Gewinne gehen in deine Tasche. Andererseits musst du für alles geradestehen und alles finanzieren. Suchst du dir Vertriebspartner*innen, kannst du schneller an gute Verkaufsstandorte gelangen, die du nicht einmal unbedingt selbst bespielen musst, musst aber eine Handelsspanne einräumen, die deinen Gewinn reduziert. Du musst von Fall zu Fall entscheiden, was für dich der richtige Weg ist. Natürlich gibt es auch mobile Verkaufsstandorte. So treffen wir regelmäßig die Foodtrucks auf den Foodfestivals[321], das Coffee-Bike auf den Messen und auch die traditionellen temporären

Verkaufsstände in den Markthallen wie in der Markthalle Neun[322], die bestens funktionieren.

Onlineshops: Durch die Digitalisierung ist es möglich, dass du mit einem Onlineshop Kunden im ganzen Land erreichen kannst. Es gibt Anbieter wie Jimdo[323] in Hamburg, die dir die Möglichkeit geben, schnell, ökonomisch und professionell sowohl deine Website zu erstellen als auch einen Webshop zu eröffnen und zu betreiben. Denke daran, dass solch ein Shop beworben werden muss, damit er bekannt wird und Kund*innen ihn auch finden. Zusätzlich solltest du gute Prozesse etablieren, um bestellte Ware schnell, gut und sicher auszuliefern. Aus bewährter Quelle wissen wir, dass die Eröffnung eines Onlineshops fast wie die Eröffnung eines normalen Shops zu betrachten ist, sowohl vom Personaleinsatz als auch vom Aufwand her. Dennoch sind die Möglichkeiten enorm, und die Miete ist im Gegensatz zu einem klassischen Offline-Store vernachlässigbar, bei voller Gestaltungsfreiheit.

IV. Wie kommunizierst du? (Promotion)

Kommunikation ist heute lebensnotwendig, um Unternehmen mit ihren Produkten und Leistungen bekannt zu machen. Das gilt umso mehr für Klein- und Kleinstunternehmen wie Tiny Start-ups. Du solltest deshalb frühzeitig mit deiner Kommunikation starten, auch um darin immer besser zu werden. Teile deshalb deinen Bezugsquellen, Kooperationspartner*innen, deiner Finanzumwelt, den Medien und deinen möglichen Kund*innen frühzeitig mit, dass du mit deinem Unternehmen da bist, wer du bist, wofür du stehst und was man von dir erwarten kann. Es dauert viel länger, als man glaubt, ehrliche Beziehungen zu den unterschiedlichen Zielsegmenten zu etablieren. Du kannst gar nicht früh genug damit anfangen. Aber es lohnt sich, von Anbeginn kommunikativ zu denken und Beziehungen durch Kommunikation und Interaktionen zu etablieren.

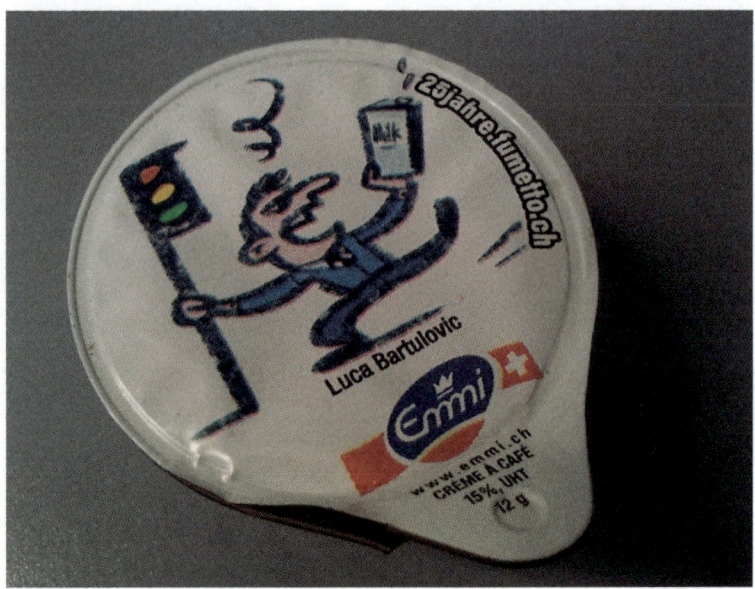

»Promotion« FumettoComic-Festival Luzern © Bellone Franchise Consulting GmbH

Storytelling: Das Stärkste, was du als Tiny Startupper zur Bekanntmachung deines Unternehmens einsetzen kannst, ist deine Entstehungsgeschichte. Warum gibt es dein Unternehmen? Wie ist es genau zu der Idee dafür gekommen? Was war der Funken, was gab den Ausschlag? Wofür brennst du als Unternehmer*in? Womit hattest du zu kämpfen? Welche Hindernisse musstest du überwinden? Wer hat dir dabei geholfen? Wie hast du deinen Erfolgsweg gefunden? Wohin steuerst du jetzt? Wir haben bei unseren vielen Interviews für dieses Buch tolle Geschichten von Tiny Startuppern kennengelernt. Geschichten, die berühren, die bewegen und die Fantasie anregen. Benutze deine Geschichte und erzähle sie immer wieder. Variiere sie für die verschiedenen Zielgruppen und Medien. Statte sie entsprechend mit Fotografien, Filmen und Audiofiles aus. Bleibe authentisch, bleibe du selbst, aber füttere auch die Fantasien deiner Zuhörer*innen und Zuschauer*innen. Teile deine Gefühle und deine Begeisterung mit ihnen. Wir haben dir bereits zwei Autoren vorgestellt, deren Bücher über das Storytelling wirklich empfehlenswert sind. Deshalb seien sie an dieser Stelle nochmals genannt. Zum einen Werner T. Fuchs mit seinem Buch *Crashkurs Storytelling*[324]. Zum anderen Miriam Rupp mit ihrem Buch *Storytelling für Unternehmen*[325].

Public Relations: Früher bestand die Pressearbeit darin, Journalist*innen eine Presseinformation, möglichst mit Foto, zu schicken. Heute geht es mehr darum, Kontakte zu Journalist*innen herzustellen und zu pflegen. Es geht darum zu verstehen, woran sie gerade arbeiten und ob man ihnen bei ihrer Arbeit durch eigene Unternehmensinformationen helfen kann, zum Beispiel weil die Unternehmensgeschichte mit der gesellschaftlichen Entwicklung in Einklang steht. Niemand wird sich ohne Weiteres für dein Start-up interessieren. Es sei denn, du hast eine interessante Geschichte zu erzählen, die für die Gesellschaft interessant ist, weil sie einen Trend ankündigt oder widerspiegelt oder ihm konträr entgegenläuft. Bist du mit deinem Start-up ein Robin Hood, ein Zorro oder eine Mutter Teresa? Stehst du damit für das Gute oder das Böse der Gesellschaft? Nur das Mittelmaß, das niemandem wehtut, bleibt weiterhin uninteressant für die Medien und oft auch die Kund*innen. Fertige eine PDF-Vorlage mit deiner Geschichte an, füge ein paar illustrierende Fotografien bei und schicke sie interessierten Medien.

Investor Relations: Falls du dein Tiny Start-up nicht vollkommen mit Eigenmitteln realisieren kannst, sondern auf Geldgeber*innen oder Investor*innen angewiesen bist, solltest du auch hier deine Story erzählen. Lasse dabei die finanzielle Seite etwas stärker einfließen und zeige auf, warum sich deine Geschäftsidee finanziell lohnt. Gut ist auch, wenn du zeigen kannst, welche Trends dein Unternehmensprojekt unterstützen und wie du diese für deinen Umsatz und dein Profil ausnutzen willst und kannst. Um nicht frei erzählen zu müssen, kannst du dir eine PowerPoint-Präsentation anlegen, in der du in kurzen und knappen Sätzen deine Story darstellst und diese mit Fotografien prägnant bebilderst. Umgewandelt in eine PDF-Datei, kannst du diese bei Interesse auch bei deiner Hausbank oder vertrauenswürdigen Unterstützer*innen lassen.

Human Relations: Hast du schon einmal vom »War for Talents« gehört? Damit wird der Kampf um die besten Mitarbeiter*innen prägnant beschrieben. Er erfolgt meist unter Großunternehmen. Falls auch du auf Mitarbeiter angewiesen bist, brauchst du eine klare Strategie, wie du für dich werben und passende Leute finden und gewinnen kannst. Aus deiner Sicht sollte es dabei kein Kampf sein. Zeig dich eher einnehmend und kooperativ. Auch hier kann deine Unternehmensstory Wunder bewirken. Wenn du nämlich nicht so viel bezahlen kannst wie die Großen, musst du andere interessante Gründe aufweisen können. Zum Beispiel deine Story, wenn du als Tiny Start-up tollere Jobs als die Großen zu bieten hast, in denen man schneller, an verschiedenen Orten, selbstständig arbeiten kann, ohne viele Ebenen darüber; in denen man flexibler arbeiten kann, mehr mitdiskutieren und mitgestalten kann und schneller Verantwortung übernimmt. Entwickle ein Gründe-Portfolio, warum potenzielle Mitarbeiter*innen ausgerechnet zu dir kommen sollen. Setze dabei auf das Auslösen von Emotionen und nicht allein nur auf rationale Argumente. Verpacke deine Informationen in deine Unternehmensstory und kommuniziere sie auf deiner Homepage, in den sozialen Medien und auf entsprechenden Messen. Mache dein Unternehmen faszinierend und anziehend und etabliere eine entsprechende Unternehmenskultur und Unternehmenskommunikation, die wertschätzend und integrierend ist.

Social Media: Wir hatten sie bereits im Bereich der Human Relations angesprochen. Die sozialen Medien sind vielseitig bespielbar. Sie dienen grundsätzlich dazu, die Bekanntheit zu steigern, das Profil zu stärken und Beziehungen aufzubauen. Einerseits zu deinen Kund*innen, dann aber auch zu deinen potenziellen Kooperationspartner*innen sowie zu deinen möglichen Mitarbeiter*innen. Bei Facebook geht es dabei mehr um sozialen Beziehungsklebstoff. Instagram ist stärker visuell orientiert, für Fotografien und Filme. Hier lassen sich einnehmende Storys gut einsetzen. YouTube ist der Kanal für Internetfilme. Einstellen kannst du Filme auch bei Vimeo. Twitter ist eher ein Kanal für Journalist*innen und Meinungsführer*innen. Hier geht es um Informationen in Kurzform, unterstützt mit Fotografien oder Grafiken. Pinterest stützt mehr den Kompetenzbereich und sichert eine gute Auffindbarkeit. Es gibt endlos weitere soziale Medien, die noch eine untergeordnete oder segmentspezifische Bedeutung haben, aber jederzeit für alle wichtig werden könnten. Diese solltest du beobachten, und falls du einen Zugang zu einem neuen Kanal findest, der zu dir passt, probiere ihn doch einfach aus.

Tiny-Start-up-Tipps:

Beispiele sozialer Medien

Facebook: https://www.facebook.com/; Twitter: www.twitter.com; Instagram: https://www.instagram.com; YouTube: https://www.youtube.com/; Vimeo: https://vimeo.com/de; Snapchat: https://www.snapchat.com/l/de-de/; Tumblr: https://www.tumblr.com/; Flickr: https://www.flickr.com/; Xing: https://www.xing.com/ LinkedIn: https://www.linkedin.com/

Digitale Werbung: Bleiben wir digital. Natürlich solltest du dich darum kümmern, dass deine Homepage bei Google hoch gelistet ist und eine schnelle Auffindbarkeit gewährleistet. Das kannst du durch einen guten und geschützten Markennamen erreichen und zusätzlich durch das regelmäßige Updaten deiner relevanten Inhalte auf der Homepage sowie durch eine Optimierung deiner SEOs. Entscheide selbst, ob du für diese Arbeiten deine eigene Kraft, Energie und Zeit investierst oder lieber einer kleinen und jungen Agentur einen Auftrag erteilst. Wir präferieren Letzteres, auch für die Schaltung von Werbebannern in den sozialen Medien.

Klassische Werbung: Nicht alles ist digital. Es gibt sie noch, die klassische Werbung, mit der du auf dein Unternehmen aufmerksam machen und dein Profil verdeutlichen kannst. TV ist dabei nicht unbedingt das Medium für Tiny Start-ups, wobei es in Großstädten durchaus interessante regionale und lokale Fenster gibt. Eher wird die Bekanntheit durch Werbespots im Radio oder Anzeigen in Tageszeitungen erhöht. Auch Plakate können, durch ihre Einzelbuchungen, sinnvoll und effektiv genutzt werden, um sich lokal und regional bekannt und kompetent darzustellen. Ein eher langfristig wirkendes Outdoor-Werbemittel bietet die Verkehrswerbung. Immer wieder begegnen wir so einer uns bekannten Unternehmerin aus Zug auf der Rückseite eines regionalen Busses.

V. Wer unterstützt dich? (People)

Vielleicht startest du deine Selbstständigkeit allein. Dann ist dieser Schritt für dich noch nicht sehr akut. Sobald du aber beginnst, für dein Tiny Start-up Menschen zu suchen, die dich unterstützen können, musst du dir bewusst sein, wen du genau suchst, wer am besten zu dir und deinem Tiny Start-up passt und wie du mit möglichen Mitarbeitern umgehst. Hierbei ist es erst einmal egal, ob du projektweise Freelancer oder Minijobber in dein Unternehmen holst oder ob du gleich Festanstellungen planst. In Interviews auf YouTube erzählt Miriam Rupp[328], die Gründerin und Geschäftsführerin der Berliner Storytelling-Agentur Mashup Communications, wie sie ihr Start-up aufgebaut hat und wie wichtig dabei die Unternehmenskultur und gesetzte Unternehmensregeln vom Start weg sind. Nora Fest,[329] die Co-Geschäftsführerin seit 2010, erklärt, welche Rolle persönliche Aspekte in der Selbstständigkeit und für den Einstieg in ein bestehendes Unternehmen spielen. Die Videoserie auf YouTube zum zehnjährigen Jubiläum von Mashup ist Tiny Startuppern sehr zu empfehlen. Eine gelungene Unternehmenskultur lässt sich nicht nachträglich einbringen. Sie muss vom Start weg gelebt werden.

Feste Regeln erlauben den Mitarbeiter*innen, sich sicher auf dem neuen Terrain deines Unternehmens zu bewegen. Klare Grenzen, aber auch Gestaltungsfreiräume, Erwartungen und Belohnungen sollten deshalb für alle Mitarbeiter*innen sichtbar sein.

Bei der Auswahl deiner Mitarbeiter*innen kommt es zudem darauf an, dass du auf deren »Kompetenz-Portfolio« achtest, das sie mitbringen. Was soll das sein? Nun, natürlich ist es wichtig, dass deine Mitarbeiter Fähigkeiten für die ausgeschriebene Position und die damit verbundenen Aufgaben haben sollten, also »Fachkompetenzen«. Darüber hinaus sollten sie sich leicht in dein Team und deine Organisation einpassen können und mit anderen gut auskommen, interagieren und kommunizieren können, also »Sozialkompetenzen« besitzen. Zusätzlich ist es gerade in Tiny Start-ups wichtig, dass sie zuverlässig sind, über Verantwortungsbewusstsein verfügen, dazulernen wollen, sich weiterentwickeln wollen und dabei sowohl leistungsfähig wie leistungsbereit sind. Sie sollten wirklich den Wunsch und den Willen haben, für dich und dein Unternehmen, im Sinne des Unternehmens, aktiv zu werden – und zwar jeden Tag, immer wieder aufs Neue, also »Selbstkompetenz« haben. Welche Herausforderung dahintersteckt, konntest du im Interview mit Working Bicycle auf Seite 65ff. lesen. Letztendlich sollten sie ein kompatibles inneres Wertesystem besitzen, das sich gut mit den Werten deines Unternehmens ergänzt und verträgt. Das nennen wir »ethische Kompetenz«. Wenn du beispielsweise streng nachhaltig aufgestellt bist und die Welt im Sinne der Nachhaltigkeit positiv verändern willst, sollte sich dieser Anspruch auch in deinen Angestellten wiederfinden. Wenn du auf diese vier Grundkompetenzen unseres Kompetenz-Portfolios achtest, solltest du die für dich richtigen Mitarbeiter*innen finden.

Entsprechend ist es aber auch wichtig, dass du den Erwartungen und Bedürfnissen deiner Mitarbeiter*innen gerecht wirst. Das kannst du erreichen, indem du ihnen Verantwortung und Freiräume zur Selbstentfaltung bietest und Fortbildungsmaßnahmen zur

Weiterentwicklung ermöglichst. Diese können als Schulungen, Diskussionsrunden und Vorträge im eigenen Unternehmen stattfinden, auch über eine eigene kleine Akademie, mit der du dich auf dem Arbeitsmarkt profilieren kannst. Dadurch erschließt du den Wissenspool deines Personals für das Unternehmen. Wenn deine Mitarbeiter sowie fremde Experten aktuelle Themen zur Weiterentwicklung des Unternehmens vorstellen und diskutieren, wird dein Unternehmen zukunftskompatibler. Die Design- und Kommunikationsagentur SHORT CUTS in Berlin realisiert diesen Ansatz mit den beiden Geschäftsführern Dirk Studzinski und Martin Permantier seit Jahren beispielhaft und nutzt ihn auch für das eigene Image, indem Seminare, Workshops, Vorträge und Tage der offenen Tür allgemein zugänglich veranstaltet werden.[330] Andererseits ist es auch empfehlenswert, die eigenen Mitarbeiter*innen an externen Kursen teilnehmen zu lassen und sie so einerseits für die aktuellen und zukünftigen Aufgaben fit zu halten, andererseits ihnen gegenüber Wertschätzung auszudrücken. Das zählt oft mehr als eine Gehaltserhöhung.

VI. Wie arbeitest du? (Process)

Wie fokussiert, wirksam und effizient arbeitest du? Egal, ob du mit deinem Tiny Start-up Produkte herstellst, mit Produkten handelst oder Dienstleistungen erbringst, Prozesse tragen einen wesentlichen Teil zu deinem Unternehmenserfolg bei. Deshalb solltest du dir alle Prozessabläufe genau ansehen und jeden einzelnen im Sinne der Zielerreichung optimieren. Vielleicht kennst du ja den in diesem Sinne sehr anregenden Film The Founder.[331] Es ist ein amerikanischer Film von 2016 über die Entstehung des weltweit erfolgreichen Gastronomie-Unternehmens McDonald's. Ray Kroc (gespielt von Michael Keaton) übernimmt darin die Franchiserechte für ein Restaurantkonzept von Dick und Mac McDonald und führt es zu Weltruhm. Die Geschichte beruht auf wahren Begebenheiten der Gründer Richard und Maurice McDonalds. Der Erfolg ihres ersten

Restaurantkonzeptes beruhte bereits auf einer damals revolutionären Veränderung der vorherrschenden gastronomischen Prozesse. Den Gästen würde das Essen nicht mehr durch eine Bedienung an den Tisch gebracht (Einsparung von Personalkosten), sondern diese mussten sich anstellen und es sich selbst abholen (Zeiteinsparung). Auch Geschirr und Bestecke wurden weggelassen (Kosten- und Zeiteinsparungen), stattdessen das Essen in Papiertüten ausgegeben. In einer Kernszene, in Bezug auf Prozessoptimierungen, lässt Ray Kroc die Zubereitungsprozesse für Hamburger auf den Boden eines Tennisplatzes zeichnen und darauf wieder und wieder durchspielen, um die kürzesten Zeiten und die höchste Effizienz zu realisieren.

Auch für dein Tiny Start-up ist es wichtig, dass du alle Prozesse durchdenkst und möglichst effizient gestaltest. So kannst du sie einerseits kostensparender, andererseits auch wirksamer machen. Wir hatten dir bereits dargelegt, dass chinesische Ärzte zum Beispiel Patienten parallel behandeln und so Gutes für mehr Patienten (und sich) realisieren können. Ähnlich könnte auch in Kosmetikstudios, in Frisiersalons oder vielleicht in deinem Unternehmen vorgegangen werden. Wenn du kreative Leistungen bietest, solltest du dir deine Entwicklungsprozesse Schritt für Schritt anschauen und überlegen, wie du diese im Sinne des kreativen Outputs oder der Zeitverkürzung optimieren kannst. Agiles Arbeiten und die Scrum-Methode nach Dr. Jeff Sutherland[332] können Entwicklungszeiten verkürzen und den Praxisbezug der Ergebnisse erhöhen. Arbeitsteilungen können dazu führen, dass bestimmte Arbeitsschritte von weniger qualifizierten und damit weniger teuren Angestellten realisiert werden, während für die anspruchsvollen Arbeiten (teure) Meister*innen kurzzeitig zur Verfügung stehen.

Alle Unternehmensprozesse bergen Optimierungspotenziale. Schau dir deine Einkaufsprozesse, zum Beispiel für Grundstoffe und Verbrauchsgüter, an. Wie könntest du diese besser strukturieren oder automatisieren? Analysiere, wie Kund*innen bei dir Termine buchen können. Müssen sie dich dafür anrufen oder bietest du ihnen ein Onlineformular? Automatisierte Prozesse können dir viele einfache Arbeiten abnehmen und dabei Zeit und Kosten sparen. Sind deine Akquisitionsprozesse klar strukturiert? Wer schreibt oder ruft potenzielle Kund*innen an? Sind Onlineanfragen automatisiert? Liegt eine entsprechende Unternehmenspräsentation vor, die du standardisiert verwenden kannst? Wie werden Projekte abgearbeitet und wie erfolgt die Dokumentation und Archivierung der Ergebnisse? Wie ist dein Qualitätsmanagement strukturiert und organisiert? Gibt es klare Verantwortlichkeiten und Vorgehensweisen?

Oft erfinden Gründer*innen zum Start ihres Unternehmens alles neu. Schließlich soll es ja zur eigenen Person und Arbeitsweise passen. Wird diese Arbeitsweise beibehalten, geht dabei viel Energie, Zeit und Geld verloren. Geschäftspotenzial wird verschwendet, und alle Beteiligten stumpfen allmählich ab. Das führt auch zu Gefahrenquellen. Besser ist es, klare und eindeutige Strukturen, Prozesse und Standards zu etablieren, die vom Unternehmensbeginn an helfen, das Arbeiten anspruchsvoll und professionell zu realisieren. Zum Prozessmanagement setzen große Unternehmen entsprechende Planungssoftware ein. Diese steht auch Kleinst- und Kleinunternehmen in abgespeckter Version zur Verfügung. Hiermit kannst du dir leicht einen Überblick über zum Beispiel deine laufenden Kommunikationsmaßnahmen über das Jahr anlegen und visualisieren. Das schafft Freiräume für Kreativität, Neues und das persönliche Glück.

VII. Wie stellst du dich dar? (Physical Evidence)

Damit du dich mit deinem Tiny Start-up optimal selbst nach außen darstellen kannst, solltest du genau wissen, wer du bist und wofür dein Unternehmen steht. In der Fachsprache sprechen wir von

»Corporate Identity«, also deiner Unternehmenspersönlichkeit. Wir sind ja unter dem Punkt 4. bereits auf deine Gründer*innen-Story eingegangen. Bist du in deinem Marktsegment ein Robin Hood, ein Superman oder Batman? Bezogen auf die beliebte Fernsehserie *The Big Bang Theory*[333] könnte man auch fragen: Bist du ein allwissender Dr. Sheldon Cooper oder eher ein nachgebender Leonard Hofstadter, ein chancensuchender Howard Wolowitz oder eher ein verzagter Raj Koothrappali? Vielleicht auch ein Will Wheaton oder Kripke, eine Penny, Bernadette oder Amy? (Für alle Fans der Serie: Auf YouTube gibt es ein Interview mit den Schauspieler*innen kurz nach der Ausstrahlung der letzten Staffel in den USA.[334])

Wichtig für dich ist, dass du deine Stärken für deine Eigenpositionierung kennen solltest. Wir haben dir im Glückskapitel bereits das Fremdbild vorgestellt und dich aufgefordert, dich zusätzlich zu deinem Eigenbild durch andere spiegeln zu lassen. Das hilft, um die Eigenwahrnehmung realistisch mit der Außenwahrnehmung abzugleichen. So solltest du ein Gesamtbild von dir und deinem Unternehmen erhalten. Damit verbunden sind die Erwartungen, die andere an dich und dein Unternehmen stellen, den Bedarf, von dem andere glauben, dass du ihn decken, und die Bedürfnisse, die du erfüllen könntest. Genau darauf sollte auch deine Außendarstellung abzielen. Wir verwenden dafür den Begriff »Physical Evidence«.

Physical Evidence weist darauf hin, dass du für deine Unternehmensidentität ein eindeutiges Unternehmensdesign, ein »Corporate Design«, entwickeln und konsequent umsetzen solltest. Bestandteile eines Corporate Designs sind die Farbigkeit und die Auswahl sowie genaue Anordnung von Schriften oder sonstigen Elementen. Wichtig sind dabei zum Beispiel die Art und die Umsetzung des Unternehmensnamens beziehungsweise Markennamens sowie des Logos. Diese Elemente kennzeichnen dein Angebot am stärksten und grenzen es gegen andere Anbieter*innen ab. Sie erzeugen Aufmerksamkeit und schaffen Memorierbarkeit und Wiedererkennung. Deshalb

ist die Entwicklung eines Markennamens eine besonders große Herausforderung. Er ist der kleinste gemeinsame Nenner deines Angebotes. Wenn nichts anderes kommuniziert werden kann, zum Beispiel im Rahmen des Sponsorings oder in den digitalen Medien,
dann wenigstens dein Markenname. Auf den Markenschutz gehen
wir unter Punkt 13 ein.

»Physical Evidence« husky-lodge, muotathal © Bellone Franchise Consulting GmbH

Das Logo als visuelles Zeichen deines Unternehmens kann nur aus
der Schrift deines Markennamens bestehen, dann ist es eine sogenannte Wortmarke, oder aber zusätzlich aus Bildelementen, dann
spricht man von einer Wort-Bild-Marke. Auch die reine Verwendung von Symbolen ist möglich. Das nennt sich dann, wie auch
die Bildmarke, Logo oder Signet. Auch dein Logo kannst du schützen lassen. Markenname und Logo sowie zusätzlich ausgewählte
Unternehmensfarben sind die Grundelemente, mit denen du dein

Unternehmen von anderen Unternehmen abgrenzen kannst. Sie schaffen Gemeinsamkeit. Wenn du deine Arbeitsräume in deinen Firmenfarben gestaltest, den Eingang oder Empfang wie auch die äußere Kennzeichnung an deinem Firmensitz mit Namen und Logo kennzeichnest, ebenso die Arbeitskleidung deiner Mitarbeiter*innen und eventuelle Fahrzeuge, dann entsteht langsam ein ganzheitlicher Firmeneindruck. Den solltest du auch mit einer Visitenkarte und dem Briefpapier auf klassische Weise fortführen und ebenfalls mit der Gestaltung deiner Homepage und deiner Seiten in den sozialen Medien. Verwende dabei am Anfang, bis du sicherer wirst, möglichst auch die gleichen Fotografien. Später wird sich daraus eine eigene Bildsprache für dein Unternehmen entwickeln.

Für dein klassisches Verkaufsgeschäft, aber auch deine Manufaktur oder dein Dienstleistungsstudio geht es zusätzlich um eine in sich stimmige, selbstähnliche Umsetzung einer ganzheitlichen Gestaltung im Sinne deiner Unternehmenspersönlichkeit. Hört sich abstrakter an, als es ist. Nehmen wir an, über deinem Geschäftseingang hast du bereits deinen Firmenschriftzug und dein Logo anbringen lassen. Dann wirst du auch das Schaufenster in deinen Firmenfarben gestalten. Die Preisauszeichnungen tragen wahrscheinlich auch schon dein Logo. Vor der Tür steht ein »Kundenstopper« in den Firmenfarben, mit Logo und einem Hinweis auf ein besonders attraktives Produkt, der Fußgänger*innen auf dein Angebot aufmerksam machen soll. Betritt man den Laden, hast du vielleicht auch einen Blickfang in deiner Unternehmensfarbe gestaltet, und deine Angestellten tragen Unternehmenskleidung im Firmendesign, ebenfalls mit Logo darauf. Alles nur, um die Kund*innen darauf zu trainieren, dein Unternehmen wahrzunehmen und sich unbewusst daran zu erinnern. Die Ausgestaltung deines Geschäftes, deines Studios oder deiner Manufaktur sollte im Sinne deiner Unternehmensstory erfolgen. Wenn du mit deinem Angebot für Inspiration stehst, sollte der Ort inspirieren, das heißt vielfältige Anreize geben. Stehst du eher für Sicherheit und Verlässlichkeit, sollte das Geschäft eher gediegen wirken und Sicherheit vermitteln. Alle Möbel, Materialien sowie das gesamte Raumerlebnis sollten im Sinne der Marke und der Kundenbedürfnisse gestaltet werden. Falls du das als zu übertrieben und einschränkend ansiehst, kannst du es reduzierter, einfacher und zurückhaltender gestalten. Wir wollen dir nur Anregungen geben, die sich in der Praxis als erfolgreich erwiesen haben. Und wir haben kennengelernt, wie man mit wenigen finanziellen Mitteln Marken erfolgreich aufbauen kann.

VIII. Welchen Zweck verfolgst du? (Purpose)

»Purpose« NAO do Brasil, Berlin © Bellone Franchise Consulting GmbH

Für Unternehmen wird es immer wichtiger, sich darüber Gedanken zu machen, wofür sie tatsächlich stehen und welchen Zweck sie verfolgen. Der Grund dafür sind die Kund*innen und Bewerber*innen. Diese achten immer stärker darauf. Wenn ein Unternehmen nicht mit seinen Werten übereinstimmt, werden seine Produkt-, Dienstleistungs- oder Arbeitsangebote nicht mehr wahrgenommen oder sogar aktiv abgelehnt. Diese Zielgruppe ist dann für das Unternehmen nicht mehr zu erreichen. Es macht also Sinn, sich mit seinem eigenen Unternehmenszweck auseinanderzusetzen und ihn nach innen und außen zu kommunizieren sowie sich zweckkonform zu verhalten.

Welcher Unternehmenszweck kann für ein Tiny Start-up, über die wirtschaftliche Nachhaltigkeit hinaus, noch sinnvoll sein? Was kann dein Tiny Start-up Positives für die Gesellschaft beitragen? Wir haben dir bereits einige Start-ups vorgestellt, die sich mit der Frage der Welternährung, des verfügbaren und bezahlbaren Wohnraums oder der Mobilität und Ökologie beschäftigen. Die Bugfoundation[335] und Essento[336] bieten Nahrung aus Insekten, um die Welternährungsfrage positiv zu beeinflussen. Die Äss-Bar verkauft schmackhafte Backwaren vom Vortag, um Lebensmittel zu retten. ZüriChips[337] stellt aus dem gleichen Grund aus Brot Chips her. SIRPLUS[338] baut gleich ganze Supermärkte auf, um gegen Food Waste anzugehen. Wieder andere wollen die Mobilitätsprobleme in den Innenstädten lösen wie Velocarrier aus Thübingen[339] und Velogista aus Berlin[340]. Im Bereich der Early Tiny Start-ups haben wir dir dazu verschiedene Ansätze präsentiert. So stellt das Schüler*innenunternehmen Pacato Schreibgeräte aus Patronen her, um ein Zeichen gegen Gewalt und für eine Diplomatie durch Worte zu setzen.[341] Auch kleinere Ansprüche werden von den Kund*innen honoriert. So möchte das Fitnessunternehmen Mrs.Sporty einfach nur, dass mehr Frauen Sport treiben. Der Unternehmenszweck zeigt an, wofür sich das Unternehmen verantwortlich fühlt und einsetzen will. Er kann sozial und gesellschaftlich (bessere Gesundheit, mehr Bildung, mehr Arbeitsplätze für Benachteiligte, besserer Wohnraum), kulturell (interkulturelle Angebote, kulturelle Verständigung, bessere Sichtbarkeit von Minderheiten), ökologisch (Umweltschutz, Ressourcenschonung, alternative Energien und schadstofffreie Mobilität) oder religiös (interreligiöse Angebote, Sichtbarkeit und Toleranz einzelner Religionen) definiert werden. Wichtig ist, dass der Unternehmenszweck ehrlich und authentisch übereinstimmen muss. Er sollte entsprechend gelebt und kommuniziert werden. Sinnvollerweise wird er in der Unternehmensvision verankert, in Zielen formuliert und über eine Mission als Weg vorgezeichnet. Zum Beispiel so: »Wir wollen, dass alle Kinder, egal welcher Herkunft, gleiche Bildungschancen haben. Dafür setzen wir uns als Bildungsträger*in nachhaltig ein.« In der Unternehmensmission findet sich dann der Weg wieder, wie das Unternehmen diese Vision verwirklichen will: »Durch unsere frei verfügbaren Lern-Apps und unsere Lernsoftware können Kinder auf der ganzen Welt zeitgemäßes Wissen kindgerecht aufnehmen.«

XI. Welche Ziele erreichst du? (Performance)

Wir haben uns gerade mit deinem Unternehmenszweck, deiner Vision und deiner Mission beschäftigt. Diese sind für Tiny Start-ups immer sehr individuell. Sie reichen von der existenziellen Lebensgrundlage über die Selbstverwirklichung bis zum gelebten Hobby als Miniselbstständigkeit. Aus deinem persönlichen Unternehmenszweck leiten sich deine Unternehmensziele ab, die du in festen Abständen immer wieder messen solltest. Wenn du dein Tiny Start-up als reines Zweckunternehmen aufgestellt hast, willst du ganz bestimmte übergeordnete Ziele erreichen. Wenn du wie die Äss-Bar Backwaren vom Vortag retten möchtest, kannst du jeweils nach einem Monat, einem halben Jahr sowie einem Jahr messen, wie viel Kilogramm Backwaren du tatsächlich in den Wiederverkauf gebracht hast. So schreibt die Äss-Bar auf ihrer Homepage, dass sie im Jahr 2016 insgesamt 300 Tonnen Food Waste verhindert, dabei 275 000 Kilogramm CO_2 reduziert und 500 000 Kund*innen glücklich gemacht sowie 300 Berichte in den Medien dafür bekommen hat.[342] Das ist doch eine sehr erfreuliche Bilanz.

Neben deinen übergeordneten Zweckzielen sind natürlich weitere Ziele interessant. Zum Beispiel, wie deine Energiebilanz aussieht, wie viel (Öko-)Strom beziehungsweise Heizöl du für deine Betriebsräume und Benzin für deinen Fuhrpark in einem bestimmten Zeitraum verbraucht hast. Gleiches gilt für deine gesamte Ökobilanz. Wie viel Wasser, Materialien und Wertstoffe hast du verbraucht? In welchem Zeitraum und zu welchen Kosten? Wie viel Schadstoffe hast du dabei produziert? In welchem Zeitraum? Wie kannst du diese zukünftig vermeiden? Nur, was wirklich messbar ist, kannst du dabei auch effektiv beeinflussen.

Natürlich interessieren deine wirtschaftlichen Ziele und nachhaltigen Erfolge besonders. Die weist du ja auch jährlich in einer Erfolgsrechnung, betriebswirtschaftlichen Auswertung (BWA) oder Bilanz aus. Auf diese hast du aber hoffentlich sowieso deinen Blick gerichtet. Welche Ausgaben planst du pro Quartal ein? Welche sind nach einem Jahr tatsächlich angefallen? Wie kannst du näher an deine Ziele herankommen? Welche Umsätze hast du formuliert und welche konntest du wirklich realisieren? Wie kannst du zukünftig Mehrumsätze machen? Wie viele Kunden wolltest du gewinnen und wie viele sind es zum Jahresende geworden? Wolltest du den Pro-Kopf-Umsatz pro Kund*in erhöhen? Dann hast du nach zwölf Monaten den Beleg, ob es dir gelungen ist. Konntest du deine regionale oder nationale Verbreitung erhöhen? Von welchen Gewinnen bist du ausgegangen und wie sieht die Situation nach sechs bis zwölf Monaten tatsächlich aus?

Alle Ziele, die du mit deinem Tiny Start-up verfolgst, solltest du quantifizieren, regelmäßig messen und dokumentieren sowie analysieren und als Ausgang für Nachjustierungen nehmen, wie in einem Regelkreislauf. Dieser Bereich wird in Großunternehmen vom Controlling wahrgenommen. Du kannst diesen Job für dein Tiny Start-up einfach selbst übernehmen. Was hast du erreicht? Wo gibt es Optimierungsbedarf? Wie kannst du zukünftige Werte positiv beeinflussen? Wenn du es schaffst, den Performance-Bereich wie ein Unternehmensplanspiel zu betrachten und ein bisschen Spaß und Freude daran zu entwickeln, kann das sehr positive Auswirkungen auf den zukünftigen Erfolg deines Tiny Start-ups haben. Deswegen wird es auch besonders interessant, wenn es um deine ganz persönlichen Glücksfaktoren geht. Wenn du bei der Gründung deines Tiny Start-ups formuliert hast, dass du mehr Zeit für deine Familie haben willst, dann kannst du nach 12, 24 oder 36 Monaten klar beantworten, ob du diesem Ziel nähergekommen bist. Wenn du mehr unter Menschen sein und mit ihnen arbeiten wolltest, kannst du jährlich messen, wie gut dir das gelungen ist. Wenn du hauptsächlich mit Tieren arbeiten wolltest, weil sie für dich »Glücksmomente« produzieren, dann kannst du messen, ob du damit Erfolg hattest. In Tiny Start-ups zählen Glücksmomente mehr als in klassischen Unternehmen oder Anstellungsverhältnissen. Sie erzeugen Energie und motivieren dich, als Tiny Startupper dein Bestes zu geben. Gleichzeitig stellen sie eine Burn-out-Prophylaxe dar. Deshalb solltest du diesen Bereich aufmerksam verfolgen, messen, dokumentieren und immer wieder nachjustieren.

X. Welche Partner*innen hast du? (Partnership)

Am Anfang jeder Selbstständigkeit steht auch die Frage, ob du allein oder mit Partner*innen starten solltest. Wie in allen anderen Bereichen, lässt sich dieser Punkt nur individuell beantworten. Er hängt von deinen Glückszielen, deiner Glücksvision oder -strategie und deiner Glücksmission in Form deines Geschäftskonzeptes ab. Wenn du dir allein deine Glücksmomente erarbeiten willst und dafür eine große Freiheit brauchst, dann ist das wie beim Wandern. Dann musst du einfach allein losgehen. Auf deinem Weg kannst du dann immer noch fest oder projektweise mit anderen zusammenarbeiten, aber in einer dir genehmen und bewussten Form, ohne dass dir jemand in dein Business hineinredet. So haben wir dir in unseren Interviews Antonia Schröder vorgestellt, die in der Schweiz Alleininhaberin eines Hundehotels und einer Hundeschule ist, sowie die Sopranistin Anna Vichery, die als »Sängerin mit Herz« allein

unterwegs arbeitet. Aber auch zu zweit kann man öffentlich auftreten und Erfolg haben, wie uns Vera Wahl und Manuela Villiger mit
ihrem Saxofon-Duo eventuell beispielhaft zeigen.

Oft starten Existenzgründer*innen aus Anstellungen heraus, mit
zeitlicher Verzögerung unterstützt von einer ehemaligen Kolle-
gin, wie es bei Mashup Communications der Fall war. Die 24-jäh-
rige Miriam Rupp gründete und Nora Fest übernahm etwas später,
nach einem Mutterschaftsurlaub, die Position als Co-Geschäftsführerin. Wichtig ist bei einer Gründungspartnerschaft die Chemie der
Partner*innen. Stimmen die Werte überein? Wird die Vision geteilt
und ist sie größer als das eigene Ego und die selbstbezogenen Per-
sönlichkeitsaspekte? Werden Glücksmomente ähnlich gesehen und
bewertet? Kann man sich aufeinander verlassen, auch wenn es stres-
sig wird? Ist die emotionale Partnerschaft langfristig tragfähig? Dazu
kommen arbeitsbezogene Aspekte wie die Frage nach den Kompetenzen. Wir haben dir unser »Kompetenzquartett« dazu bereits unter dem fünften Punkt (People) vorgestellt. Dabei ist es wichtig, dass
alle Partner*innen unterschiedliche, sich ergänzende Kompetenzen
mitbringen. Hierzu erinnerst du dich vielleicht an unser Interview
mit Jenny Schäpper-Uster von VillageOffice. Hinter der Idee steht
ein Team von acht Gründer*innen. Oft finden sich unter erfolgreichen Gründer*innen »Sandkastenfreundschaften«, die sich aus der
Kindheit kennen, oder Eheleute, die sich gemeinsam eine Existenz
aufbauen. Hier kann man davon ausgehen, dass viele Werte übereinstimmen. Aber auch hier ist Sensibilität geboten, da eine selbstständige Existenz neue Anforderungen an die Zusammenarbeit stellt,
die so zu Beginn noch nicht gelernt sind.

Steht das Gründungs- beziehungsweise Geschäftsführer*innen-
Team, gibt es auf dem Unternehmensweg eine Vielzahl von Partnerschaften, die auf Zeit eingegangen werden. Das können Ein-
kaufspartnerschaften sein, um bessere Preise zu erhalten, aber auch
Marketing- und Vertriebspartnerschaften. Ein Spezialbereich dazu ist

das Franchising, bei dem Franchisegeber*innen ihren Partner*innen, den Franchisenehmer*innen, ein Geschäftskonzept und eine Marke zur Verwendung auf Zeit und gegen Gebühren zur Verfügung stellen. Unter unseren Interviewpartner*innen finden sich zwei Franchisenehmer*innen, nämlich Michael Kiel von fitbox sowie Caroline Taskin von YellowKorner sowie zwei Franchisegeber*innen, nämlich Daniela Jost von der Agentur Traumhochzeit und Stephan Di Gallo von tuck-tuck – food on the move.

XI. Welche Technologien nutzt du? (Propulsion)

An dieser Stelle wollen wir uns kurz mit der Digitalisierung und den neuen Technologien beschäftigen, um dich zu inspirieren. Es macht Sinn, sich den neuen »Helferlein« positiv und konstruktiv zuzuwenden.[343] Finde heraus, welche Automatisierungen, Apps, Chatbots und Programme für deinen Geschäftsbereich effizient und nutzbringend sind, um deine Glücksmomente zu vervielfachen, ohne dass sie deine Kund*innen abschrecken. Als Kleinst- und Kleinunternehmen spielt oft deine persönliche Beziehung zu deinen Kund*innen eine erfolgsbestimmende Rolle. Nutze Software, Vernetzungen und neue Technologien also immer nur da, wo es deine Kundschaft nicht merkt, wo sie keine negativen Implikationen auslöst, stattdessen vielleicht sogar Glücksmomente für deine Kundschaft und für dich entstehen lässt und deine Glücksmission weiterbringt. Betreibst du ein Dienstleistungsunternehmen, kann es sinnvoll sein, deinen Kund*innen eine größere Autonomie zuzubilligen, indem sie ihre Termine online selbst buchen können. Bietest du komplexe Produkte oder Dienstleistungen an, kann es sinnvoll sein, einen digitalen Chatbot zu installieren, der automatisiert die immer wieder gleichen Anfragen beantwortet. Auch deine digitale Werbung und Maßnahmen zur Online-Neukundengewinnung kannst du automatisieren. Dann lösen die Besuche von potenziellen Kund*innen auf deiner Webseite Angebote aus. Newsletter werden an Mailingaktionen angebunden, die neue Produkte und Dienstleistungen von dir vorstellen und zu Testkäufen anregen. Dadurch werden deine Kundenakquisition und dein Abverkauf automatisiert gesteigert.

»Propulsion« Chancen durch 3-D-Druck, Berlin © Bellone Franchise Consulting GmbH

Neue Technologien sind auch Drohnen, 3-D-Drucker und 3-D-Brillen, aber auch Roboter und der Einsatz von künstlicher Intelligenz (KI). Wir haben dir das positive Potenzial von Drohnen zur Feldüberwachung vor der Mahd oder zur Überprüfung von Beschädigungen an Industrieanlagen wie Solarzellen vorgestellt. Daraus lassen sich vielfältige Geschäftskonzepte über die künstlerische Fotografie hinaus ableiten. Ebenso ist es mit dem 3-D-Druck. Während es zuerst nur um die Replikation von Spielzeugen ging, werden heute bereits Hüftgelenke und Zahnprothesen bis hin zu Häusern ausgedruckt. Der Vorteil, die Druckdaten digital in Echtzeit zu verschicken, um so Transportwege zu überspringen sowie Transportzeiten und -kosten einzusparen, kann die unterschiedlichsten Geschäftskonzepte entstehen lassen sowie vorhandene verwandeln oder total ersetzen. Gleiches gilt für die Robotik, die heute bereits zur Überprüfung von Industrieanlagen sowie in der Pflege eingesetzt wird. All diese Technologien haben die Kraft, bestehende Geschäftskonzepte entweder zu unterstützen oder aber völlig, in kürzester Zeit, zu zerstören, indem sie diese ersetzen. So gibt es beispielsweise Textprogramme, die automatisch Texte nach bestimmten Regelvorgaben erstellen und damit Texter*innen Konkurrenz machen. Für dich wird es immer wichtiger werden, technologische Neuerungen auf Einsetzbarkeit für dein Geschäft oder auf ihr Potenzial als Gefahrenquelle abzuklopfen.

XII. Welche Kund*innen suchst du? (Propellent)

An dieser Stelle wollen wir uns nochmals genauer mit dem Treibstoff deines Tiny Start-ups beschäftigen, nämlich mit deinen Kund*innen. Ohne diese ist dein Geschäftskonzept nur eine leere Idee. Im Bereich der Produkte und Dienstleistungen haben wir bereits darüber gesprochen, dass du einen relevanten Bedarf im Markt finden musst, den du mit deinem Angebot auch tatsächlich ansprechen und mit Gewinn bedienen kannst. Dafür musst du verstehen, wann deine Kund*innen sich wo über mögliche Produkte und Leistungen, die mit deinen im Wettbewerb stehen, informieren. Du musst verstehen lernen, in welcher Form und Größe sie ein Angebot wünschen, wann sie normalerweise ihre Einkäufe tätigen und welche Orte oder Kanäle sie dafür nutzen. Näheres hast du ja bereits unter III. (Place) kennengelernt. Zusätzlich solltest du dich über die richtige Bedürfnisansprache informieren. Welche Bedürfnisse sind in deiner Zielgruppe vorhanden? Welche sind relevant? Welche werden von deinen Konkurrent*innen nicht oder nur schlecht angesprochen? Wie kannst du dich mit der richtigen Bedürfnisansprache optimal positionieren? Näheres zu den Kundenbedürfnissen haben wir dir unter IV. (Promotion) vorgestellt. Wie kannst du nun echte Marketingorientierung, also das bestmögliche Einstellen auf deine Zielgruppe, erlernen? Wie kannst du Wissen über sie, sogenannte Consumer Insights, generieren, also Informationen über ihr Denken, Bewerten und (Kauf-)Verhalten? Dafür gibt es ganz unterschiedliche Ansätze.

Zuerst einmal solltest du offen sein und deine Kund*innen in allen möglichen Lebenssituationen durch Beobachtungen kennenlernen. Schau dir die Menschen an, die dein Produkt nutzen oder deine Dienstleistung wahrnehmen könnten. Wo wohnen sie, in einem frei stehenden Haus, in einer Maisonettewohnung oder auf dem Hinterhof? In welchem Alter sind sie, in welcher Lebensphase? Gehen sie noch zur Schule? Befinden sie sich in der Ausbildung oder im Studium? Wohnen sie allein? Sind sie dabei, eine Familie zu gründen? Haben sie Kinder? Sind sie auf dem Höhepunkt ihrer Karriere? Sind die Kinder wieder aus dem Haus? Wenden sie sich verstärkt ihren Hobbys zu? Sind sie im Ruhestand, in Rente oder in Pension? Welche Musik hören sie? Welche Filme sehen sie sich an? Spielen kulturelle oder sportliche Veranstaltungen für sie eine Rolle und wenn ja, welche? Sind sie selbst musikalisch oder sportlich?

Jede Generation und jede Lebensphase hat ihre ganz besonderen Prägungen, Herausforderungen und Lebensumstände. In jeder fühlen und bewegen Menschen sich anders, suchen andere Angebote, die sie wahrnehmen. Nicht immer sind alle Angebote gleich wichtig. Finde heraus, zu welchem Zeitpunkt, an welchem Tag der Woche und zu welcher Uhrzeit du deine Kund*innen am besten erreichen kannst. Versuche überhaupt, ein buntes und vielfältiges Bild von ihrem Leben zu entwerfen, und schaue, welche Rolle deine Produkte oder Leistungsangebote in ihrem Leben spielen. Solch ein Bild kannst du in Form einer »Persona« entwerfen. Damit kannst du stellvertretend eine Zielgruppe visualisieren, um sie besser zu verstehen und zu fassen.

Neben der Beobachtung kannst du dir von verschiedensten Anbietern (Forschungsinstitute, Verlage, Werbeagenturen, Unternehmensberatungen) aktuelle Marktforschungsstudien schicken lassen oder sie im Internet herunterladen. Hier wird oft branchenspezifisch das Verhalten verschiedener Generationen untersucht, und es werden Veränderungen herausgestellt. Viele Expertenartikel findest du auch kostenfrei in den sozialen Medien, angefangen auf Linked-In und Xing, aber auch verbreitet über Twitter. So veröffentlichen auch wir regelmäßig Fachartikel unterschiedlicher Themen. Demnächst werden wir das ebenso auf unserer Homepage www.tinystart-up.ch realisieren.

Du kannst natürlich auch ganz gezielt Studien für deinen Wirtschaftsbereich einkaufen. Aber sehr oft werden diese für große Unternehmen erstellt und sind mit einer kleinen zeitlichen Verzögerung in reduzierter Form kostenfrei erhältlich. Damit kann man ganz gut arbeiten und sich seinen Markt veranschaulichen. Zusätzlich kannst du Informationen über deine Handels- oder Handwerkskammer, über Berufsgenossenschaften, Businessklubs und Berufsverbände sowie von Geldinstituten beziehen. Lass dich durch die Masse der verfügbaren Informationen und Daten nicht verwirren. Versuche, dir ein einfaches Gesamtbild deiner Kund*innen zu verschaffen und Tendenzen herauszulesen, um dich optimal auf deinen Markt einstellen zu können.

XIII. Welchen Schutz brauchst du? (Protection)

Unser letzter und 13. Schritt befasst sich mit den rechtlichen Aspekten deines Tiny Start-ups. Sobald du eine Geschäftstätigkeit aufnimmst, gibt es verschiedene Anmeldungen mit rechtlichen Folgen, die du vornehmen, und Aspekte, die du berücksichtigen solltest. Auf diese Weise gibst du deinem Tiny Start-up den formal richtigen Rahmen. Um aktiv zu werden, brauchst du eine Steuernummer. Diese beantragst du bei deinem Finanzamt, am Ort des Firmensitzes. Hierbei ist wichtig für dich, vorab zu klären, ob du ein Gewerbe anmelden musst oder als Freiberufler*in anerkannt wirst und tätig werden darfst. Grundsätzlich wirst du bei der Anmeldung als »gewerblich« eingestuft. Die Freiberuflichkeit musst du extra anmelden. Sie bildet die Ausnahme. Diese steuer- und berufsrechtlichen Begriffe haben Folgen. Als Freiberufler*in zahlst du in Deutschland keine Gewerbesteuern und unterliegst nicht unbedingt der Mitgliedschaft in der Industrie- und Handelskammer. Die Mitgliedschaft in einer Berufsgenossenschaft ist für einige freie Berufe jedoch auch hier Pflicht. Zusätzlich darfst du eine vereinfachte Buchhaltung anlegen und deine Rentenvorsorge weitestgehend frei regeln, was jedoch nicht für alle freien Berufe gilt.

Tiny-Start-up-Tipp:

Freiberuflichkeit

Die Zahl der Selbstständigen in den freien Berufen in Deutschland ist von 2010 (1 114 000) auf 2019 (1 432 000) angestiegen. Die meisten freien Berufe in Deutschland gibt es im Kulturbereich (332 014), gefolgt von rechts-, wirtschafts- und steuerberatenden freien Berufen (150 580), Heilberufen (148 590), Rechtsanwälten (125 301), Ärzten (117 472) und technischen beziehungsweise naturwissenschaftlichen freien Berufen (110 700). Weit geringer sind die Zahlen für freiberuflich arbeitende Architekten (56 670), Unternehmensberater (48 163) und Sachverständige (21 300). Schlusslicht bilden zahlenmäßig Patentanwälte (3849) und Nur-Notare (1714). Quelle: Institut für Freie Berufe, Nürnberg 2019. www.ifb.de (Forschung). Weitere Informationen findest du beim VFB Verband Freie Berufe Berlin https://www.freie-berufe-berlin.de/service/existenzgruendung sowie beim IFB Institut für Freie Berufe Nürnberg http://ifb.uni-erlangen.de/gruendungsberatung/downloads-gruendungsinformationen/.

Die Freien Berufe sind im Paragraf 1 Partnergesellschaftsgesetz definiert. Sie »erbringen auf der Grundlage besonderer beruflicher Qualifikationen oder schöpferischer Begabung persönlich, eigenverantwortlich und fachlich unabhängig Dienstleistungen höherer

Art«. Freiberuflich sind nach Einkommenssteuergesetz Paragraf 18 Angehörige von definierten Katalogberufen. Hierunter fallen zum Beispiel Heilberufe wie Ärzte, Zahnärzte, Tierärzte, Heilpraktiker und Hebammen; Rechtsanwälte, Steuerberater, Notare, Sachverständige; Wirtschaftsprüfer sowie Volks- und Betriebswirte; Wissenschaftler; Architekten sowie aus den Kulturberufen Journalisten, Übersetzer, Schriftsteller, Lehrer und Künstler. Ähnlichkeitsberufe und Tätigkeitsberufe, die, mit juristischen Urteilen belegt, zur Freiberuflichkeit zählen, ergänzen den Katalog, wie unter anderem Autoren, Designer, Fotografen, Grafiker, Kommunikationstrainer, Onlinejournalisten, Trainer und Werbetexter. Diese Liste ist nicht vollkommen. Erkundige dich bitte entsprechend, ob deine Tätigkeit in diesen Bereich fällt.

Für Gewerbler*innen zählt das Einkommenssteuergesetz Paragraf 15. Sie zahlen automatisch Gewerbesteuer und werden Mitglied in der Industrie- und Handelskammer beziehungsweise der Handwerkskammer, in die sie Beträge zu entrichten haben. Lass dich davon aber nicht abschrecken. Die Gewerbesteuer ist auf die Einkommenssteuer anrechenbar. Die Unterscheidung der beiden Bereiche »freiberuflich/gewerblich« ist eine Besonderheit in Deutschland. In Österreich zahlen Gewerbler*innen und Freirufler*innen die gleichen Steuern und müssen in die Kranken-, Unfall- und Pensionspflichtversicherung einzahlen. Dasselbe gilt für die Schweiz, in der in die AHV eingezahlt werden muss.

Wenn Freiberuflichkeit für dich ein Thema ist, solltest dich unbedingt durch eine Steuerberatung coachen lassen. In unklaren Fällen kannst du auf eine Festlegung beim Finanzamt drängen. Das ist besser, als Gewerbesteuern nachzuzahlen, falls du später anders eingestuft wirst. Weitere steuerrechtliche Punkte, die für dich zu Beginn deiner Existenz wichtig sein könnten, sind die mögliche Umsatzsteuerbefreiung für unterrichtende oder therapeutisch Tätige sowie die Kleinunternehmerregelung, wenn du weniger als 17 500

Euro Umsatz im Jahr erwirtschaftest. Dann brauchst du nämlich keine Mehrwertsteuer oder Umsatzsteuer zu erheben. Ansonsten fallen regelmäßig Umsatzsteuern, Einkommenssteuern und Gewerbesteuern an. Abgewickelt werden sie in Deutschland online über das Portal www.elster.de.

Für alle steuerlichen Fragen suche dir bitte zeitig eine Steuerberatung deines Vertrauens. Du wirst sie regelmäßig brauchen. Das Steuerrecht ändert sich immer wieder, und wenn du diesen Bereich nicht zu deinem Spezialgebiet machen möchtest, lohnt es sich, ein langfristiges Mandat zu vergeben.

Natürlich musst du auch die Rechtsform deines Unternehmens klären und bestimmen. Als Freiberufler*in kannst du allein auftreten und auch Mitarbeiter einstellen. Du kannst aber auch mit anderen Freiberufler*innen eine GbR (Gesellschaft bürgerlichen Rechts) oder eine Partnergesellschaft gründen.

Tiny-Start-up-Tipp:

Mögliche Firmentypen und Rechtsformen

Unternehmertum ist so individuell wie die Persönlichkeit und Ziele der Unternehmenden. Die Rechtsform des Unternehmens kann dem Rechnung tragen und individuell optimal gestaltet und angepasst werden. Hier ein paar Anregungen für die Rechtsform deines Tiny Start-ups:

AG (& Co. KG/& Co. KGaA/& Co. oHG); Bürogemeinschaft/ Praxisgemeinschaft (keine gültige Rechtsform, da nur Sharing von Büro, Ausstattung oder Mitarbeiter*innen); eG & Co. KG; Eingetragene Genossenschaft; Eingetragener Kaufmann; Einzelunternehmen; e. V. & Co. KG; GbR Gesellschaft bürgerlichen Rechts (& Co. KG); Gemeinnützige AG/GmbH/UG; GmbH Gesellschaft mit beschränkter Haftung (& Co. KG/Co. oHG); Inc. & Co. KG (OHG); KG (&Co. KG/& Co. OHG); Kleingewerbetreibender; Limited HRB; Ltd. & Co. KG; OHG; Partnergesellschaft (PartG/PartGmbB); Unternehmergesellschaft (UG, haftungsbeschränkt).

Es gibt noch weitere interessante Rechtsformen. Du erkennst daran, wie wichtig die Gestaltung des Rechtsrahmens für dein Tiny Start-up sein kann.

Tiny-Start-up-Tipp:

Wichtige Versicherungen

Gesetzliche Unfallversicherung (gegen die Folgen von Arbeitsunfällen und Berufskrankheiten); gesetzliche Rentenversicherung; Berufshaftpflichtversicherung; berufsständische Versorgungswerke; KSK Künstlersozialversicherung/Künstlersozialkasse

---

Wenn du dein Tiny Start-up aufbaust, wirst du sehr schnell mit weiteren Rechtsbereichen konfrontiert, die Einfluss auf deinen langfristigen Erfolg haben können. Du solltest dir dazu beizeiten einen vertrauensvollen rechtlichen Beistand suchen, der dich berufsbegleitend und projektbezogen unterstützen kann.

Hast du einen Namen für dein Tiny Start-up entwickelt, solltest du ihn als Marke anmelden. Ebenso ist es sinnvoll, dein Logo oder deine Wortbildmarke zu schützen. Beides kannst du zwar selbst machen, es braucht aber einige Vorkenntnisse. Fehler, die dabei entstehen können, nehmen schnell Größenordnungen an, die das Rechtsanwaltshonorar übersteigen.

Ebenso wichtig ist es Patente anzumelden, wenn du besondere Entwicklungen realisiert hast. Wir haben dir von dem Unternehmen Ecocell berichtet, das Module zum Hausbau aus Papprecycling herstellt. Dieses Unternehmen hat beides realisiert, Markensowie Patentanmeldungen. Der dritte Bereich, in dem du schnell einen Anwalt brauchen könntest, ist das Vertragsrecht. Sei es, dass du Mitarbeiter*innen einstellst, mit Partner*innen kooperierst oder deine Produkte und Leistungen lizenzierst, zum Beispiel im Zusammenhang mit Franchisepartner*innen.

»Protection« Marke HANS IM GLÜCK in Bern © Bellone Franchise Consulting GmbH

Tiny-Start-up Tipps:

Markenanmeldungen

In Deutschland werden Marken beim Deutschen Patent- und Markenamt angemeldet. Hier kann sowohl recherchiert werden als auch die Anmeldung für Patente, Gebrauchsmuster und Marken erfolgen: www.dpma.de.

In der Schweiz prüft, erteilt und verwaltet das IGE gewerbliche Schutzrechte (Patente, Marken, Designs): www.ige.ch.

In Österreich übernimmt das Österreichische Patentamt diese Aufgaben: www.patentamt.at.

Für internationale Marken ist die WIPO, die World Intellectual Property Organization, zuständig: http://wipo.int/romarin.

Es kommt nicht nur auf den Schutz deines »geistigen Eigentums« an, sondern auch auf die Wahrnehmung deiner Urheberrechte. Dafür gibt es unterschiedliche Organisationen, die sich auf spezifische Felder konzentrieren und diese Rechte für dich wahrnehmen. Auch hierzu möchten wir dir einige Anregungen geben.

Tiny-Start-up-Tipps:

Wahrnehmung von Urheberrechten

VG Bild Kunst: www.bildkunst.de

VG Wort: www.vgwort.de

VG Media: www.vgmedia.de

VG Musikedition: www.vg-musikedition.de

GÜFA – Wahrnehmung von Filmaufführungsrechten: www.guefa.de

GVL – Verwertung von Leistungsschutzrechten: www.gvl.de

GEMA: www.gema.de

Sicherlich sind diese Inspirationen noch nicht erschöpfend. Dafür ist leider in diesem Buch kein weiterer Platz mehr. Aber vielleicht kommt schon bald ein neues. Wir haben dir hier 13 Schritte zur Unternehmensführung und zum Marketing vorgestellt, mit denen du dein Tiny Start-up einfach, schnell und nachhaltig überprüfen, realisieren sowie langfristig führen und optimieren kannst. Weitere aktuelle Informationen, ein Glossar sowie Interaktionsmöglichkeiten findest du auf unserer Homepage www.tinystartup.ch. Dort kannst du dich auch für unseren Newsletter anmelden und Teil unserer Tiny Start-up Community werden. Wir freuen uns auf dich!

Über die Autoren

 Professorin **Veronika Bellone** ist Geschäfts-
führerin der Bellone Franchise GmbH. Zu ih-
ren internationalen Referenzkunden zählen u.a.
Fleurop, Mövenpick, Lara Lee, Schweizer Post,
ACCOR, Spar und Valora. Als Wegbereiterin eines nachhaltigen Franchisings hat sie zusammen
mit Thomas Matla den Green Franchise Award
entwickelt, der in Zusammenarbeit mit dem
Deutschen Franchise Verband in Berlin 2019 zum siebenten Mal
vergeben wurde.

Thomas Matla ist seit 2008 Partner und seit 2018
CMO der Bellone Franchise Consulting GmbH.
Er ist Dozent des Schweizer Franchise Verbands
in Zürich und ist Entwickler und Jurymitglied des
Green Franchise Award. Er hat 2011 in Berlin das
Greenfranchise Lab für Forschung und Entwick-
lung rund um die Themen Innovation und Nach-
haltigkeit gegründet.

Beide Autoren publizieren regelmäßig Fachartikel, Buchkapitel und
Bücher.

Danksagung

Meine Güte, wo anfangen? Es sind so viele tolle, spannende Menschen, denen wir dankbar sind, dass sie uns ihre Zeit für die Interviews geschenkt haben und die uns ganz offen ihre persönlichen Herausforderungen, Ängste und Glücksmomente mitgeteilt haben. Wir kannten einige der Tiny Startupper, aber was da alles zutage kam, hatten wir in der Tiefe vorher nicht geahnt. Andere haben wir über das Buch kennengelernt und sind begeistert, sowohl über die offenen Statements als auch über die spontane Bereitschaft mitzumachen. Das ist nicht selbstverständlich, denn Zeit ist gerade für junge Kleinstunternehmen ein so wertvolles Gut (ja, liebe Zeitexpertin Anna Jelen). Wir haben übrigens drei Annas im Buch vertreten. Bevor wir alle Interviewten mit ihren Unternehmen aufführen, möchten wir uns aber auch bei unseren beiden »Rückenfreihalterinnen«, Esther und Jenny im Office, bedanken und für dein Glücksstatement, liebe Esther. Lieber Matthias, vielen Dank für das Umsetzen unserer Ideen in Grafiken und die vielen Fotoumwandlungen. Monika und Peter, herzlichen Dank für die gemeinsamen »Reflexionsspaziergänge« sowie für Speis und Trank. Bernadette, die Meisterbäckerin, hat uns über die Runden geholfen und dafür Rundungen bei uns fabriziert, vielen Dank für die Wintervorsorge. Vielen Dank auch Maria und Josef sowie unseren weiteren Freunden, die Verständnis haben, wenn wir in unserer Schreibzeit einfach abtauchen. Nun sind wir wieder da!

Unser Dank gilt dem Redline Verlag für die Realisation unseres Buchprojektes und ganz speziell Michael Wurster, der nicht nur prompt von unserer Buchidee überzeugt war, sondern auch wichtige Impulse gegeben hat.

Vielen Dank unseren Interviewpartner*innen und Glücks-moment-Geber*innen

André Göbel, Popkornditorei Knalle UG

Anna Hermann, Lady's First – Mallorca erleben

Anna Jelen, Jelen Seminare GmbH

Anna Vichery, Sopranistin, Die Sängerin mit Herz

Antonia Schröder, hhh hundihotel & hundischule

Bea Petri, Schminkbar (Schweiz) AG

Brendan Thome, Sina Martensen und Bernhard Thome, TechTinyHouse

Caroline Taskin, YellowKorner/ct arts GmbH

Christoph Höggemann, Green Up GmbH

Daniela Jost, Agentur Traumhochzeit

Emmi & Eljah, Jouten

Esther Haeller, Sekretariat Haeller

Jenny Schäpper-Uster, VillageOffice/Büro Lokal

Jérôme Huber, Luca und Patrick Tschudi, Working Bicycle AG

Katrin Rohnstock, Rohnstock Biografien

Manuela Villiger & Vera Wahl, eventuell. Duo

Marina Susan Parris, Pferd als Partner GmbH

Michael Kiel, fitbox – die Fitness Revolution, Düsseldorf-Wehrhahn

Nadia Koss, Soulmarks Tattoo & Piercing Zug

Pascal Erni, BaumKompetenz AG

Patrizia Keller & Aurelia Schlatter, monchic KlG

Philipp & Pascal Luder, Pasta Barn & Müesli Bar

Raphael Fellmer & Martin Schott, SIRPLUS GmbH

Samuel Huber, radsam – Mobiler Fahrradservice Berlin

Stephan Di Gallo, tuck-tuck (Schweiz) AG

Sylwina Spiess, Share Square GmbH

Yasmine & Max Hensler, YaMax Travel AB/Norrsken Lodge

Copyrights Fotos der Farbseiten:

1. Soulmarks Tattoo & Piercing Zug/Nadia Koss

2. Jouten/Emmy & Eljas

3. Share Square GmbH/Sylwina

4. YaMax Travel AB/Norrsken Lodge/Yasmine & Max Hensler

5. Pasta Barn & Müesli Bar/Philipp & Pascal Luder

6. tuck-tuck (Schweiz) AG

7. Popkornditorei Knalle UG

8. Bellone Franchise Consulting GmbH

Literaturtipps

Beck, Hanno/Prinz, Aloys (2017): *Glück. Was im Leben wirklich zählt*, Köln.

Bellone, Veronika/Matla, Thomas (2012): *Green Franchising*, München.

Bellone, Veronika/Matla, Thomas (2018): *Praxisbuch Dienstleistungsmarketing. Inspirationen, Strategien und Werkzeuge für KMU*, Frankfurt.

Bellone, Veronika/Matla, Thomas (2018): *Praxisbuch Franchising. Schnelles Wachstum mit System*, München.

Bellone, Veronika/Matla, Thomas (2017): *Praxisbuch Trendmarketing. Innovationskreislauf und Marketing-Mix für KMU*, Frankfurt.

Boom, Maike van den (2018): *Acht Stunden mehr Glück. Warum Menschen in Skandinavien glücklicher arbeiten und was wir von ihnen lernen können*, Frankfurt.

Dilthey, Tilo (2014/ 4. Auflage): *Text-Tuning. Das Konzept für mehr Werbewirkung*, Göttingen.

Faltin, Günter (2008): *Kopf schlägt Kapital. Die ganz andere Art, ein Unternehmen zu gründen. Von der Lust, ein Entrepreneur zu sein*, München.

Frenzel, Karolina/Müller, Michael/Sottong, Hermann: (2006): *Storytelling. Das Praxisbuch*, München.

Fuchs, Werner T. (2017): *Crashkurs Storytelling. Grundlagen und Umsetzungen*, Freiburg.

Gino, Francesca (2018): *Rebel Talents. Why it Pays to Break the Rules at Work and in Life*, London.

Hinnen, Andri/Hinnen, Gieri (2018/3. Auflage): *Reframe it! 42 Werkzeuge und ein Modell, mit denen Sie Komplexität meistern*, Hamburg.

Hofert, Svenja (2011): *Das Slow-Grow-Prinzip. Lieber langsam wachsen als schnell untergehen*, Offenbach.

Levinson, Jay Conrad (2018/3. Auflage): *Guerilla Marketing des 21. Jahrhunderts. Clever werben mit jedem Budget*, Frankfurt.

Maslow, Abraham H. (2010/12. Auflage): *Motivation und Persönlichkeit*, Reinbek bei Hamburg.

Permantier, Martin (2019): *Haltung entscheidet. Führung und Unternehmenskultur zukunftsfähig gestalten*, München.

Ricard, Matthieu (2009): *Glück*, München.

Ries, Eric (2015, 4. Auflage): *Lean Startup. Schnell, risikolos und erfolgreich Unternehmen gründen*, München.

Rupp, Miriam (2016): *Storytelling für Unternehmen*, Frechen.

Sammer, Petra/Heppel, Ulrike (2015): *Visual Storytelling. Visuelles Erzählen in PR und Marketing*, Heidelberg.

Anhang

1   https://www.lycka.bio/collections/mhd-special

2   https://worldhappiness.report/ed/2019/

3   https://www.facebook.com/srfnews/videos/
    expedition-gl%C3%BCck-finnland/2392049271041177/

4   https://www.srf.ch/news/panorama/expedition-glueck-warum-man-
    im-hohen-norden-am-gluecklichsten-ist

5   https://worldhappiness.report/

6   Grimm, Jacob und Wilhelm(2015): Grimms Märchen – vollständige
    Ausgabe, Köln.

7   https://www.greenfranchiseaward.com/

8   In Anlehnung an das Johari-Fenster der US-amerikanischen Sozial-
    psychologen Joseph Luft und Harry Ingham.

9   https://de.wikipedia.org/wiki/Fahrrad

10 https://de.statista.com/statistik/daten/studie/154198/umfrage/
    fahrradbestand-in-deutschland/

11 https://www.fahrrad.de/dienstfahrrad.html

12 https://www.ihk-gruenderpreis-mittelfranken.de/preistraeger/
    gruenderpreistraeger-2017/regonova-gmbh-neustadt-a-d-aisch/

13 www.businessbike.de

14 https://www.welt.de/print/die_welt/hamburg/article120014632/
    Fahrradkuriere-spueren-Gegenwind.html

15 Fixie-Shop in Basel: https://www.fixieshop.ch/

16 https://www.larryvsharry.com/

17 https://web.archive.org/web/20081012175311/http://www.mes-
    sengers.org/resources/history/sf-fresno.html

18 https://www.tagesspiegel.de/themen/fahrrad-verkehr/fahrradkul-
    tur-in-berlin-ritzel-und-milchkaffee/12230450.html

19 https://standertbicycles.exposure.co/project-compact;
    https://www.youtube.com/watch?time_continue=6&v=ck1u9e4ZE6o

20   https://standert.de/pages/team-standert

21   https://www.steel-vintage.com/about/

22   https://www.bafa.de/DE/Energie/Energieeffizienz/Kleinserien_Kli-maschutzprodukte/Schwerlastenfahrraeder/schwerlastenfahrraeder_node.html

23   https://pedalpower.de/

24   Heiko Müller, Mitgründer der Riese & Müller GmbH, im Interview: Praxisbuch Trendmarketing Innovationskreislauf und Marketing-Mix für KMU, Bellone/Matla (2017), S. 40.

25   https://www.r-m.de/de/ueber-uns/news/riese-muller-und-nieder-ramstadter-diakonie-ubernehmen-gemeinsam-verantwortung/

26   https://www.r-m.de/de/ueber-uns/news/riese-muller-und-carvelo2go-denken-urbane-mobilitat-neu/

27   https://www.youtube.com/watch?time_continue=12&v=t_UEbIc_jpM

28   https://www.hochschule-bochum.de/forschung-praxis/forschungs-profil/mobilitaet/cargo-pedelec-das-elektrisch-unterstuetze-familien-und-lastenrad-der-hochschule-bochum/

29   https://veloberlin.com/home.html

30   http://velogut.de/

31   https://vimeo.com/258817560

32   https://vimeo.com/259044164

33   https://vimeo.com/258843847

34   http://velogista.de/ueber-velogista/

35   http://velogista.de/

36   https://motionlab.berlin/

37   https://www.tagesspiegel.de/berlin/mobilitaet-auf-berlins-stras-sen-das-fahrrad-soll-zum-lastwagen-werden/24172456.html?fb-clid=IwAR3X54G7LuGaD_g842_bP_CGrbVbrWHaCfaMUvei8D-4oWvkHnieiUCnUCa8

38   https://onomotion.com/2018/12/ono-launch-event/

39   https://www.seedmatch.de/startups/ONO?entryPoint=onomotion

40   https://onomotion.com/de/projekte

41   https://www.hellozurich.ch/de/aktuell/bike-butler.ht-ml?utm_source=hellozurich+%E2%80%93+Das+Stadt-magazin&utm_campaign=d4140f0cac-EMAIL_CAM-

PAIGN_2019_04_08_07_57&utm_medium=email&utm_term=0_987f456408-d4140f0cac-77171655

42 https://bikebutler.ch/en/

43 https://www.hamburg.de/die-umweltpartnerschaft-hamburg/3957722/ueber-uns/

44 https://www.hannashaarrad.de/fahrradprojekt-lesotho; https://www.facebook.com/hannashaarrad/

45 https://www.franchisedirekt.com/news/kaffee-und-coffee-shop/coffee-bike/ein-weiterer-meilenstein-fur-die-coffee-bike-gmbh

46 Coffee-Bike YouTube-Kanal: https://www.youtube.com/channel/UCLDJy9KosH8I8W5DfmjQ1IA

47 https://www.youtube.com/watch?v=vUi2OXaRT3I

48 https://coffee-bike.com/

49 https://waffle-bike.com/

50 http://berlinerfahrradschau.de/de/

51 https://veloberlin.com/home.html

52 https://www.eurobike.com/de/

53 https://www.welt.de/kultur/history/article12829542/Der-beruehmte-Satz-den-Galilei-nie-sagte.html

54 https://www.alpengummi.at/

55 http://www.phalyum.com/

56 https://www.lycka.bio/

57 https://www.feinundfertig.de/

58 https://www.welt.de/wirtschaft/article192906267/Nestle-Analyse-Senioren-passen-ihr-Essverhalten-den-Juengeren-an.html

59 https://www.welt.de/wirtschaft/article192906267/Nestle-Analyse-Senioren-passen-ihr-Essverhalten-den-Juengeren-an.html

60 https://www.about-drinks.com/seedlip-die-weltweit-erste-destillierte-alkoholfreie-spirituose-2/

61 https://seedlipdrinks.com/uk

62 https://media.daimler.com/marsMediaSite/de/instance/ko/Mercedes-AMG-Petronas-Motorsport-gibt-globale-Partnerschaft-mit-Seedlip-bekannt.xhtml?oid=42575663

63 https://kolonnenull.com/

64 https://www.msn.com/de-ch/finanzen/top-stories/ein-berliner-start-up-entwickelt-alkoholfreien-wein/ar-BBVhyrX

65 https://www.svz.de/ratgeber/essen_und_trinken/Essen-mor-alischer-als-Sex-id24721427.html

66 https://de.mintel.com/pressestelle/ueber-einem-vier-tel-der-deutschen-konsumenten-schmeckt-alkoholfreies-bi-er-so-gut-wie-normales-bier

67 https://de.statista.com/statistik/daten/studie/29613/umfrage/braustaetten-nach-jahreserzeugung/

68 https://blogs.faz.net/bierblog/2018/04/06/der-aufstieg-der-kleinstbrauereien-3315/

69 https://www.brlo.de/

70 https://brlo-brwhouse.de/

71 https://dropboxbusinessblog.de/trotz-schwierigkeiten-im-einzelhan-del-neue-maerkte-erschliessen-die-geschichte-von-ugly-drinks/

72 https://dropboxbusinessblog.de/ugly-drinks-steht-fuer-nichts-als-die-nackte-wahrheit-rebranding-fuer-verbraucher-der-generation-y/

73 https://www.bunnyandscott.de/

74 Handelskonzern mit den Ketten wie Lidl, Kaufland etc.

75 https://www.himalaya-burger.com/

76 https://thedawg.de/

77 https://40seconds.de/

78 https://www.morgenpost.de/berlin/article226256629/Golvet-und-Groessenwahn-Unterwegs-mit-Bjoern-Swanson.html

79 https://www.zumgutenheinrich.ch/

80 http://www.aess-bar.ch/

81 https://www.startnext.com/sirplus

82 https://sirplus.de/

83 https://sens.bio/

84 https://www.bvl.bund.de/DE/01_Lebensmittel/03_Verbrau-cher/09_InfektionenIntoxikationen/09_Schimmelpilzgifte/lm_Pilz-gifte_Bakterien_node.html

85 https://www.3weine.de/

86 https://mealy-app.com/

87 https://www.s-ge.com/en/article/news/20193-food-food-industry-startups

88 https://www.redbull.com/de-de/theredbulletin/nina-schroeder-interview

89   https://www.spicebar.de/

90   https://www.deutsche-startups.de/2019/06/14/
      tipps-finanzierung-startups/

91   https://www.faz.net/aktuell/wirtschaft/ankerkraut-geschichte-der-
      gruendung-der-gewuerz-manufaktur-16308384.html

92   https://www.stern.de/wirtschaft/die-hoehle-der-loewen/die-hoehle-
      der-loewen--ankerkraut---so-geht-es-den-gruendern-zwei-jahre-nach-
      dem-deal-8343652.html

93   https://www.startplatz.de/gut-gewuerzt-ist-halb-gewonnen-justspi-
      ces-beim-startupgrind-duesseldorf-7/

94   https://www.startplatz.de/gut-gewuerzt-ist-halb-gewonnen-justspi-
      ces-beim-startupgrind-duesseldorf-7/

95   https://fiveskincare.ch/

96   https://www.shopify.de/blog/schweizer-startup

97   https://www.internetworld.de/e-commerce/shopsoftware/cloud-
      commerce-so-profitieren-online-haendler-shopifys-shopsys-
      tem-1671216.html

98   https://www.handelszeitung.ch/unternehmen/
      shopify-chef-tobi-lutke-millennials-grunden-kaum

99   https://de.statista.com/statistik/daten/studie/807471/umfrage/
      umsatz-von-shopify/

100   https://www.philips.de/a-w/about/news/archive/standard/news/
      consumerlifestyle/20170907-philips-global-beauty-studie-2017.html

101   https://www.beautydelicious.de/vegan-life/

102   https://www.jeanlen.de/

103   https://www.luzernerzeitung.ch/wirtschaft/wie-viele-touristen-
      ertraegt-luzern-gemaess-einer-studie-bleibt-noch-luft-nach-oben-
      ld.1115348

104   https://www.sooyou.ch/

105   https://www.faz.net/aktuell/stil/schoenheitsreise-nach-ko-
      rea-15319295.html

106   Bellone/Matla (2017): *Praxisbuch Trendmarketing*, Frankfurt/New
      York.

107   https://de.statista.com/infografik/8605/
      kaffeekonsum-pro-kopf-in-europa-und-nordamerika/

108   https://www.kaffebueno.com

109 https://www.manager-magazin.de/lifestyle/reise/kolumbien-wo-die-besten-kaffeebohnen-wachsen-a-1069862.html

110 https://plusimpact.io/startups/kaffe-bueno

111 https://bcorporation.eu/about-b-lab/country-partner/germany

112 https://garbags.com

113 Bellone/Matla (2012): Greenfranchising, München.

114 www.greenfranchisemarket.com

115 https://www.instyle.de/beauty/beautyblender

116 https://omr.com/de/new-flag-daniel-haffa-niklas-epstein-omr-podcast/

117 https://www.welt.de/wirtschaft/gruenderszene/article194108663/Invisibobble-Start-up-verkauft-Millionen-spiralfoermige-Haargummis.html; https://www.invisibobble.com/de/

118 https://www.new-flag.com

119 https://www.kickstarter.com/

120 www.statista.de

121 https://schminkbar.ch/

122 https://nasmode.ch/

123 Höhn, Max (2014): Der Astrofriseur – die perfekte Frisur für jedes Sternzeichen, Hamburg.

124 https://www.maxhoehn.de/

125 https://www.horizont.net/marketing/nachrichten/Studie-Influencer-Marketing-ist-auf-dem-Weg-zum-Milliardenmarkt-165689

126 https://ichangelifestyle.com

127 https://vay-sports.com/

128 https://www.greaterzuricharea.com/de/news/vay-sports-entwickelt-digitalen-privattrainer

129 https://www.sbb.ch/de/bahnhof-services/bahnhoefe/shopville-zuerich-hauptbahnhof/smart-station/wette.html

130 https://www.sbb.ch/de/bahnhof-services/bahnhoefe/shopville-zuerich-hauptbahnhof/smart-station/wall-of-fame/sbb-sandbox.html

131 https://www.myclubs.com/ch/de

132 https://www.focus.de/gesundheit/fittech/erfolgskonzept-digitale-plattformen-boomen-zeit-fuer-die-sport-und-fitnessbranche-endlich-nachzuziehen_id_10882680.html

133   https://urbansportsclub.com/

134   https://www.ihk-koeln.de/Hochzeitsplaner_in__IHK_.AxCMS

135   http://eventuell.ch/das-ensemble/

136   https://www.sn-online.de/Thema/Specials/T/Thema-des-Tages2/
      Vierbeiner-zu-vermieten

137   http://www.hydrobath.com/

138   https://www.bluewheelers.com.au/

139   https://www.prodogwash.de

140   https://icleandogwash.com/

141   https://globalpets.community/article/pet-grooming-is-booming

142   https://www.katzenbaden.ch/

143   https://katzentempel.de/

144   https://unternehmer.de/gruendung-selbststaendigkeit/169752-star-
      tup-interview-cafe-katzentempel

145   www.streichelzoo-koeln.de

146   https://tierzeit-koeln.de

147   https://www.pferdalspartner.ch/;
      https://leadership-wisdom.ch/

148   https://www.aachener-zeitung.de/lokales/eifel/sandra-schneider-
      hilft-pferden-und-ihren-besitzern-auf-ihrem-hof_aid-33345977;
      www.traumberuf-pferdetrainer.de

149   https://www.fnch.ch/de/Pferd/Aktuell/Alle-News-1/Selbststaen-
      digkeit-lockt-junge-Pferdefachleute-br.html

150   https://www.fnch.ch/de/Pferd/Aktuell/Alle-News-1/Selbststaen-
      digkeit-lockt-junge-Pferdefachleute-br.html

151   https://www.facebook.com/Reitstall-im-Dörfli-810896722313863/

152   https://www.tschiri.com/

153   https://www.fhnw.ch/de/die-fhnw/swiss-challenge-wettbewerbe/
      sustainabilitychallenge

154   https://www.greenfranchisemarket.com/interviews/
      bugfoundation-barris-max/

155   https://ofrieda.de/

156   https://www.startupvalley.news/de/ofrieda-hundefutter-das-vollsta-
      endig-auf-insekten-als-proteinquelle-setzt/

157   https://www.ruhrgruender.de/rebranding-warum-sich-das-hundefutter-startup-ofrieda-fuer-eine-neue-marke-entschieden-hat/

158   https://www.youtube.com/watch?v=W3G9maNUz8w

159   https://glancr.de/smart-mirror-selbst-bauen/

160   https://www.youtube.com/watch?v=aa3VVZA0e5Y

161   https://www.makeuseof.com/tag/6-best-raspberry-pi-smart-mirror-projects-weve-seen-far/

162   https://magicmirror.builders/

163   Video »Skills4School« zum Start 2016: https://www.youtube.com/watch?v=c_4oYDfSHvs

164   https://www.skills4school.de/

165   https://www.fuer-gruender.de/beratung/gruenderwettbewerb/studie-2019/

166   https://www.youtube.com/watch?v=67kna5f3_Io

167   https://www.wf-hamm.de/

168   https://www.junior-programme.de/de/junior-schuelererlebenwirtschaft/

169   https://www.pacato.eu/

170   https://www.pacato.eu/%C3%BCber/aktuelles/

171   https://www.facebook.com/jaeurope/videos/10155468385073374/

172   https://www.spiegel.de/lebenundlernen/schule/schuelerfirma-pacato-fueller-aus-patronenhuelsen-a-1219010.html

173   https://creatica.eu/

174   https://www.spiegel.de/plus/start-up-creatica-design-15-jaehriger-leitet-unternehmen-mit-grossmutter-a-00000000-0002-0001-0000-000165101006

175   https://www.fuer-gruender.de/blog/2016/01/geschaeftsideen-junge-gruender/

176   https://www.hamburg-startups.net/finn-plotz-von-vion-zu-seon/

177   https://www.hamburg-startups.net/tag/seon/

178   https://www.campus.de/buecher-campus-verlag/business/marketing-verkauf/praxisbuch_dienstleistungsmarketing-14867.html

179   https://www.kapstadtmagazin.de/interview-finn-plotz-seon

180   https://ventureburn.com/2018/05/seon/; http://www.techinafrica.com/moroccan-entrepreneur-launched-seon-startup-south-africa/

181 https://www.startupteens.de/

182 https://www.startupteens.de/site/video_statements

183 https://www.deutschlandfunk.de/junge-unternehmensgruender-teenager-als-firmenchef.680.de.html?dram:article_id=416767

184 http://www.bewonersverenigingwenckehof.nl/informatie/algemene-informatie/

185 Container Homes Wenckebachweg, Amsterdam: https://www.youtube.com/watch?v=qNKzSLBx7LI

186 https://www.n-tv.de/mediathek/videos/ratgeber/Berliner-Studenten-wohnen-in-Containern-article13805716.html

187 https://www.welt.de/videos/video133061066/Kommst-du-mit-in-meinen-Container-Baby.html

188 https://www.youtube.com/watch?time_continue=30&v=HxaZEEuPLCw

189 https://www.youtube.com/watch?v=v2-oYhI_eUU

190 https://www.berliner-woche.de/plaenterwald/c-bauen/howoge-kauft-studentendorf-anlage-wird-bis-fruehjahr-2018-erweitert_a129825

191 https://www.howoge.de/wohnungsbau/neubauprojekte/eba-berlin-eichbuschallee.html

192 https://de.wikipedia.org/wiki/Malcom_McLean

193 https://www.newyorker.com/magazine/2011/07/25/lets-get-small

194 https://www.livingbiginatinyhouse.com/

195 https://www.youtube.com/watch?v=LTa9cqioRDY

196 https://bigboxberlin.de/

197 https://www.containerbasis.de/marktplatz/

198 https://www.wuerth.de/web/de/awkg/unternehmen/magazin/content_61376.php

199 https://www.noordskstudio.com/

200 https://www.derbrutkasten.com/tiny-house-urlaub/

201 https://www.sofree.net/

202 https://www.wohnwagon.at/

203 Jachmann, Lina (2017): *Einfach leben, Der Guide für minimalistischen Lebensstil*, München.

204 https://www.sueddeutsche.de/auto/alternative-lebensweise-naturnahes-wohnen-im-wagen-1.2857340-2

205 https://www.youtube.com/watch?v=OZHDcHTY7AQ

206 Alle Preise Stand 31.07.2019 von der Homepage https://www.wohn-wagon.at/

207 https://www.youtube.com/watch?v=jqCMt_-0j2k

208 https://startupregionowl.de/
startups-in-der-baubranche-cliphut-aus-detmold/

209 https://www.cliphut.org/

210 https://ecocell.ch

211 https://www.youtube.com/watch?v=qQhrBoObxu0

212 https://www.ausbauundfassade.de/
news/13750-579000-handwerksunternehmen-gezaehlt

213 http://deinehelfer24.de/

214 https://www.greenfranchisemarket.com/
gr%C3%BCnder-im-handwerk/

215 https://myster.de/partner-werden/

216 https://myster.de/

217 https://www.zdh.de/

218 https://handwerkdigital.de/

219 https://www.stegimondo.de/partner/

220 https://www.youtube.com/
watch?time_continue=1&v=cmCzL_C3RL4

221 https://www.handwerk-magazin.de/studie-digitalisierung-der-kauf-maennischen-prozesse-im-handwerk/383/5169

222 https://www.doozer.de/

223 https://www.doozer.de/wp-content/uploads/2019/06/PM_Doo-zer_HW-Umfrage-und-Studie_2019-06-1.pdf

224 https://www.youtube.com/channel/
UCsoPu95aN_ODIxTDkfxVtZg

225 https://www.youtube.com/watch?v=NYBe-MJG8jY

226 https://www.texterverband.de/

227 https://www.unker.com/de/

228 https://www.textbroker.de/home

229 https://www.content.de/

230 https://wortfuerwort.wordpress.com/2016/01/17/
mit-schreiben-geld-verdienen-14-online-plattformen-fur-texter/

231   https://wortfuerwort.wordpress.com/2015/12/27/
einstieg-als-freiberufler-neben-oder-hauptberuflich/

232   https://www.amazon.de/Crashkurs-Storytelling-Arbeitshilfen-
Grundlagen-Umsetzungen-ebook/dp/B07HJ2377L/ref=sr_1_1?-
qid=1565170576&refinements=p_27%3AWerner+T.+Fuchs&s=digi
tal-text&sr=1-1&text=Werner+T.+Fuchs

233   http://www.propeller.ch/

234   https://www.amazon.de/TEXT-TUNING-Das-Konzept-mehr-
Werbewirkung/dp/386980114X/ref=sr_1_1?__mk_de_
DE=%C3%85M%C3%85%C5%BD%C3%95%C3%91&keywords=T
ilo+Dilthey&qid=1565171030&s=digital-text&sr=8-1

235   http://www.dilthey.de/static/Dilthey___Partner____Startseite__
NF_.html

236   https://www.amazon.de/Storytelling-f%C3%BCr-Un-
ternehmen-Geschichten-Leadership/dp/3958452426/
ref=tmm_pap_swatch_0?_encoding=UTF8&qid=&sr=

237   https://www.mashup-communications.de/

238   https://www.marketing-boerse.de/news/
details/1918-mashup-communications-feiert-jubilaeum/156495

239   https://www.youtube.com/watch?v=fP5M5V5foLc

240   https://www.youtube.com/channel/UC7mC3Sibpq-qsBQKz8LiSVg

241   https://www.tagblatt.ch/panorama/
im-eiltempo-zur-textagentur-ld.938062

242   https://www.citizencircle.de/citizens/

243   https://www.citizencircle.de/kontakt-page/

244   Facebook: https://de-de.facebook.com/yellowkornerbasel/

245   https://projektzukunft.berlin.de/

246   http://readthetrieb.com/index.php/2014/07/21/mercedes-benz-fa-
shion-week-berlin-juli-2014-praesentiert-blaenk-fuer-sie-neues-label/

247   https://www.berlin.de/events/fashion-week/2893459-2247075-mo-
destadt-berlin-ist-hartes-pflaster-fue.html

248   www.aboutfashion.org

249   »FOMO« ist ein Begriff, der gerade im Internet kursiert, nämlich
»Fear of missing out«. Auf Deutsch bedeutet er: »die ständige Angst,
etwas zu verpassen« (als Nebeneffekt der Reizüberflutung).

250   http://flip-pen.de/about-us/

251 Brigitte 15/2019

252 https://multimedia.pz-news.de/das-band-furs-leben

253 https://www.jagderleben.de/mediathek/
kitzrettung-drohne-waermebildkamera

254 https://www1.wdr.de/mediathek/video/sendungen/lokalzeit-ost-
westfalen-lippe/video-kitzrettung-mit-drohne-100.html

255 http://www.jagdwirt.at/DesktopModules/ContentList/Uploads/
AA_Drohnen%20Kitzrettung_Sachon.pdf

256 https://www.youtube.com/
watch?time_continue=1&v=zXE1RDVSUNc

257 https://www.archeotech.ch/?lang=de

258 https://www.copter-drone.com/

259 https://www.kitawa.de/

260 https://air-view.ch/

261 https://drohnenkurse.ch/impressum/

262 https://www.youtube.com/watch?v=bI9jF-Jnc50

263 https://droneparts.de/service/flugtraining-flightacademy/

264 https://drohnenkurse.1a-luftaufnahmen.ch/

265 https://exam.drohnenverband.ch/Dateien/Codex_De-Fr-En.pdf

266 https://www.abendblatt.de/wirtschaft/karriere/article137675117/
Selbststaendig-im-Alter-Gruendergeist-statt-Ruhestand.html

267 https://www.bmwi.de/Redaktion/DE/Publikationen/Gruenderzei-
ten/infoletter-gruenderzeiten-nr-19-existenzgruendung-im-besten-al-
ter.pdf?__blob=publicationFile&v=6

268 Bellone, Veronika, »Aufhören, wenn's am schönsten ist?«, franchise-
Erfolge, 3/2017.

269 https://smallbiztrends.com/2019/03/startup-statistics-small-busi-
ness.html

270 www.rentarentner.ch

271 www.datearentner.ch/

272 www.rentarentner.de

273 https://de.statista.com/themen/172/senioren/

274 https://www.handelszeitung.ch/unternehmen/
seniorswork-grauer-arbeitsmarkt

275 https://kurier.at/chronik/oesterreich/bevoelkerung-waechst-2030-leben-in-oesterreich-neun-millionen-menschen/31.519.467

276 https://www.kuchentratsch.com/products/karottenkuchen#Product-Tabs

277 http://hoehle-der-loewen.de/kandidaten/kuchentratsch/

278 https://gruender.wiwo.de/kuchentratsch-gruenderinnen-werden-oft-belaechelt/

279 www.kuchentratsch.com

280 https://www.sueddeutsche.de/bayern/myoma-stricken-kochen-bestellung-1.4480947

281 https://www.faz.net/aktuell/wirtschaft/unternehmen/schwarzwael-der-unternehmer-das-kaesekuchen-imperium-15969160.html; https://www.stefans-kaesekuchen.de/

282 http://www.princess-cheesecake.de/

283 https://www.basicthinking.de/blog/2015/12/31/geschichte-des-coworking/; https://sanktoberholz.de

284 https://allwork.space/2019/05/coworking-is-the-new-normal-and-these-stats-prove-itt/

285 www.mymuesli.com

286 https://www.handelsblatt.com/unternehmen/mittelstand/fa-milienunternehmer/firmengruender-verkaufsgeruechte-um-mymuesli-offener-brief-an-alle-muesli-freunde/24587770.html?ticket=ST-3919802-5UczTCd67JOjwDGPEjPM-ap5

287 www.grace-accelerator.de

288 www.gitti.de

289 https://v-i-r.de/sprungbrett

290 https://ngin-food.com/artikel/gruner-jahr-kauft-eat-the-world-fuehrungen/

291 https://www.greenfranchisemarket.com/franchise/eat-the-world-culture-food-tour/

292 https://www.ots.at/presseaussendung/OTS_20190627_OTS0228/erste-eat-the-world-tour-in-oesterreich-kulinarische-reise-durch-wien-leopoldstadt-foto; www.eat-the-world.com

293 https://localholic.ch/nachhaltigkeits-tour

294 https://localholic.ch

295 www.ladysfirst.es

296 https://www.messen.de/de/9702/berlin/bazaar-berlin/info

297 https://www.messeninfo.de/Franchise-Messen-Y129-S2.html

298 https://www.entrepreneur.com/magazine

299 www.caregaroo.de/

300 www.notfallmamas.de/

301 https://www.gruenderszene.de/food/emmas-enkel-metro-real

302 www.horst.com

303 https://www.bz-berlin.de/berlin/umland/
wer-steckt-eigentlich-hinter-karls-erdbeerhof

304 https://www.spreeradio.de/aktuell/Spreeradio-Tipps/karls-erdbeer-
verkaufsstaende-id139651.html

305 www.karls.de/roevershagen.html

306 www.blintshakes.com

307 www.froyo.com

308 www.bistrobox.com

309 Bellone/Matla: *Praxisbuch Trendmarketing* (2017) und *Praxisbuch
Dienstleistungsmarketing* (2018)

310 Bellone/Matla: *Praxisbuch Trendmarketing* (2017) und *Praxisbuch
Dienstleistungsmarketing* (2018)

311 https://www.true-fruits.com/

312 Bellone,/Matla (2017): *Praxisbuch Trendmarketing*, Frankfurt am
Main.

313 nach: Maslow, Abraham H. (2010, 12. Auflage): *Motivation und Persönlichkeit*, Reinbek bei Hamburg.

314 https://www.hannashaarrad.de/

315 https://radundkultur.wordpress.com/2015/11/26/
marlene-ihr-barber-bike-ein-portrait/

316 https://www.microsoft-berlin.de/the-digital-eatery

317 https://www.youtube.com/watch?v=0rVN1DGAFV4

318 https://www.microsoft-berlin.de/the-digital-eatery

319 https://www.youtube.com/watch?v=0rVN1DGAFV4

320 https://xantus-drinkcheck.de/

321 https://www.zugkultur.ch/Nmsga9/
foodfestival-am-zuger-seeufer-zug

322 https://markthalleneun.de/

323 https://de.jimdo.com/

324 Fuchs, Werner T. (2017): *Crashkurs Storytelling*, Freiburg.

325 Rupp, Miriam (2016): *Storytelling für Unternehmen*, Frechen.

326 Fuchs, Werner T. (2017): *Crashkurs Storytelling*, Freiburg.

327 Rupp, Miriam (2016): *Storytelling für Unternehmen*, Frechen.

328 https://www.youtube.com/watch?v=fspPceHhJyQ&list=PLJf82ZN6
     rsEUDcbetq_efRF-ButBNlW4H&index=2

329 https://www.youtube.com/watch?v=Rbn7TfYBUQM&list=PLJf82
     ZN6rsEUDcbetq_efRF-ButBNlW4H&index=3

330 https://short-cuts.de/

331 https://www.youtube.com/watch?v=YfYp7C9AOEE

332 Sutherland, Jeff (2015): *Die Scrum-Revolution*, Frankfurt am Main

333 https://de.wikipedia.org/wiki/The_Big_Bang_Theory

334 https://www.youtube.com/watch?v=5bYNIY7m03w

335 https://bugfoundation.com/home.html

336 https://essento.ch/

337 https://zuerichips.com/

338 https://sirplus.de/

339 http://velocarrier.de

340 http://velogista.de/

341 https://www.pacato.eu/

342 https://www.aess-bar.ch/

343 https://www.micky-maus.de/charaktere/helferlein.html269

Register

Alles, was man über Franchising wissen muss

Franchising bietet allen Beteiligten große Vorteile: Die Franchise-Geber verbreiten ihre Marke, erobern einen größeren Markt, als es ihnen alleine möglich wäre, und verdienen Geld. Für Franchise-Nehmer reduzieren sich Kosten und Risiken. Sie profitieren von einer bekannten Marke. Kein Wunder, dass dieses Erfolgssystem immer mehr auch als Sozial-, Kultur- und Greenfranchising an Attraktivität gewinnt.

Doch was muss man beachten, wenn man eine Franchise übernimmt? Wie Franchise konkret funktioniert und welche Möglichkeiten sich bieten, zeigen die Experten Veronika Bellone und Thomas Matla in dieser überarbeiteten Neuauflage ihres Praxisbuches. Sie erläutern das Konzept, decken die Fallstricke auf und zeigen, welche Chancen sich insbesondere auch durch die Digitalisierung ergeben.

320 Seiten
Softcover
29,99 € (D) | 30,90 € (A)
ISBN 978-3-86881-691-4

www.redline-verlag.de

REDLINE | VERLAG